刘亦师 编著

清华大学

近代校园规划与建筑

清华大学出版社
北京

图书在版编目（CIP）数据

清华大学近代校园规划与建筑 / 刘亦师编著. — 北京 : 清华大学出版社, 2021.4
ISBN 978-7-302-57948-9

Ⅰ.①清…　Ⅱ.①刘…　Ⅲ.①清华大学－校园规划②清华大学－教育建筑　Ⅳ.①TU244.3

中国版本图书馆CIP数据核字(2021)第063098号

责任编辑：刘一琳
装帧设计：陈国熙
责任校对：刘玉霞
责任印制：杨　艳

出版发行：清华大学出版社
　　　　　网　　　址：http://www.tup.com.cn，http://www.wqbook.com
　　　　　地　　　址：北京清华大学学研大厦 A 座　　　　邮　　编：100084
　　　　　社 总 机：010-62770175　　　　　　　　　　邮　　购：010-62786544
　　　　　投稿与读者服务：010-62776969，c-service@tup.tsinghua.edu.cn
　　　　　质量反馈：010-62772015，zhiliang@tup.tsinghua.edu.cn
印 装 者：北京博海升彩色印刷有限公司
经　　销：全国新华书店
开　　本：210mm×285mm　　　印　张：38.25　　　插　页：1　　　字　数：1018 千字
版　　次：2021 年 6 月第 1 版　　　　　　　　　　印　次：2021 年 6 月第 1 次印刷
定　　价：298.00 元（全两册）

产品编号：091075-01

清华大学

近代校园规划与建筑

庚子大寒 刘亮明 题

序（1）PREFACE

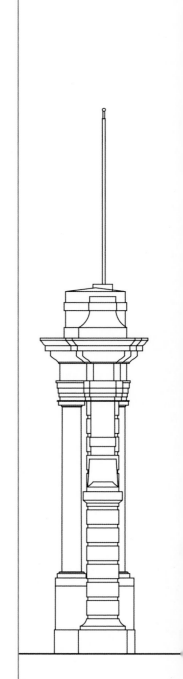

　　大学是功能独特的文化机构，肩负着文化传承创新和文化育人的使命。大学校园不仅是大学生学习、工作、生活的物质环境，也是体现大学理念、蕴育大学精神的精神家园，其本质是文化空间。所谓文化可以理解为人为了生存和发展，使外在世界按照人追求的真善美的境界"人化"；而当人构建起人化了的世界时，它又通过"人文化成"而造化人自身，即"化人"。文化是人化和化人的过程及其产物。大学校园是历代大学生依据大学理念开物成境的成果，是提高师生文化素质、提升学校文化品位的重要环境，由此，做好大学校园的规划与建设意义重大。

　　本书作者刘亦师作为清华大学建筑学院建筑历史与理论研究所的青年教师，自2001年邂逅清华老校区后，便为其厚重的建筑文化内涵所吸引。2003年，刘亦师到清华建筑学院攻读中国近代建筑史，2014年清华大学建筑学院博士后出站留校，在撰写《中国近代建筑史概论》的同时，考虑到自1909年开始的清华校园规划和建设是中国近代建筑史的重要研究对象，着手编著图文并茂、内涵丰富的《清华大学近代校园规划建设历史研究》。学校的校园规划和建设史，是校史的重要组成部分，能够起到存史、资政、育人的作用。

　　刘亦师在清华大学近代校园规划建设研究中，继承了清华务实会通的学术风格，着力"务博综、尚实证"，注重中西融会，古今贯通，理实结合，在综合中提升认识境界。他从清华学校曾是一所留美预备学校，规划与建筑风格深受欧美影响的史实出发，首先实地考察了弗吉尼亚大学的大草坪区与清华礼堂前草坪区的类似与差别，并对与清华大礼堂多具相似性的弗吉尼亚大学圆厅图书馆穹顶结构进行了深入比较研究；继而又专程赴耶鲁大学，对该校校友、为清华学校校园规划和建筑设计做出重大贡献的建筑师墨菲（Henry Killam Murphy，1877—1954，一译茂飞）进行了档案发掘，幸运地发现了墨菲关于清华学校的设计资料，包括大礼堂的平面、立面和剖面设计图。回到清华大学后，他在学校房管处支持下对大礼堂进行了测绘，通过比较，对其与弗吉尼亚大学圆厅图书馆的异同有了具体而深入的认识。这一经历使他体会到，爬梳原始档案、考察历史文献，并积极组织测绘取得第一手资料，有着广阔的前景，并以此为基本思路，拓展了对清华校园规划与建设的系统研究。

清华是享誉瀛寰的建筑规划和设计师的摇篮，梁思成在这里开拓了中国建筑史学术研究的先河。针对中国建筑史罕人问津的境况，他不禁发问："我们中华民族有着数千年的灿烂文化，为何独独没有自己的建筑史？"他发誓："中国的建筑史将一定由中国人自己来撰写！"为此他放弃了国外优越的生活和工作条件，回到了当时民不聊生的中国，自1931年开始他从实物调查入手，对北京地区的古建筑进行测绘、分析和鉴定。1932年春，他走出京城，"以测量绘图摄影各法将各种典型建筑实物做有系统秩序的记录"，与妻子林徽因及同仁通过整整5年艰苦卓绝的实地考察与测绘，用现代科学的方法开辟了中国建筑史的研究道路。1944年，《中国建筑史》编写完成，后梁思成主持的"中国古代建筑理论及文物建筑保护"研究被授予国家自然科学奖一等奖，梁思成也被英国学者李约瑟称为研究"中国建筑历史的宗师"。同时，我们也看到，对于中国近代建筑史的研究和教学活动曾经有过一个时期的停顿，直至1985年在清华大学汪坦教授和张复合教授的推动下才重新启动。青年副教授刘亦师于2019年9月出版的《中国近代建筑史概论》和即将出版的《清华大学近代校园规划与建筑》，可以看成清华大学建筑学院群体继承梁思成先生开拓的中国建筑史研究事业的一个最新环节。

我们注意到，刘亦师在上述两本著作所涉及的时域局限在"近代"，即从史学上定义的"从1840年的鸦片战争到1949年中华人民共和国成立的110年历史"，对清华校园规划与建设研究则局限在1909年留美学务处成立到1966年不到一个甲子的时间。实际上，清华大学校园建设大发展是在改革开放之后的40年里，其间对清华校园建设乃至现当代中国建筑事业产生重大影响的大师级人物，如梁思成先生的弟子吴良镛、关肇邺、李道增等的业绩和学术轨迹，都需要全面梳理总结，希望清华大学建筑学院建筑历史与理论研究所的新秀们，包括刘亦师，能够对现当代的清华大学校园规划与建设事业做出持续的研究！

2020年7月于清华园

序 (二) PREFACE

　　20世纪80年代以来，关于清华大学的研究广泛开展，在基于校史、校志编研以及从中国近代教育史角度进行探讨的诸多著述中，都或多或少涉及清华大学的近代校园规划和建设。但是，最早把清华大学近代校园规划和建设作为专门课题进行研究的，则首推清华大学建筑学院教授罗森先生；他发表在《新建筑》1984年第4期的《清华大学校园建筑规划沿革（1911—1981）》一文，为关于清华大学近代校园规划和建设研究的开山之作。

　　1985年8月，由汪坦先生发起和组织的"中国近代建筑史研究座谈会"召开之后，中国近代建筑史研究在全国范围内普遍进行，有力地推动了中国近代建筑史研究学科的形成和发展，使近代学校校园规划和建设研究成为广受关注的一个重要课题，清华大学的近代校园规划和建设研究亦随之得以进一步深入。

　　2003—2006年，亦师在清华大学攻读中国近代建筑史硕士学位，三年期间，他对清华大学的校园建筑有着切身的感受。2012年，他从美国加利福尼亚大学伯克利分校取得博士学位回到清华大学，进博士后工作站，随之留校任教，承担中国近代建筑史研究工作并讲授"中国近代建筑史"课程，推出专著《中国近代建筑史概论》（2019年9月，商务印书馆出版）。

　　正如他所说，"我在清华大学从事近代建筑史的研究和教学，自感把清华近代校园和建筑的研究做好、做深责无旁贷"。正是出于这种责任心和使命感，亦师"务博综、尚实证"，从2013年开始，奔走于国内海外，爬梳原始档案和未经广泛使用的历史文献，访谈健在的亲历者，实地考察相关校园规划和建设，并组织清华大学校园重要近代建筑测绘，取得第一手资料。历经八年，大体上掌握了从清华大学建校到20世纪60年代校园规划和建设的发展线索及基本史实，得以在清华大学即将迎来建校110年庆典之际，结集其阶段性研究成果及其所依据的海外史料与清华大学校园重要近代建筑测绘成果成书。

　　值得注意的是，清华大学的创建源自美国退还超索的部分庚子赔款，在建校后的很长一段时间里与西方各国外交部门（尤其美国）、洛克菲勒基金会等官方与民间机构均有所牵涉，一些外国建筑师亦曾参与清华大学近代校园规划和建设且发挥重要作用。这决定了对清华大学近代校园规划和建设的研究，应该投置在全球时空的框架之中。针对以往研究中的不足，亦师"拓展研究视野"、抱定"搜罗资料的决心"，想方设法，做出了锲而不舍的努力，搜集到"与清华建设密切相关，但此前学者罕少使用的海外文献"，为他的研究提供了坚实有力的支撑点，得以回转时空、"置身其中"，取得具有创新性的成果。

此外，档案史料中所见的相关设计图纸与最终落成的建筑实体之间有所差别，甚至相去甚远。查找、分析其间的异同，抽丝剥茧，觅踪寻源，才能建立起物质空间演变与社会学以及思想史、教育史方面的联系，看出校园规划和建设折射出的治校风格、教育理念以及校务管理等诸多背景。正是在清华大学校园重要近代建筑测绘中所付出的辛劳，积累了"大量技术图纸和分析图"，使得亦师对清华大学校园规划和建设"有了很多新的认识"，才能使档案史料在亦师手里物尽所用，为他的研究搭建起跨越学科、具有拓展性的平台，使研究变得"富有张力"。

基于以上两点，对于清华大学近代校园规划和建设的研究来说，此书是具有创新性的力作，会对中国近代建筑史研究学科的发展产生影响，推进近代学校校园规划和建设研究的深入；对于清华大学的校史、校志编研以及从中国近代教育史角度对清华大学进行探讨来说，此书亦是具有重要价值的文献，会为清华大学的相关研究提供学术支撑。

同时，此书对清华大学校园重要近代建筑的保护，对清华大学现代校园的规划和建设，也必将发挥积极的作用！

2020年7月9日于学清苑

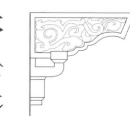

序（三）PREFACE

对一所大学的校史研究中，关于校园规划和校园建筑发展历史的梳理与研究，应当是其重要的组成部分。校园的建筑风貌，在一定程度上体现了学校的文化传统与办学特色。研究校园规划与建筑的历史，对于全面了解学校的发展变迁和传统特色，有着十分重要的意义。

清华园，被誉为全球最美的大学校园之一。长期以来，清华大学高度重视校园规划和建设，在校史研究中也一直有所体现。从1991年起，校史研究室陆续编纂了"清华大学史料选编"丛书，目前已出版6卷10余册，各卷都有专门章节收录不同时期建筑、校产等方面的重要史料。校史研究室黄延复老师曾对清华大学建筑风物进行过专门研究，编著了《清华园风物志》一书，连出三版，并曾在校报《新清华》上连载。当时我正担任《新清华》的主编，连载的文章引起校内外读者广泛关注。校史研究室特约研究员苗日新老师也曾出版《熙春园·清华园考》一书，考证了熙春园、清华园的历史沿革。由清华大学校史馆编辑、百年校庆后出版的《清华大学图史》中，也刊发了不同时期的校园地图和建筑图片等。此外，建筑学院的一些专家学者和学生曾以清华校园建设为对象，进行过专题研究，发表了相关的论文。在清华大学校史展览中，校园建设一直是各个历史时期不可缺少的展示内容。

为迎接清华大学建校110周年，学校决定对校史馆进行全面提升改造。讨论改造方案时，大家一致提出要在新的校史展览中，以现代化、多媒体的新方式，对清华校园变迁进行专门的展示，反映清华园百余年的发展变化。在我担任校史研究室主任和档案馆馆长工作后，校史研究室副主任金富军老师向我介绍，建筑学院刘亦师副教授对清华校园规划的历史进行了较为系统的研究，并邀请他来校史馆作过专题讲座。因此，校史研究室与刘亦师副教授商定，请他以委托课题的形式，在过去已有研究的基础上，承担校史展览中"校园变迁"专题展示的专业指导工作。

如今，焕然一新的"清华大学110年校史展览"在校庆110周年之际如期开幕，其中"校园变迁"电子沙盘成为吸引师生校友和各界观众的一大亮点。与此同时，刘亦师老师多年耕耘的成果《清华大学近代校园规划与建筑》也将出版发行。这都是非常值得庆贺的事情。

翻阅完数百页的书稿，我深感这是一本在众多前辈学人研究的基础上，对清华近代校园规划与建筑的历史进行系统梳理和深入研究的著作。我从未学过规划与建筑专业，更没有对这方面进行过深入研究，因此没有资格对刘亦师老师的著作进行专业的评论。但从一个校史工作者和档案工作者的视角来看，刘亦师老师在研究过程中，发掘和使用了大量的历史档案文献，比如在美国耶鲁大学和洛克菲勒基金会等查阅和复制的史料和图纸，以及当时在海内外发行的各种期刊、报纸上的资料等。这些材料提供了认识了解不同历史时期校园规划和建筑的原始素材，也为读者还原出一幅幅当年的生动画面。这就使得本书在具备较强专业性的同时，又具有了很强的史料性和可读性。此外，刘亦师老师还将他的研究团队8年来在清华校内实测或根据实测复原的十余幢建筑的几百张图纸集中起来，真实地反映了清华校园近代建筑的建设情况，这也为其他研究者进行相关研究提供了很大的便利。

我相信，《清华大学近代校园规划与建筑》既是一部建筑史领域研究的新作品，也一定是大学校史研究中独具特色的新成果。它将有益于清华大学校史研究的不断深化，也将对近代大学校园研究的广泛开展起到引领作用。希望刘亦师老师进一步推进这一研究课题，比如将研究范围扩及现代部分，使我们对清华校园建设历史的认识更加完整和深入。衷心期待和祝愿刘亦师老师取得更新的研究成果。

范宝龙

2021年4月于清华荷清苑

目录 CONTENTS

上编 | 近代清华校园规划与建设研究

80.5.1.
清华学堂 築

清華學堂

清华学堂
80.5'/.

2020年.25. 时年83岁.

第 **1** 章 | 绪论：近代清华校园规划与建设的
学术史考察

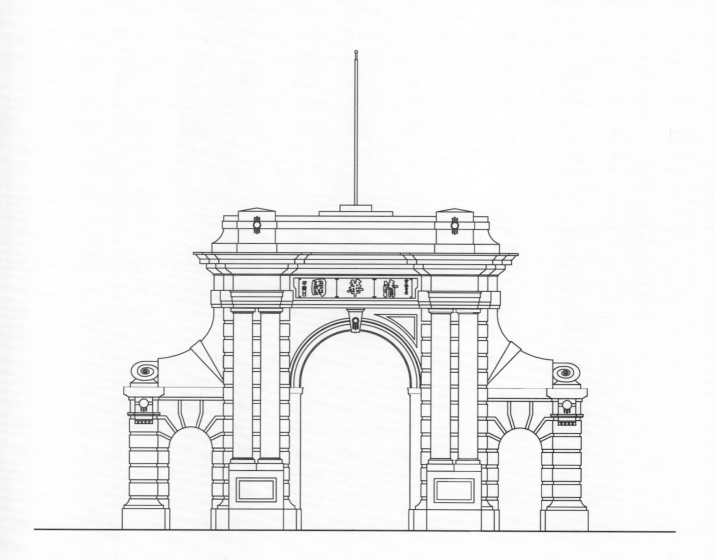

①
清华大学在历史上有过不同的名称，如清华学堂、清华学校、国立清华大学等。下文在论述不同时期的校园建设时，除使用这些不同名称外，以简称"清华"统一指代。

②
清华大学校史编写组. 清华大学校史稿[M]. 北京：中华书局，1981.

③
清华大学校史研究室. 清华大学史料选编：第一卷[M]. 北京：清华大学出版社，1991.

④
清华大学校史研究室. 清华大学一百年[M]. 北京：清华大学出版社，2011.

⑤
陈旭，等. 清华大学志（1~4）[M]. 北京：清华大学出版社，2018.

⑥
金富军. 周诒春文集[M]. 北京：中国言实出版社，2017.

⑦
清华大学校史馆. 清华大学图史（1911—2011）[M]. 北京：清华大学出版社，2019.

⑧
黄延复. 清华园风物志[M]. 北京：清华大学出版社，1988.

⑨
苗日新. 熙春园·清华园考[M]. 北京：清华大学出版社，2010.

清华大学是享誉全球的著名大学，也是我国最重要的高等教育和科研机构之一。在2020年春公布的全球大学QS排名（QS World University Rankings）中，清华大学位列第16名，是东亚各国学校中排名最高者。2010年3月美国财经杂志《福布斯》曾进行调查，评选出14个"最美丽大学校园"，其中北美学校10个，欧洲大学3个，而清华是唯一入选的亚洲大学。这些西方主导的排名和调查所反映的全面性和真实性还存在争议，但确定无疑的是，近代以来清华①的办学历史能从一个侧面反映出我国高等教育近（现）代化的曲折历程，是我国近现代教育史的重要议题。同时，自1909年开始的清华校园建设也是中国近代建筑史的重要研究对象。

近代清华校园规划和建设历史研究的进展主要得益于三方面工作的影响。首先，清华历史上的一系列出版物记载了不同时期的建设实录。清华校史的记述可上溯至发表在清华师生主办的各种刊物上的一些文章，如《清华周刊》《清华副刊》《清华校刊》等，还包括清华校外的《远东评论》（The Far Eastern Review）、《东方杂志》《中央日报》等中英文刊物登载的相关信息。其中，创刊于1914年的《清华周刊》是清华学生自行编辑和印发的刊物，涉及面广且连续出版，是研究清华校史的重要史料，还为当时其他学校学生办刊所参考，如太谷县的铭贤学校就仿效《清华周刊》的开本、栏目内容等办起《铭贤校刊》。

系统整理校史的相关工作主要由清华大学校史研究室（校史馆）承担。改革开放以后，校史编写组于1978年恢复工作（1986年改称清华大学校史研究室），将近代各种与校史相关的资料汇编起来，于1981年出版《清华大学校史稿》②，后陆续出版了多卷本的《清华大学史料选编》③。这一系列"志书"类资料集，为推进相关研究奠定了基础。此后，清华大学校史研究室以清华大学档案馆的文书档案为依据，逐年逐月梳理校史发展的大事，编为《清华大学一百年》④，并在此基础上撰写《清华大学志》⑤。

近年来，清华大学校史馆的研究人员开展了一些专题性研究，关注的对象较前扩大，内容也更丰富。例如，金富军将清华学校时期发挥了关键作用的校长周诒春的相关讲演、书信等汇集起来，编成《周诒春文集》⑥；另以图像史料为主编纂出版了《清华大学图史》⑦，其中有不少涉及校园建设的内容。同时，为了庆祝清华大学110年校庆，清华大学各院系开展了院、系、所从创建至今的发展历史的梳理，又发掘出不少包括口述资料在内的新史料，陆续出版了相关成果。这些成果是开展中国近现代教育史、学科发展史和校园建设史等专题研究的基础。

与清华校园建设和文物相关的资料汇编类成果中，以黄延复先生的《清华园风物志》⑧成书年代较早，对校内各类不可移动文物（书中分为古迹、校门、纪念设施、文物建筑等各类）的建成时间、设计者、简要经过等详加述录，是重要的参考书。此外，曾担任清华基建处处长的苗日新所著《熙春园·清华园》主要考证清代清华校园的历史发展及其遗迹，书末涉及其改建成近代学校的一些建设经过⑨。苗先生有关校园建筑的另一著作《导游清华园》①涵盖了1910年至2010年前后校园内的主要建设项目，内容便于大众理解。大致而言，清华校园建设历史的基本史实如年代、面积、建设背景及现状等，已记录较全。

其次，关于清华在中国近代教育史上地位的综合性研究，我国台湾学者孙云峰主要根据"中央研究院"近代史研究所保存的中华民国外交部档案，先后出版了几本专著②。这些著作收集了与清华建校及其后发展相关的各类谕旨、公文、外交照会、信函、讲演稿等，尤其关注发挥了重要作用的校长如周诒春、曹云祥、罗家伦、梅贻琦等人的治校方针对清华及至中国近代教育发展的影响。类似的研究还包括黄延复关于梅贻琦的著作③，等等。这些论著不可避免地涉及这些校长任内的校园建设，为研究校园规划史和建筑史提供了有用的线索。

最后，20世纪80年代中期中国近代建筑史学科的创建与发展，在研究对象的选择与研究方法等方面也推动了清华校园建设史的进展。1985年，在清华大学建筑系汪坦教授的倡导和组织下，中国近代建筑史研究重新起步。此后，每两年一次的中国近代建筑史会议一直持续召开，在此过程中聚拢了一批从事近代建筑史研究的学者，在学界和社会上产生了巨大的影响力④。清华大学创建于近代，校内的各种建筑也是近代建筑史的研究对象之一。随着我国建筑事业的快速发展，校园历史及其保护成为建筑学研究的一个重要课题。清华大学作为我国近代大学的典型，对其校园规划和建设历史的研究自然引起不少学者的关注。

与这个论题相关的，是出现一批以近代重要建筑师和建筑事务所为研究对象的成果，不少与清华的课题有关。其中，较具综合性的是赖德霖等人汇编的《近代哲匠录》⑤，此外针对杨廷宝⑥、沈理源⑦等人的研究也陆续面世。而关于参与了清华建设的重要建筑师墨菲（Henry Murphy），目前而言，美国学者郭杰伟（Jeffery Cody）的综合性研究最具代表性⑧。而且，可以看到，不但国内学者开始梳理关于清华校园建设的各种资料，开展中国近代校园规划的比较研究，国外学者也以清华的校园建设为题开展了研究。

将清华大学校园规划和建设作为专门的课题进行研究，开始于20世纪80年代以后。清华大学建筑系罗森先生先后发表《清华大学校园建筑规划沿革（1911—1981）》⑨及《清华校园建设溯往》⑩两文，利用先前未被使用的图像类史料，如建筑及模型照片、图纸、外文报刊的附图（从《远东评论》查找到的1914年校园总平面图），从建筑史方面最先系统地缕析了清华建校以来的历版规划及其实施情况，并征引杨廷宝先生的记述对相关建设做了评价。在此研究框架下，清华大学研究生魏篙川（罗森为其导

①
苗日新. 导游清华园[M]. 北京：清华大学出版社，2012.

②
苏云峰. 从清华学堂到清华大学：1911—1929——近代中国高等教育研究[M]. 台北：台湾"中央研究院"近代史研究所，1996；苏云峰. 从清华学堂到清华大学：1928—1937——近代中国高等教育研究[M]. 北京：三联出版社，2001；苏云峰. 中国新教育的萌芽与成长：1860—1928[M]. 北京：北京大学出版社，2007.

③
黄延复，钟秀斌. 一个时代的斯文：清华校长梅贻琦[M]. 北京：九州出版社，2011.

④
刘亦师. 中国近代建筑史概论[M]. 北京：商务印书馆，2019：11-15.

⑤
赖德霖. 近代哲匠录：中国近代重要建筑师、建筑事务所名录[M]. 北京：中国水利水电出版社，2006.

⑥
南京工学院建筑研究所. 杨廷宝建筑设计作品集[M]. 北京：中国建筑工业出版社，1983；刘向东，吴友松. 广厦魂：建筑学家杨廷宝传[M]. 南京：江苏科学技术出版社，1986；黎志涛，杨廷宝. 北京：中国建筑工业出版社，2012.

⑦
沈振森，顾放. 沈理源[M]. 北京：中国建筑工业出版社，2012；沈振森. 中国近代建筑的先驱者——建筑师沈理源研究[D]. 天津：天津大学，2002.

⑧
郭杰伟80年代中曾到中国各地调研，并参加1988年在武汉举办的第2次中国近代建筑史研讨会，会上发表了关于墨菲研究的论文。此工作成为其博士论文的基础，后出版为专著。见Jeffery Cody. Building in China: Henry Murphy's "Adaptive Architecture"，1914—1935[M]. Hong Kong: The Chinese University Press, 2001.

⑨
罗森. 清华大学校园建筑规划沿革，1911—1981[J]. 新建筑，1984（4）：2-14.

⑩
罗森. 清华校园建设溯往（清华大学建校九十周年纪念）[J]. 建筑史论文集（第14辑），北京：清华大学出版社，2001：24-35.

①

魏篙川. 清华大学校园规划与建筑研究 [D]. 北京：清华大学，1995.

②

张复合. 北京近代建筑史 [M]. 北京：清华大学出版社，2004.

③

宋泽方，周逸湖. 大学校园规划与建筑设计 [M]. 北京：中国建筑工业出版社，2006；朱文一. 清华大学：清华校园建筑 [M]. 北京：清华大学出版社，2011.

④

陈晓恬，任磊. 中国大学校园形态发展简史 [M]. 南京：东南大学出版社，2011.

⑤

姚雅欣，董兵. 识庐——清华园最后的近代住宅与名人故居 [M]. 北京：中国建筑工业出版社，2009.

⑥

杜嘉希. 基于校长和建筑史作为的国立清华大学时期校园营建研究 [D]. 北京：清华大学，2019；许懋彦，董笑笑. 清华大学 20 世纪 50 年代的校园规划与东扩 [J]. 建筑史，2019（02）：165–180.

师）以《清华大学校园规划与建筑研究》为题撰写了硕士论文①，补充了较多历次清华规划的细节，图文并茂地展现了清华校园空间演变的历史。此后，张复合先生在研究北京近代建筑史时，曾专门提到清华的规划和建设②。清华大学建筑系（学院）教师的其他论著中也间或以清华校园为例论述近代校园规划的特征和学校建筑设计的要点③。可以看到，清华建筑系师生在创辟和发展清华校园规划和建设这一研究课题上发挥了很重要的作用。

由于有了这些研究的积累，清华大学的近代校园规划和设计在中国近代大学校园的历史研究中常被作为典型案例用于比较研究④。2010年前后，有关清华校园名人故居的保护问题引起较多关注，姚雅欣和董兵合著的《识庐——清华园最后的近代住宅与名人故居》（姚书）考察了清华校内不同时期建成的教职工住宅⑤，努力恢复当时的生活场景，提供了不少有用的资料。她所用图纸多为校档案馆留存的设计简图，作者近来发现了1990年前后的一些测绘图，详注尺寸，是对《识庐——清华园最后的近代住宅与名人故居》的补充。此外，清华建筑学院许懋彦教授指导学生开展清华校园规划和建设的研究，也取得了新的进展⑥，并将研究范围扩展到了20世纪50年代。

但是，既往研究尚存较多不足，主要体现在以下几方面：首先，资料种类上尚待大力开掘。现有关于清华近代校园研究的史料来源不外乎以下三类：清华大学档案馆所藏的文书和基建档案、近代的各类刊物（其中部分已电子化）、我国台湾"中央研究院"近代史研究所的中华民国外交部档案。前述清华大学校史馆积年以来致力于编纂和出版校史史料。这些史料有助于我们掌握清华的选址、幅员、早期的教育制度、组织形式和时人的评价等。涉及校园建设方面的内容，除历年建设开销及建成楼舍详细清单等文件可查以外，还有专文记录图书馆和体育馆的建筑概貌及所配备的设备和器材。但是这些史料以文字为主，历史照片较少，更少收录规划图纸和建筑蓝图，且绝大多数是保存在大陆的中文资料。

清华的创建源自美国退还超索的部分庚子赔款，当时因美国政府《排华法案》，中国国内掀起了声势浩大的抵制美货运动，经美国在华传教士的建议，老罗斯福总统乃决定逐年退还部分庚子赔款，用于培养中国新一代精英分子。因此，在清华建校后的很长一段时间里，校务都由外交部门管辖，与西方各国外交部门（尤其美国）、洛克菲勒基金会等官方与民间机构均有着千丝万缕的联系。因此而产生的大量档案资料是开展历史研究的宝库，当然不能忽视。同时，还有一些外国建筑师参与清华的校园建设且发挥了重要作用，如美国建筑师墨菲，他遗留下来的私人档案也是重要的资料来源。以藏于耶鲁大学的墨菲档案为例，其关于清华的建设有一个专门的卷宗，包括"四大工程"的原设计图纸和墨菲与周诒春等人的往来信函，恰当地对之加以分析和利用，能辨明此前认识中模糊甚至错误的部分，切实推进校史研究的深入。

其次，既往研究普遍未能将清华校园规划和建设的过程投置在全球时空范围下加以考察。由于对西文资料掌握有限、实地考察不足，此前清华校史凡提及早期的校园建设，多语焉不详。举例而言，大礼堂一带规划所仿效的原型，人们虽常提及弗吉尼亚大学，但究竟与其异同何在，则须参考弗吉尼亚大学杰斐逊研究中心的历史文献。大礼堂一带杰斐逊式校园空间(Jeffersonian Campus Design)正是美国19世纪末、20世纪初诸多新建校园采用的规划图式，而大礼堂原拟采用的穹顶建造技术——关斯塔维诺结构体系（Guastavino Dome & Ribs System）也是同时期美国东部大城市地标性建筑所普遍采用的结构形式。此外，墨菲1914年规划的清华校园大草坪核心区所参考的设计原型，是他于两年前设计的康涅狄格州卢弥斯学校（Loomis Institute）。因此，深入清华校史的研究，必须具有开阔的国际视野和搜罗资料的决心。

再次，20世纪80年代以来的研究着力于校园空间的形式分析，对政治制度、社会背景和历史人物与形式间的互动关注不足，因此难以深入揭示何以在当时的政治、文化等背景下采用某种设计方式和呈现效果，研究方法亟待更新。举例而言，清华建校前的"考政大臣"出访美国高校、抵制美货运动，以及美国政府对华政策的迁变、清华校长与美国驻华公使的往来关系等，对系统理解清华的创建和初期校园建设的发展，均有重要的参考意义。因此，拓展研究视野，发现新材料和新问题，在研究方法上创新，是深入清华校园建设研究的重要途径。

又如，罗家伦主校期间曾委托基泰工程司制定了新的校园规划，在荒岛部分采用了非常严整的对称布局，彻底改造了近春园的山水格局和驳岸形态。这一规划大部分没有实现，但真实地反映出罗家伦锐意求新、推崇西方文化，力求以西化的物质空间形态改造中国教育和中国青年的诉求。不仅如此，清华校园的历次规划和大规模建设都与时任校长的治校风格和教育理念密切相关，在研究中应从思想史和教育史方面建立与物质空间演变的联系。

最后，仅仅依赖校档案馆的基建图纸，不少问题如结构形式的选择和具体的构造方法等均难以深入，因此需要组织全面的实地测绘，将现存建筑的实态以二维图纸的形式展现出来，推进对当时设计方法、结构形式和装饰艺术的具体研究。一方面，从不同地方考索而来的历史图纸（设计图）虽然宝贵，但总会与最终落成的建筑实体之间有所差别。这是我们多年研究和观察所得到的结论：因当年尚没有完整的竣工图制度，保存至今的图纸发生在设计的不同阶段，并非最终的状态。以本书第3章墨菲档案中的大礼堂设计原始图纸为例，其与实际建成的大礼堂相去甚远，尤其穹顶的结构形式更发生了彻底改变。

因此，这也说明了针对清华校园内近代建成的那些重要建筑进行有组织、有计划的全面测绘的重要性。这一工作可上溯至20世纪60年代，当时为了配合学校对老建筑的维护和修缮，建筑系师生对大部分建筑进行了测绘，留下不少宝贵的图纸。

20世纪90年代初，张复合先生在讲授近代建筑史时，带领清华大学建筑系学生对校内若干建筑又进行了测绘，但范围限于清华学堂、同方部和北院住宅等几处（部分图纸收入本书下编）。新一轮测绘的工作开始于2013年，目的本来是弄清楚上述大礼堂的穹顶结构形式问题，但之后与清华房管处文物保护中心合作，以历史研究为目的，利用建筑学院每年的测绘实习，组织学生将校内十几幢有代表性的近代建筑逐一测绘，迄今已八易寒暑。测绘的结果，不但形成了有关近代校园建筑的大量技术图纸和分析图，也使得我们对清华校园建设有了很多新的认识，切实推进了校史的研究工作。

在这些工作的基础上，我们对清华自建校至解放前的发展，按不同历史时期分段进行了研究，目的是探讨不同时期清华校方的治校方针和教育理念如何在校园的物质空间上得以呈现。其中，墨菲的一系列设计是研究的重点，其次是罗家伦和梅贻琦时代的校园规划和建设。在清华大学即将迎来建校110周年庆典之际，我们感到有必要将这些阶段性研究成果及其所依据的资料汇编成册，以利于中国近现代建筑史学界和社会大众增进了解清华校园的历史变迁与空间特色。

本书因此分为三编：上编是对清华校园规划和建设的历史研究。本部分共10章，前9章论述了从建校早期、清华学校时期到国立清华大学时期，以及侵华日军占领时期和抗战胜利后复校时期等阶段校园建设的主要内容，包括校园的数次规划、不同时期的标志性建筑和建筑师的贡献，综合讨论清华校园空间的若干特点以及近代校园建筑的建筑艺术、结构形式和构造细部等问题。最后一章简述1948年以后至20世纪60年代的清华校园发展概况及其与近代校园建设的关联。有关新中国时期清华校园建设的研究尚在积极推进中。

中编汇集了部分与清华建设密切相关但此前学者罕少使用的海外文献，如耶鲁大学墨菲档案中有关清华规划和设计的说明文件、墨菲与周诒春的会谈纪要、各种信函等。此外洛克菲勒基金会及其下属各机构档案中也有不少与清华相关者，其中包括在商讨生物学馆建设时由罗家伦校长签字的书信，等等。这些不同的史料来源和类型补充了我们对清华发展图景的认识，使历史人物和事件变得更加鲜活和饱满，也使建筑历史的研究更富张力。

下编将历年测绘的20幢（组）建筑分为四组：建校初期的建筑、"四大工程"、国立清华大学时代的建筑和学生宿舍，将其中有代表性的图纸汇集起来。这是7年来清华大学建筑学院大三同学们测绘实习成果的汇编，体现了中国近代建筑史的部分教学成果。这些年来，同学们对这一工作投入了很大热情。这一工作立足本校，持续了多年，这种艰苦的集体性劳动所产生的大量图纸，不但补足了此前研究中一些来不及深入的课题，也为将来开展更大范围的中国近现代建筑史研究积累了宝贵、丰富的第一手资料。这说明，要切实推进近代校园和近代建筑史的研究，需要"置身其中"努力拓展史源并丰富其种类，这也是推进其他工作的基础和保证。

第 2 章 从游美肄业馆到清华学校
　　　　——校园选址及早期建设

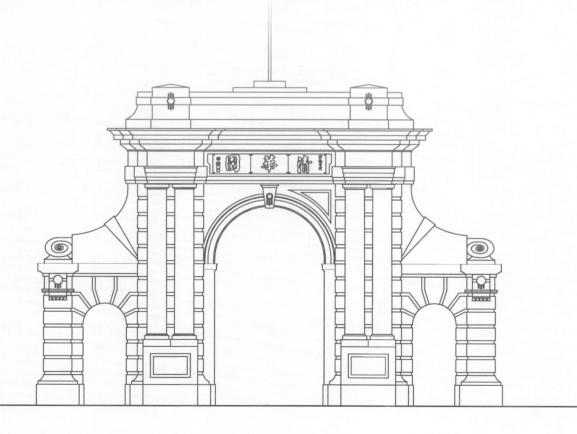

①
萧功秦. 清末新政与中国现代化研究
[J]. 战略与管理, 1993 (11): 61-66.

②
苏云峰. 从清华学堂到清华大学:
1911—1929——近代中国高等教育研
究 [M]. 台北: 台湾 "中央研究院" 近
代史研究所, 1996.

③
郭廷以. 近代中国史纲 [M]. 北京: 中
国社会科学出版社, 1999: 245-246.

④
Carbonneau R E. The Catholic
Church in China 1900—1949[M]//
Tiedemann R G. Handbook of
Christianity in China. Volume Two:
1800-Present. Leiden: Brill, 2010:
516-525.

⑤
郭廷以. 近代中国史纲 [M]. 北京: 中
国社会科学出版社, 1999: 246.

1901年开始的教育改革, 是清末 "新政" 的重要举措之一。在八国联军攻入北京、两宫西狩的危难情形下, 清廷于1901年1月29日颁布了《变法诏书》, 其中沉重检讨了洋务运动以来在文化和思想层面的失策: "近之学西法者, 语言文字制造械而已, 此西艺之皮毛, 而非西学之本原也。舍其本源而不学, 学其皮毛而又不精, 天下安得富强邪?"① 因此, 为了 "求振作, 议更张", 清政府废止了两千余年的私家教育, 兴办了诸多新式学堂。自此, 教育成为国家的要政之一, 学校的学科种类与内容大为扩张, 新式教育也启发了更多的时代观念, 培育出一大批先进的知识分子, 成为中国近代国家和社会变革的重要推动力。

清华学堂的前身, 为1909年附设于游美学务处下的 "游美肄业馆", 是由美国退还部分超索的庚子赔款建立的。由于学制和其他官办或私办的学校不同, 其被认为是 "在中国教育系统之外的一所新制留美预备学校"②。之后20年间, 清华陆续扩充地界与人员, 快速发展, 并在1928年正式归隶教育部管辖, 在20世纪30年代终于跻身国内外著名大学之列。

本章主要探讨如下关键问题: 1905年中国爆发了长达一年的抵制美货运动, 而清华学堂于1909年开始筹备创建, 清华建校前后的历史背景是怎样的? 美国直到1943年才正式取消 "排华法案", 美国政府对华政策的迁变对清华早期的发展有无影响? 是否在校园建设上有所反映? 本章所谓 "早期" 是指从清政府选址在清华园建校至第一位真正的建筑师 (墨菲) 参与校园建设之间的短短数年, 考察一所京郊的私家园林如何启动向近代大学转变之端绪。

2.1 清华创建的历史背景

1900年的义和团运动, 是中华民族激于列强长期以来对我国的威吓、侵侮、掠夺而反抗的总爆发。义和团失败后, 清政府迫于形势, 开始了中国近代历史上第一次自上而下的革新运动。另外, "庚难" 也促使列强内部开始了对华政策的反省。常年在中国任职的海关总税务司赫德 (Robert Hart, 1835—1911) 提出, 今后各国对待中国, 应尊重而不可卑视, 协和而不可强制, 同情而不可冷淡; 中国终将成为强国; 处理中国问题必须慎重, 使中国将来感激而不致报复。③ 这一观点首先在西方国家的民间团体中得到响应, 例如耶鲁大学在1902年即向内陆的长沙派出医生和教员, 美国基督教会在其在华的文化事业上力主融合中国传统元素, 天主教也更弦易辙, 开始推行 "文化协作政策"④。

但是《辛丑条约》签订后, 列强对华仍一如既往地咄咄相逼, 除强索数额巨大、远超实际损失的庚子赔款外, "采取的政策, 仍是利用清廷为傀儡, 满足各自的欲望, 列强间尔虞我诈, 变本加厉地侵略争夺"⑤。以美国为例, 20世纪初, 中美关系一度极为恶化。1904年, 限制华工移民的《限禁来美华工保护寓美华人条款》期满①，各地华侨纷纷要求废除该条约，并反对续订新约，但为美国政府拒绝。1905年夏秋间，上海总商会开会发动全国各界抵制美货，从上海发起一场声势浩大的抵制美货运动。同时，报纸发表言论，号召振起民气，群众集会演说，极力声言抵制。各界群众积极支持，除不售不卖美货外，工人不卸装美货，学生不用美国课本、不进美国人办的学校（图2-1）。

图 2-1　广州抵制美货运动的宣传画，店前圆形招牌上为"结成团体、抵制美货"
来源：张海鹏. 简明中国近代史图集 [M]. 北京：长城出版社，1984：133.

持续了近一年的抵制美货运动，波及除山东外的全部沿海沿江的省份，得到世界各地的华侨支持，使中国一般群众对美国的怨愤达到顶点。在华的美国传教士对此深有感触，1905年即联名向美国国务院建议取消对中国学生的入关限制，并警告排华政策将削弱美国的文化影响力，最终损害美国在华政治和经济上的利益②。1906年在华的美国传教士再次联名致信西奥多·罗斯福总统，申述美国的排华政策使其"在华的传教事业遇到前所未有的巨大困难"。③

美国的有识之士之所以忧心忡忡，不仅因为美国一直以来努力塑造的对华"友善"形象④经此席卷中国的反美运动扫地俱尽，更因为美国无法吸引中国年轻一代优秀人才从而对在华的长远利益产生直接威胁。此前中国驻美公使梁诚（1864—1917）一方面已在美国同情中国的上层人士间活动；另一方面建议外务部"声告美国政府，请将此项赔款归回，以为广设学堂，派遣游学之用"⑤，但其努力为1905年的反美运动所打断。1905年日本在日俄战争中取胜后，中国举国上下服膺日本的西化成就，民间掀起留学日本的热潮。由于美国正执行歧视华人的恶政，而日本在

① 1882年，美国国会多次通过违背"自由移民"原则的排华法案，禁止华工入境。1894年，美国又与清政府签署了《限禁来美华工保护寓美华人条款》，以十年为期，进一步限禁华工来美，使美国的排华运动合法化，美国华工所受的虐待更甚于前。

② The North China Herald, 1905-10-28. 转引自 Michael H. The American Remission of Boxer Indemnity: A Reappraisal[J]. Journal of Asian Studies, 1972, 31(3).

③ 王树槐. 庚子赔款 [J]. 台北：台湾"中央研究院"近代史研究所专刊（31），1974：281.

④ 美国在 19 世纪 60 年代即通过《蒲安臣条约》获得了自由移民和在华办学的许可，并于 19 世纪末在列强瓜分中国的狂潮中提出"门户开放"，要求保障中国的领土和主权，鼓吹在中国"机会平等"和保持均势。

⑤ 梁诚致外务部. 光绪三十一年四月十日，转引自夏廷献. 清华学校之清华园 [J]. 清华周刊, 1918（4）：5-6. 关于梁诚促成美国决定退还超索庚子赔款的巨大贡献，很多学者如民国时代的曹云祥、汤用彬、冯友兰，当代的苏云峰、黄延复、苗日新，在各自著作中有十分具体的分析。

①
后来领导国民政府的诸多要人和思想文化界的一批人物皆是日本留学生。

②
Arthur H. Smith. China and America to-day[M]. New York: Young Peoples Missionary of the U.S. and Canada, 1907: 214-5.

③
American education for the Chinese. The Week. 1906-02-24. 转引自Yelong Han. Making China Part of the Globe: the Impact of America's Boxer Indemnity Remissions on China's Academic Institutional Building in the 1920s[D]. University of Chicago, 1999: 39. 之后，康奈尔大学、芝加哥大学在1907年，威斯康辛大学在1908年分别设立了专门的奖学金招收中国留学生。威斯康辛大学前任校长芮恩施后成为美国驻华公使，与周诒春时代的清华建设颇有关系。

④
Arthur H. Smith. China and America to-day[M]. New York: Young Peoples Missionary of the U.S. and Canada, 1907: 201-2. 明恩溥返回中国后也各处活动，曾参与了洛氏驻华医社的一系列活动，向中国政府上层呼吁兴学育才，向美国遣送留学生。详见Yelong Han. Making China Part of the Globe: the Impact of America's Boxer Indemnity Remissions on China's Academic Institutional Building in the 1920s[D]. Chicago: University of Chicago, 1999: 45.

⑤
美方同意所赔之款由2444万美元减为1365.5万美元，应退中国者为1078.5万元，本息合计为2840万元。此议案于1908年5月25日在国会通过，1908年12月28日罗斯福总统签字命令执行。苏云峰. 从清华学堂到清华大学：1911—1929——近代中国高等教育研究[M]. 台北：台湾"中央研究院"近代史研究所，1996.

⑥
刘亦师. 墨菲档案中关于清华早期规划与建设史料汇论.

⑦
清华园与清华学校. 清华周刊，1921年十周年纪念号：1-13.

⑧
日本留学生人数太多，加之日本缺少充分的设施接受全部留学生且无遴选手续，因之留学生良莠混杂，所学非用，且不安本业，热心革命，深为清廷所忌。时论因而转向青睐欧美留学生。

文化和地理上更接近中国，所以日俄战后不久日本的中国留学生数量即远超美国，日本成为中国知识分子的首选留学地点。①

为改变这一状况，伊利诺伊大学校长Edmund James最先采取行动，在其递交给罗斯福总统的备忘录中，希望总统注意到日本、英国、法国和德国因接受了大量中国留学生而可能产生的对美国不利的影响。

"不惧阻挠、成功教育中国现在这批年轻人的国家，终将在道德、思想和商业领域获得最大的利益……如果美国三十年前就成功吸引大批中国留学生的话，通过在思想和精神方面的作用，今天我们可能已经全面控制了中国的发展。"②

美国各著名私立院校，如哈佛、耶鲁和卫斯理（Wellesley College）相继承诺为中国留学生提供奖学金，以这些行动说明"美国对中国人民是友好而没有敌意的"③。是后美国舆情普遍认为，吸引中国留学生来美深造是美国对中国施加影响的最好方式。

公理会牧师、在华美国教会教育会会长明恩溥（Arthur H. Smith，1845—1932年）于1906年3月会见罗斯福总统时，正式向政府提出将退还庚子赔款作为教育之用。明恩溥认为，只有如此，"美国才能在中国拥有一大批具有决定性影响、在思维方式上和美国接近并同情美国的人"，并终将"在政治和经济两方面加深中美两国的联系"。④这一计划获得罗斯福总统的认可。

在梁诚及美国有识之士的大力推动下，罗斯福总统于1907年12月3日在国会咨文中同意退款，并于1909年正月开始正式退还⑤。退还超索庚子赔款的决策是美国政府为了补救此前一系列对华政策所产生的不利影响。事实证明，"通过在思想和精神方面的影响"，美国吸引了一大批中国青年才俊，有效地改变了其政治形象，大大加强了它在中国的影响。罗斯福总统也因为退款的决策而被清华学校同仁所铭记，在其逝世后，清华以他的名字命名了体育馆（1919年），并为他制作铜牌，以"缅怀盛德"⑥（图2-2）。

清政府外务部在回复美国驻华公使关于退还超索庚子赔款的公函中说："有鉴于以往贵国教育对于我国之成效，大清帝国政府谨诚恳表示此后当按年派送学生到贵国承受教育。"⑦这说明清政府对于此前美式教育的成效是持肯定态度的⑧，以容闳为代表的一批中国最早的留美学生"追游学回国者，渐卓然有所建树，而为前辈士夫所推重"，为中国的近代化事业做出了巨大贡献。这也可解释为何派留学生赴美能够立即获得朝野的一致赞成。担任过清华校长的曹云祥这样分析：

"容氏（闳）于时曾率青年学生120人赴美，而自任监督之责。嗣以

图2-2 罗斯福总统铜牌照片，1923年。原嵌筑于清华体育馆（罗斯福纪念体育馆）正门墙壁上，解放后被移除
来源：墨菲档案

①
唐绍仪、周自齐、颜惠庆、唐国安、梁
敦彦、辜汤生等人皆为1880年第一批
赴美幼童中"巍然有声"者。

②
曹云祥. 清华学校之过去及将来（清华
之教育方针目的及经费）[J]. 清华周
刊，1926年增刊纪念号：3–11.

③
前述美国哈佛、耶鲁等著名高校所以承
诺招收中国学生并提供留学奖金，也是
端方等人争取所致。其中，耶鲁大学每
年赠给学额11名，免收学费；康奈尔
大学每年赠给学额6名；哈佛大学每年
送美金2万元，连送三年。此外还争取
到了女子留学学额，威尔士利女学答应
赠给中国学额 3 名，并且膳费、宿费、
学费概免。潘崇. 清末五大臣出洋考察
与近代中外教育交流[J]. 聊城大学学报
(社会科学版)，2013（10）：72–78；
易红英. 试探清末"五大臣"出洋对教
育的考察[J]. 广州广播电视大学学报，
2003（12）：27–31.

政府有虑学生偏激维新者，未久即命撤回，致容氏之计划，中道而废。然当时赴美青年中，后来有闻于国内政治界者，实不乏其人焉。容氏少学于耶鲁大学，以1850年卒业，为中国留美毕业生之第一人……派遣学生赴美留学之一初期事业。虽然1880年即行停顿，然出洋游学，已成培养新才之唯一途径。

……故1904年至1908年间，美政府议退还庚子赔款之际，派送出洋学生之办法，实时人心理所同然。盖其时美国总统及国务卿，则罗斯福与海约翰也。中国驻美公使为梁晟（诚）。外部尚书为袁世凯，而其部僚，则唐绍仪、周自齐、颜惠庆、唐国安等也。学部尚书，则张之洞；而梁敦彦、辜汤生，其所汲引者也[①]。时则端方等五大臣考察宪政方归国也。此时而议及退款兴学，则除规随容氏之初期事业，宁有其他……凡以见当时所定选送游美学生之教育政策，乃斟酌时势需要，会合朝野名流之意见，而后审择之，决非苟焉而已"[②]。

此前，端方等"五大臣"于1905年至1906年出访欧美，名为考政，但时值清廷停止科举，教育改革方兴未艾，出洋考察时对各国的教育自然特别关注。除教育考察之外，考政大臣与美国各名著高校积极协商派遣留学生事宜，最终争取到美国大学的学额及资金资助[③]。

可见，派遣留学生赴美，在政治和舆论各方面均已进行了长期的准备和铺垫，既是美国转变其对华政策的反映，也是中国教育革新积极作为的结果。所以1909年

①
学务处成立后招过两批学生赴美。第一批在1909年举行，投考630人中只有48人录取；第二批考试的400余人中仅70人录取。录取率皆不足10%，是以在国内办学作育人才成为必要。详见吴景超. 清华的历史[J]. 清华周刊，1923年十二周年纪念号：3.

②
清华园与清华学校[J]. 清华周刊. 1921年十周年纪念号：1-13；苏云峰. 从清华学堂到清华大学：1911—1929——近代中国高等教育研究[M]. 台北：台湾"中央研究院"近代史研究所，1996.

③
1911年10月（宣统三年八月）辛亥革命爆发，一个月后因学生纷返家乡，清华停课，撤销游美学务处这一机构，学务处监督的职权归于清华校长，唐国安就任，为清华第一任校长。

④
冯友兰. 校史概略[J]. 清华周刊，1931，35（11-12）：1-8. 20世纪20年代以前的分期方案则多从经费（"扩张时期—短绌时期—转移时期—积储时期"）和校园建设（"肇基时期—经始时期—成立时期—完成时期—扩大时期"）入手，见曹云祥. 清华学校之过去及将来：清华之教育方针目的及经费[J]. 清华周刊，1926年增刊纪念号：3-11；另见附录·清华学校校史[J]. 清华周刊，1927，28（14）：727-730.

⑤
冯友兰. 校史概略[J]. 清华周刊，1931，35（11-12）：1-8.

⑥
"在清华毕业的学生，学文科的，到美国可以直接插大三，或大四；学实科的，有时可以插大二，有时还要进大一。这种稀奇古怪的制度，早有人想改造了。"吴景超. 清华的历史[J]. 清华周刊，1923年十二周年纪念号：9.

清廷收到超索的庚子赔款后，清华学堂就应运而生。

2.2　清华校名和学制的变化

1909年7月10日（宣统元年五月），外务部与学部奏设"游美学务处"，并"附设游美肄业馆一所"。肄业馆的作用，本来只是学务处的办事机构，负责挑选品质合格者遣送赴美，并非实际的学校。但由于国内学生符合派送赴美深造标准者较少①，与《派遣美国留学生章程草案》所定"前四年选送四百人"的计划相差过远，所以1910年12月21日改"游美肄业馆"为"清华学堂"，分中等及高等两科，各为四年毕业，中等科毕业须经过甄别考试晋升高等科，高等科毕业亦须通过严格的考试才能派遣留学。开设学校的目的有三：1）教导充分的科目，俾学生可以直接升送美国大学；2）引注美国的风俗习惯和教授法，俾学生到美不致感到不便；3）建成一模范学校，俾国内学校知所效法。② 这便是清华大学的最初雏形，即西文报刊中所谓的赔款学校（Indemnity College），分中等及高等两科各四年，高等科毕业再通过严格的考试派遣留学。

1911年4月1日新学校招收第一批学生，并呈请外务部改"清华学堂"为"清华学校"③。这一名称从辛亥年一直沿用，直至1928年国民政府议决将之改为"国立清华大学"。因此，20世纪30年代以降，学者列论清华的发展，大多从其学校名称的演变着眼，将清华前20年的发展分为"游美肄业馆""清华学校"和"清华大学"三个时期④。

校名的改变，是清华从附设到独立而至成熟的过程，也体现了在动荡不安的近代，清华隶属系统的变更，折射出清华从中国教育体系外的"异数"成为其重要组成部分的历程。由于受美国庚子赔款的资助且涉及对美关系，清华成立时即归学部与外交部会同管理。民国肇造，清华学校被划归外交部直辖，与教育部脱离关系。至北伐成功，南京国民政府成立，在外交、教育等各个方面力争主权，因此清华被纳于整个国家教育系统以内，成为国立大学之一⑤。清华隶属系统的数次变化，从一个侧面反映出中国在近代蹒跚进行教育改革和艰难争取国权的历程。

另外，校名的改变也反映了清华学制的变化，体现了清华程度和规模的实际发展，反映出清华孜孜以求扩建大学的艰难历程。"从学制上，我们可以看一个学校程度上的进步；从建筑上，我们可以看一个学校规模上的进步。"清华学校时期，中等科和高等科的学制年限经过几次变更，但目的均是为留学美国服务，使毕业生能直接进入美国大学的二、三年级。"清华现在的学制，可以说是特别的，在中国和美国，都找不出这种奇特的学制。"⑥为了改变清华留美预备学校的这种性质，自清华第二任校长周诒春起就努力使清华成为"一个完完全全的大学"，实现教育与学术的独立。

1916年，时任清华学校校长的周诒春正式呈文外交部，请逐渐扩充学程，设立大学。他列举清华须办大学的三大理由：1）可提高游学程度，缩短留学年期，以节学费；2）可展长国内就学年期，缩短国外求学之期，庶于本国情形，不致隔阂；3）可谋善后以图久远。最后他总结说："综此三端，皆为广育高材，撙节经费，藉图久远之大计。今本校已由基地九百余亩，每年接收退款不下百余万金，机会之佳，当务之急，未有过于此者！且以我国地大物博，已设之完全大学，寥寥无几。当此百度维新之候，尤宜广育人材，以应时需……一切建筑布置，增设学科，以及分配预算经费诸端，是当随时详细妥为规划。"[1]

周诒春在呈文中特别提出"建筑布置"，是因为在前一年（1915年）夏秋间已由他聘用的墨菲（Henry K. Murphy）完成了校园的规划图，对预设于近春园的大学部分做了详尽安排，且清华园的图书馆和体育馆业已开工。周诒春扩建大学的宏图远略，后虽因他去职而被迫中辍，但他所制定的发展大学的宗旨、计划和梦想则为清华的学生所肯定，"清华从前享的盛名，以及现今学校所有的规模层层发现的美果，莫不是他那时种下的善因。"[2]

周诒春于1918年去职以后，清华一度受经费短绌的困扰，采取减少留学学额等收缩政策，更无余力谈到扩建大学。并且，"在现在的学制之下，各种建筑都已够用"[3]。因此，直到1928年国民政府收管清华并任命罗家伦为校长，清华办学的方针才幡然更张[4]。1929年教育部颁布新规程，并明定本校分为文、理、法三院，继之于1932年成立工学院，为文理法工四院，共设十七学系，以次成十三研究所[5]。清华由于扩建大学所需，又开始对近春园重做规划并再次大兴土木，将"荒芜不治，大与清华园相埒的近春园"整治一新[6]，与周诒春时期的建设连成一体，形成了今日清华校园的核心景观区域。

2.3 近代清华界址的变化

1909年收到美国的第一批超索庚子赔款后，外务部奏《游美学生办法大纲》，其中有"在京城外清旷地方设立肄业馆"一条，清廷因此派员各处觅地。最初择地于小汤山温泉行宫，并拟筑火车支路以利于交通。后查得海淀西北的清华园较为相宜[7]，外部和学部会同奏请拨作游美肄业馆之用。

清华园俗称小五爷园[8]，"本校成立之初，乘车者犹必以至小五爷园告之，否则往往摸索而不得达"[9]。建校初期，"南面是一条小河，西面是圆明园遗址，东北两面是一片茫茫的农田"，校园占地约450亩[10]（图2-3）。当时的清华园，"虽其时卉木萧疏、泉流映带，邱阜蜿蜒、场地辽阔，而其房屋，则三三两两，多半颓圮"。外务部利用清华园的旧工字厅（原称工字殿）建

① 吴景超. 清华的历史[J]. 清华周刊，1923年十二周年纪念号：10.

② 学校方面·序[J]. 清华周刊，1921年十周年纪念号.

③ 吴景超. 清华的历史[J]. 清华周刊，1923年十二周年纪念号：12.

④ 具体的办法，是停办高等科（中等科在20世纪20年代中期已废止），并减少留美学生至每年派遣至多不得过五十名之限，"以由此撙节之款，自办一完全永久之大学"。大学毕业给予学位，并扩增研究院，授予高级学位，使清华成为闻名中外的科学和思想文化研究重镇。

⑤ 冯友兰. 校史概略[J]. 清华周刊，1931，35（11-12）：7；汤用彬. 旧都文物略. 北京：北京古籍出版社，2000：178.

⑥ 梁治华. 清华的园境[J]. 清华周刊，1923年十二周年纪念号：40.

⑦ 清华园原为前清义和团领袖端郡王之父兄之赐园。因端郡王载漪为义和团在园内"设坛举事"，该园被清内务府收回，"任其荒芜"。

⑧ 相传道光帝赐其第四子文宗（咸丰帝奕詝）以近春园，故俗称四爷园；赐其第五子惇亲王（奕誴）以清华园，故俗称小五爷园；赐其第六子恭亲王（奕訢）以朗润园，故俗称六爷园；赐其第七子醇亲王（奕譞）以蔚秀园，故俗称七爷园。其所以称清华园为小五爷园者，因圆明园之南有鸣鹤园者，为道光弟惠亲王（绵恺）所有，俗称该园为老五爷园。详见清华园与清华学校[J]. 清华周刊，1921年十周年纪念号.

⑨ 夏廷献. 清华学校之清华园[J]. 清华周刊，1918（4）：1-7.

⑩ 梁治华. 清华的园境[J]. 清华周刊，1923年十二周年纪念号：40；魏嵩川. 清华大学校园规划与建筑研究[D]. 北京：清华大学，1995：10-11.

筑群作为游美学务处办公处（图2-4～图2-6），1909—1914年间陆续建起清华校门（今二校门）、同方部、清华学堂（今清华学堂西南部）、二院（清华学堂以北的高等科宿舍食堂等）（图2-7）、三院（中等科教室、宿舍及食堂）等建筑（图2-8），并按美国一般大学的要求在三院以西修建球场、操场和医院（图2-9、图2-10）。

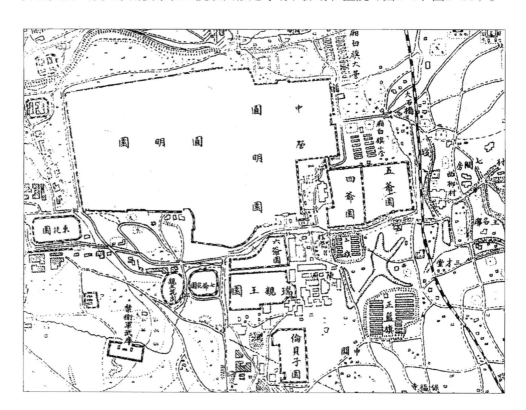

图2-3 1912年的清华学校及周边
来源：苗日新. 熙春园·清华园考[M]. 北京：清华大学出版社，2010：124.

图2-4 工字厅（学务处）大门外一带鸟瞰，外国人称之为"衙门"（Yamen）。右上部可见古月堂（时为中国教师住宅）
来源：Richard Arthur Bolt. The Tsing Hua College, Peking: With special reference to the Bureau of Educational Mission to the United States of America[J]. *The Far Eastern Review*, 1914: 366.

图2-5 衙门入口
来源：墨菲档案

图2-6 （工字厅）内景
来源：墨菲档案

　　为扩大规模起见，复于民国二年（1913）春，购于政府，将毗连校西之近春园并入校址。近春园为清道光帝第四子咸丰帝奕詝赐园（俗称四爷园），园内建筑因遭英法联军火烧圆明园波及，被焚毁一空，后由农民在院内耕种①。此外，近春园以西为乾隆帝所筑的长春园旧址，包含南部（俗名黄木厂）、中部（俗名水磨村）和北部（原为清咸丰帝居藩邸时入宫定省所走的通道）。由于第二次鸦片战争中被英法联军焚毁，园内土地租给农民承种。农民为了便于种植而私自堵塞水闸，造成清华校内河道不畅。因此在民国二年冬，清华第一任校长唐国安和清室内务府

①
清华兼并近春园后，曾分别酌予恤银，照禁卫军收用畅春园例执行。

图2-7 二院连廊

图2-8 三院（中等科）外观，1914年
来源：墨菲档案

图2-9 清华学校医院，位于荷花池西北角道路尽端处
来源：Richard Arthur Bolt. The Tsing Hua College, Peking: With special reference to the Bureau of Educational Mission to the United States of America[J]. *The Far Eastern Review*, 1914: 366.

协商，将该地亦按例给价一并归清华管理（图2-11）。自此近春园连同长春园东南一部分总共面积480余亩者，全部划归清华所有。继之筑以围墙五百丈圈入清华园，作为将来大学建筑的储地。

1914年得美国退还杂项赔款117万美元，清华又多一笔预备经费作为以后充扩的资本。之后在校外四围，沿二校门外的南马路及清华园站车站后身，先后购入200余亩地，总计面积约1200亩。至20世纪20年代，清华学校的地界"隶属宛平

图2-10 医院及其东面之网球场
来源：墨菲档案

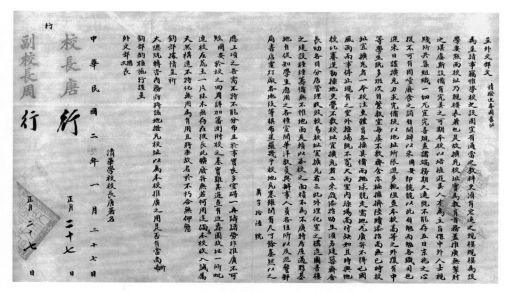

图2-11 清华校长唐国安请拨近春园归清华学校的呈文
来源：顾良飞. 清华大学档案精品集[M]. 北京：清华大学出版社，2011：8.

①
附录·清华学校校史[J]. 清华周刊,
1927, 28 (14): 727-730.

②
苏云峰. 从清华学堂到清华大学:
1911—1929——近代中国高等教育研
究 [M]. 台北: 台湾"中央研究院"近
代史研究所, 1996.

③
汤用彬. 旧都文物略[M]. 北京: 北京古
籍出版社, 2000: 178.

④
张彝鼎. 清华环境[J]. 清华周刊, 1925
年第11次增刊: 15.

⑤
罗森. 清华大学校园建筑规划沿
革, 1911—1981[J]. 新建筑, 1984
(04): 2-14.

⑥
吴景超. 清华的历史[J]. 清华周刊,
1923年十二周年纪念号: 5.

⑦
"最初留美学生, 人数无多, 每年开
支, 至多不过四五十万元, 而每年退
还之款, 则为158万元, 财政极其宽
裕."冯友兰. 校史概略[J]. 清华周刊,
1931, 35 (11-12): 5.

⑧
梁治华. 清华的园境[J]. 清华周刊,
1923年十二周年纪念号: 33.

⑨
Tsing Hua College. Memorandum
Report of Interviews of June
13, 14, 15, 1914, at Tsing Hua,
Peking, China, between President
TSUR & H. K. MURPHY[N]. 1914-
06-26. Murphy Papers.

县, 附近无大村落, 除柳村、后窑八家(校东)、水磨(校西)、大石桥(校北)外, 有大白旗、小白旗(亦校北)、蓝旗、三旗(校南), 各驻防旗营。而国内不靖, 景象萧条, 家苦人多, 生活困难。本校校役、警察、园丁、清道夫等, 百数十人, 打扮属附近村落之人, 生计籍以维持者比比也"①。

近春园并入清华学校后, 除了"一些从前学生发园艺狂、牧畜狂时候的遗迹", 长期处于荒芜不治的状态。在金邦正和曹云祥主校时(分别为1920—1921年和1922—1927年), 先后为教职工修建了南院住宅和西院住宅, 并建起清华西门②。1926年秋季, 清华第一批招收的11个科系中就有农学系, 建有两个农场、一个鸡场, 为农科学生试验用; 成为国立大学后又与燕京大学和香山慈幼院合办农事讲习所。因此, 1934年(民国二十三年)南京政府议决拨圆明园遗址归其接管, 筹办农场, 为添设农学院之准备。③另有一个牛奶场, 是农学教授虞振庸主办的, 当时在北京城内有名的"模范牛奶", 就由这个模范牛奶场出产。"从此事业加赠, 规模愈益扩大"④。

这一时期, 清华购置了南院以南的地产, 修建了新林院(新南院)和普吉院(新新南院), 清华的校园规模扩大到1600余亩⑤。此后一直到解放前, 清华的界址再无大的扩张, 相对解放后向东拓展的大片新校区, 清华园和近春园等成为今天所说的清华"红区"。

中华民国于1912年成立以后, 清华仍归外交部直辖, 但享有很高的自主权, "那时的校长, 权限大极了, 可以为所欲为"⑥。此外, 清华创办初期, 由于选送学生数额较少, 经费"极为宽裕"⑦。清华第一任校长唐国安主政时期, 即有意添置设备与建筑, 从1914年的清华现状图上也可见预留给"图书楼"和"理化实验室"的位置和面积(图2-12)。

2.4 早期清华校园的主要建筑及其承建商斐士

游美肄业馆选定于清华园建设后, 在周自齐、唐国安、范源濂等人主持下, 1909年8月开始筑围墙, 并在1910—1911年间陆续建造了一系列建筑, "足能容纳500学生"。这些建筑中最著名者为清华学堂和清华校门。

1911年建成的清华学堂为高等科的教室和寝室, 是"一座红顶灰砖白面的楼, 上面横嵌着'清华学堂'四个大字的一块大理石。我们推开大门, 便看见挂着一个电表, 大如面盆。在楼梯底下立着一个玻璃柜, 里面放着无数的灿烂琳琅的银杯, 这全是清华运动健儿历年来在运动场上的战利品"⑧。从墨菲的角度看, 该建筑"缺乏显著的风格特征, 法国式的红瓦屋顶, 角上上则折成孟沙式屋顶(Mansards)。这一建筑统率着高等科的建筑群, 其入口庄严醒目, 但对比例和一些细部的推敲不够"⑨(图2-13~图2-16)。

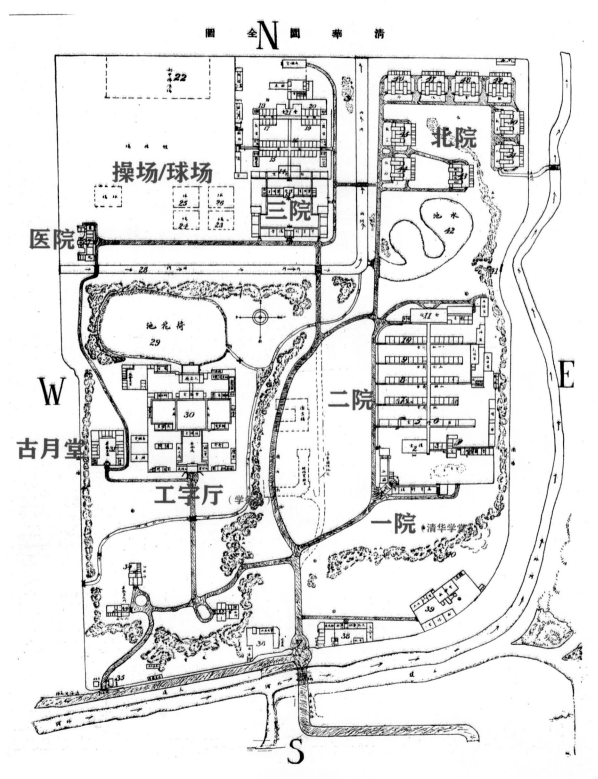

图2-12 清华学校校园图，1914年

来源：Richard Arthur Bolt. The Tsing Hua College, Peking: With special reference to the Bureau of Educational Mission to the United States of America[J]. The Far Eastern Review, 1914: 366.

图2-13　清华学堂外观，1914年
来源：墨菲档案

图2-14　一院高等科宿舍内景，20世纪20年代初
来源：李济等.学府纪闻——国立清华大学[M].
台北：南京出版社有限公司，1981.

图2-15　一院宿舍内部陈设
来源：墨菲档案

图2-16　一院的教室内景
来源：墨菲档案

　　早于清华学堂建成的是位于清华学堂北面的同方部，也是现今校园中年代最久远的建筑物，其取义《礼记·儒行》："儒有合，志同方"，寓示志同道合者相聚之处。同方部在近代先后被用作礼堂、手工教室（金工实习等）、师生俱乐部等（图2-17、图2-18）。其与清华学堂在总图的轴线布局和空间序列上并无特别关系（图2-19、图2-20），似反映出早期校舍的建造并无总制全局的规划，也缺乏训练有素的建筑师进行擘画，而是根据需要集中或分散布置，校内地形亦皆保留未动。

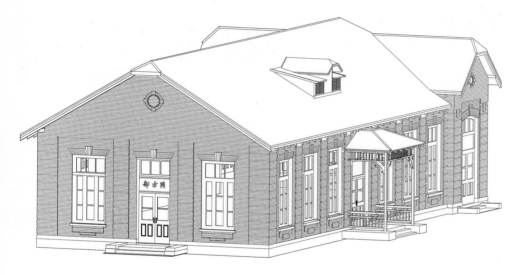

图 2-17　同方部轴测图
来源：清华大学建筑学院2020年测绘

图2-18　同方部之礼堂
来源：墨菲档案

①
梁治华. 清华的园境[J]. 清华周刊,
1923年十二周年纪念号: 31.

图2-19　清华学堂与同方部围合之庭院，1914年
来源：墨菲档案

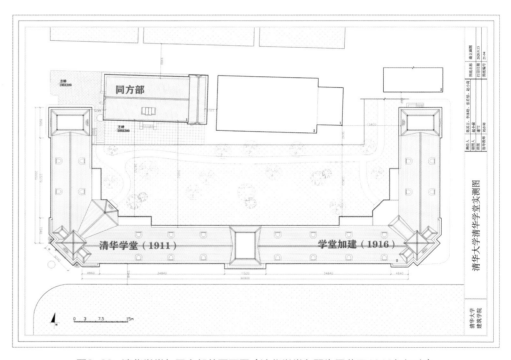

图2-20　清华学堂与同方部总平面图（清华学堂东翼为墨菲于1916年加建）
来源：清华大学建筑学院2020年测绘

　　同时建成的还有清华的校门。"清华校门是灰砖砌的，涂着洁白的油质，一片缟素的颜色反映着两扇虽设而常开的铁质黑栅栏门。门前站立着一名守卫的警察。门的弧上面镶嵌大理石，石上镌刻清那桐写的"清华园"三个大字以及"宣统辛亥"小字和题款"①（图2-21）。这座校门一般被称为"二校门"（相对20世纪30年代建成的西门而言），是清华文化和清华精神的重要象征，后被按比例多次仿建

图2-21 清华校门（今二校门）
来源：顾良飞. 清华大学档案精品集[M]. 北京：清华大学出版社，2011：51.

在与清华相关的校园和纪念馆等地。

　　校门内东西两侧，东侧为稽查处和邮政局，西侧是守卫处。清华建校前，在校门位置，曾"有大殿一所，曰永恩寺。今进门路之白石条即此寺拆毁之遗物也"①清华园的地形本多蜿蜒的土山，"园内空地，两旁植柳，中有小山坡，坡上多古柏"②。大礼堂对面的钟亭及科学馆的场址一带即为土山，后因建设需要平整了一部分场地，但校门入口处的土山一直保留至今。进门后道路两侧的柏树，也是永恩寺遗留的古木（图2-22）。

　　当时清华聘任的美国和欧洲教师住在新修建的北院住宅区，既有双拼式住宅，亦有独幢住宅（图2-23～图2-25）。中国教员住在工字厅西侧的古月堂（图2-26），古月堂之垂花门为清华园内难得保存完好的古建筑装饰艺术精品。工字厅西北毗邻怡春院，原为庶务长办公之地③，后改为年轻教师住宅（图2-27）。此外，在荷花池西北还修建了校医院（Infirmary），与三院门前的东西向小路相通（图2-12）。

①
夏廷献. 清华学校之清华园[J]. 清华周刊，1918（04）：1-7.

②
程宗泗. 北京清华学校参观记[J]. 新青年，1916，2（03）：1-3.

③
黄延复、贾金悦. 清华园风物志[M]. 北京：清华大学出版社，2001：24-25.

图2-22　清华校门内部，1914年
来源：墨菲档案

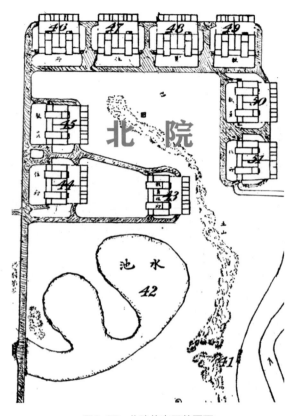

图2-23　北院住宅区总平面
来源：Richard Arthur Bolt. The Tsing Hua College, Peking:
With special reference to the Bureau of Educational Mission to
the United States of America[J]. *The Far Eastern Review*, 1914:
366.

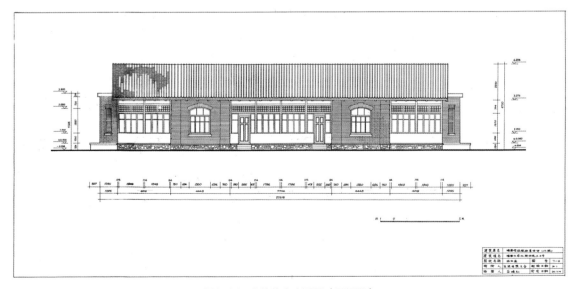

图2-24　北院住宅立面图（已拆毁）
来源：清华大学建筑学院1990年测绘

图2-25　北院住宅外景
来源：墨菲档案

图2-26　中国教师住宅院落（古月堂）外观
来源：墨菲档案

①
Richard Arthur Bolt. The Tsing Hua College, Peking: With special reference to the Bureau of Educational Mission to the United States of America[J]. The Far Eastern Review. 1914: 364. Richard Arthur Bolt为清华所聘的校医。

②
L. Carrington Goodrich. Book Review of China Travels in China 1894—1940 by Emil S. Fischer[J]. Geographical Review，1941，31（3）：52.

③
https://www.findagrave.com/memorial/115223875.

图2-27　西北院外观（1935年改回原名"怡春院"）
来源：清华周刊[J]. 1934，41（13-14）.

根据《远东评论》的记载，1910年前后的这些建造合同交由美国公民斐士（Emil Sigmund Fischer，1866—1945）的公司实施，总造价合35万美金（五十万两银子）①。斐士时为Fischer & Company之经理，该公司在天津和北京皆设有分公司，从事华北一带的营造工作。斐士其人生平尚未查明，但根据前述文章作者（时为清华校医）所述，斐士曾在纽约工作过。其人传世之著作内容多为在中国及东南亚各国旅行所记之名胜与人情（图2-28、图2-29），如《涉泽披臻》（Travels in China）一书由一家天津的出版社印行于1941年，记载斐士在1917年和1935年两次深入中国腹地，溯长江而上的经历。一则书评提到该书作者"曾在中国住了很长时间，他具有复杂的国际经历，在1894年抵达上海前，曾在维也纳、巴黎、布宜诺斯艾利斯、里约热内卢和纽约各大城市都居住过，斐士先生的眼光独到，善于发现别人不曾注意的事物"②。

这说明，斐士确曾在中国居住和活动过很长时间，但其营造厂的经营状况尚无迹可寻。太平洋战争爆发后，斐士因持美国护照被押解到天津周边的集中营，1945年2月死于集中营中③。

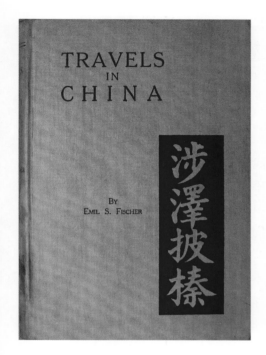

图2-28　《涉泽披臻》封面，1941年出版

来源：Emil S. Fischer. Travels in China 1894—1940[M]. Tientsin: The Tientsin Press, Ltd., I941.

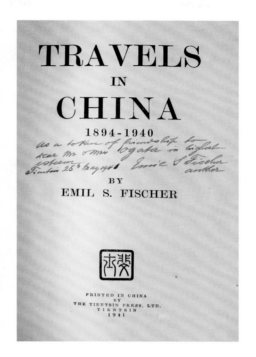

图2-29　《涉泽披臻》扉页，可见作者中文钤印"斐士"

来源：Emil S. Fischer. Travels in China 1894—1940[M]. Tientsin: The Tientsin Press, Ltd., I941.

① 中美关系及其如何促成美国政府退还超索的庚子赔款是需专门讨论的另一课题，除上述事件外，影响当时中美关系的重要外交事件还有1905年清政府赎回"美华开发公司"修建粤汉铁路合同，以及同年清廷派出端方等人赴美考察教育等。

② 1907年12月3日，罗斯福于国会咨文中同意退款，并请国会授权。美方同意所赔之款由2444万美元减为1365.5万美元，应退中国者为1078.5万美元，本息合计为2840万美元。此议案于1908年5月25日在国会通过，罗斯福总统于12月28日签字命令执行。美国退还庚子赔款的余额，先后有两次。第一次是在1908年经由中国驻美公使的交涉，美总统与国会决定将美国超索的庚子赔款余额千余万美元，自1909年起至1940年止逐年按月退还中国，作为派遣留学生及举办学务之用。详见清华大学校史编写组. 清华大学史稿[M]. 北京：中华书局，1981：5；苏云峰. 从清华学堂到清华大学：1911—1929——近代中国高等教育研究[M]. 台北：台湾"中央研究院"近代史研究所，1996.

2.5　结语

　　义和团运动是自鸦片战争以来中西文化矛盾的总爆发。"辛丑条约"签订之后，虽然清廷于当年（1901年）颁布变法诏书，开始"新政"，但中西双方相互仇视的情绪并未骤然消失。以中美关系为例，受美国国内排华风潮的影响，20世纪初期中美关系一度极为恶劣。1904年美国国会将"寓美华人条款"无限期延长，清政府提出抗议失败后，中国爆发了持续一年的抵制美货运动，而1905年年底在广东濂州更有五名美国传教士在冲突中被杀①。在中美两国有识之士的倡议下，时任总统的西奥多·罗斯福（Theodore Roosevelt, 1858—1919）决定退还部分超索的庚子赔款②，用于教育中国的年轻人并资助其赴美留学，以图补救此前美国一系列对华政策产生的不利影响。

　　清华大学的前身——附设于游美学务处的"游美肄业馆"就是在这样的环境中产生的。第一批退还的超索庚子赔款是清华创办的直接原因，清华也被当时的美国报纸称为"赔款学校"（Indemnity School）。1927年北伐胜利后，清华受南京国民政府教育部管辖，于1929年正式更名"国立清华大学"。

美国20世纪初受排华思潮的影响，对华政策激起中国民众的极大愤慨，所以罗斯福总统决心退还超索的部分庚子赔款兴办教育，以求消弭民怨、改善美国形象。这一做法在政治和文化上均获得了巨大成功，清华的体育馆即以罗斯福的名字命名。因此，清华学校的建立带有强烈的国际政治色彩，清华早期的校园建设也有其复杂的历史背景。

早期的清华校园占地广大而建筑疏阔，山丘、河流等地貌形态一仍其旧，仅在平坦处布置校舍。这一时期缺乏严格的规划，尚未形成统率全局的轴线序列和标志性建筑，但校园空间的基本格局，如完整保留了工字厅、怡春院和古月堂的旧建筑和山水格局，此外教工住宿区、高等科、中等科、辅助设施（医院等）已做合理划分，为将来的发展奠定了基础。这一时期建成的建筑均取用本地烧制的灰砖，设计水平和建筑质量均不如之后。建成建筑中以清华学堂最为宏大，其45°转角入口也成为清华校园建筑的一大特色，并为此后不同时期的新建建筑所效仿。

从1914年前已建成的建筑种类看，包括教室、宿舍、食堂、医务室等，以及校内的各式住宅（图2-30），距离一所中等规模的美国式学校所需的设施还差距较远（参考后文墨菲设计的卢弥斯学校），图2-12显示校内本拟在地势较平坦之地建设"图书楼"和"理化实验室"（虚线位置），而美国大学的重要象征——体育馆尚未确定选址。周诒春在1913年就任校长后不再满足这种见缝插针式的建设方式，着手考虑建设一座气度宏大、设施完备的"完全大学"。

图2-30 甲所（校长住宅）原貌
来源：清华大学建筑学院楼庆西教授提供

第3章 清华学校时期的校园规划及建设（上）
——周诒春主校时期之卓见与擘画

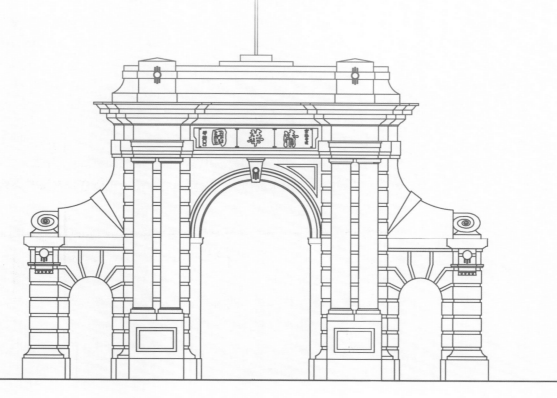

①
苏云峰. 从清华学堂到清华大学：1911—1929——近代中国高等教育研究 [M]. 台北：台湾"中央研究院"近代史研究所，1996.

②
1928年以后，"清华教育政策就慢慢地从模仿时期，而达到创造时期"。邱椿. 清华教育政策的进步[J]. 清华年刊，1927. 见清华大学校史研究室. 清华大学史料选编（第一卷）[M]. 北京：清华大学出版社，1991：272.

清末"新政"（1901—1911年）时期的教育改革，废止了中国实行两千余年的私家教育与一千余年的科举制度，各地陆续成立了西式学堂，在学科种类与内容上均大为扩张。自此以后，教育成为国家的要政之一。与其他近代高等学府不同的是，清华用美国退还超索的庚子赔款所创办，是在中国教育系统之外的一所新制留美预备学校，"除了教会学校，清华是整个中国教育环境的异数"①。由于经费充足，清华的校园建设在规模和质量等方面，均是"一时之选"，为其他高校所难企及。

本书绪论曾提及以清华的校园规划和建设作为专门的课题进行研究，开始于20世纪80年代。此后海内外学人博稽详考，成果斐然。但是，有些关键问题一直未见系统的讨论。例如，周诒春与美国建筑师墨菲分别是清华早期校园规划的策划者和设计师，主宾二人是否相得？周于诒春1908年去职后，墨菲的"四大工程"才陆续竣工，校政与人事方面的变化对校园建设有何影响？墨菲的事务所远在纽约，他是如何控制"四大工程"的建造进度和质量的？在清华的这些项目中墨菲引进了哪些建造技术，其最初设计哪些与我们今天所见的实际情况不同？

这些问题，大多超出了规划空间和建筑形体的范畴。对其展开研究，需要较为全面地了解20世纪初的国际政治关系，将清华校园规划和建设的过程投置在较为宽阔的历史背景下考察，探讨政治制度、社会背景和历史人物与物质形式间的互动，在研究视野和方法两方面创新。而作为一项历史研究，发掘新史料、拓展其种类与范畴，是将研究推向深入的一个基本条件。

本章研究的是周诒春执掌清华校政的1913—1918年间的校园建设活动，并延及20世纪20年代初"四大工程"落成时的状况。这一时期，清华校园的建设无论规模和质量均远逾前期，奠定了校园核心区的基本景观，是形成清华校园文化和空间形态的关键时期②。这一时期清华校园规划和建设的决策者是时任校长的周诒春，将其意图转为设计方案的是由周诒春聘用的美国建筑师墨菲，而在现场实际主持建设施工者则为墨菲聘用的驻场建筑师雷恩（Charles E. Lane）及其助手庄俊。建筑史学界历来对墨菲在清华早期建设中发挥的作用倍加赞赏，但对周诒春之所以仿效美国大学的模式大兴土木的原因，以及他决定清华校园建筑风格、采取措施确保建筑工程质量等诸多重要贡献，却从无系统的论述。

本章共五部分，分别阐述周诒春目光远大的治校方略及其聘用墨菲的历史背景，他与墨菲间的合作关系，墨菲校园规划的具体内容及依据，墨菲的规划和建筑设计思想来源及其影响，并结合设计说明、原始图纸和实测图等不同资料，详细讨论大礼堂穹顶的结构形式等问题，追溯大礼堂等重要建筑建成时的样貌与现今所见之差别。本章试图在国际视野下全面分析这一时期的建设背景及其过程。这短短几年间的建设彻底改造了清华校园的景观，决定了其未来发展的走向，是清华近代校园建设史上浓墨重彩的一章。

3.1 周诒春的治校方略及其与墨菲的合作关系

周诒春（1883—1958年），字寄梅，1883年12月生于湖北汉口，祖籍安徽休宁（图3-1）。他1904年毕业于上海圣约翰大学，后赴美入威斯康辛、耶鲁等校学习教育、心理学等专业，1909年从耶鲁得硕士学位后回国，出任上海复旦公学心理学、哲学教员。1912年年初任南京临时政府外交部秘书，并曾任孙中山先生英文秘书[①]。

① 章元善，尚传道. 记清华老校长周诒春. 文史资料选辑(97) [M]. 北京：中国文史出版社，1985：133-144；黄延复. 二三十年代清华校园文化[M]. 桂林：广西师范大学出版社，2000：28-35.

② Yelong Han. Making China Part of the Globe: the Impact of America's Boxer Indemnity Remissions on China's Academic Institutional Building in the 1920s[D]. Chicago: University of Chicago, 1999: 56.

③ 转引自苏云峰. 从清华学堂到清华大学：1911—1929——近代中国高等教育研究[M]. 台北：台湾"中央研究院"近代史研究所，1996.

图3-1　周诒春像
来源：苏云峰. 从清华学堂到清华大学：1911—1929——近代中国高等教育研究[M].
台北：台湾"中央研究院"近代史研究所，1996.

1912年清华改称"清华学校"，周诒春受任为教务长。1913年8月，前任校长唐国安逝世，外交部以周诒春为校长，当时他在美国管理游学生事务，校务暂由赵国材代理。周诒春于1913年10月返回清华接任校长，以赵国材为教务长。二人在以后与墨菲的合作中扮演了重要角色。

周诒春的美国留学背景是他被任命为清华校长的重要原因。清华创办最初数年，虽然名义上由北洋政府外交总次长直接管理清华事务，但美国政府及其驻华公使保持着对清华校政的极大影响。例如，美国的退款严格遵循"先赔款，后退还"的一套复杂手续，"美国总统保留停止退款的手段，以应对中国可能的变局"[②]。又如，在《派遣美国留学生章程草案》的"总则"中规定，"由外务部和美国公使馆委任的官员联合负责拟派赴美留学生的选拔及其在美国学校的分配"[③]。

① 邱椿. 清华教育政策的进步[J]. 清华年刊, 1927. 见清华大学校史研究室. 清华大学史料选编（第一卷）[M]. 北京：清华大学出版社，1991：270-271.

② 苏云峰. 从清华学堂到清华大学：1911—1929——近代中国高等教育研究 [M]. 台北：台湾"中央研究院"近代史研究所，1996.

③ 学校方面·序[J]. 清华周刊·本校十周年纪念号. 1921.

④ 杨翠华. 中基会对科学的赞助[J]. 台北：台湾"中央研究院"近代史研究所专刊（65），1991.

周诒春自始即对清华学校的发展有自己明确的计划。清华初建时仅是一座留学培训学校，后设中等和高等两科各四年，对应美国的六年制中学和两年制初级学院，目的是使毕业生能直接进入美国大学的二、三年级。周诒春就任校长后进行了一系列准备，提出了"要建设一个完全美国式的大学"的设想，并在1916年正式向外交部倡议将清华从留美预备学校扩建成学科门类较齐全的大学（图3-2）。其中，在1914年6月，他邀请墨菲来清华会商规划未来清华大学的校园，"于是大兴土木，把图书馆、科学馆、体育馆、礼堂都修筑起来，而一切规模都仿照美国大学的建筑"①，正是他扩建大学的步骤之一。

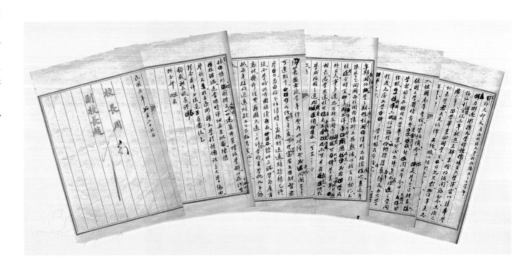

图3-2　周诒春上报外交部将清华扩改成大学的呈文，1916年
来源：顾良飞. 清华大学档案精品集[M]. 北京：清华大学出版社，2011: 12.

由于模仿美国的教育政策和校园环境，清华曾被指责"崇洋媚外"，周诒春也被诬为"奉行洋化政策的代表"②。实际上，周诒春早在1913年就要求外交部"扩充学额，预备设立大学，使国家教育与学术独立，不受美国人控制"。清华的学生们也一致公认，"他是有宗旨、有计划、有梦想、有希望"③。清华建校时，在《派遣留美学生章程草案》中曾规定，"原则上，庚子赔款留学生应以十分之八学习理工及应用科学，十分之二修习社会科学"④。这一学科分配原则并没有严格执行，这与清华初期领导人的观念有很大关系。周诒春认为清华的教育不仅应重视专业知识，培养专业领导人才，还应重视民主参与及组织领导才能的训练，提倡应用科学与人文及社会科学并重，这成为清华的教育方针和学术传统，从而培养出众多工程和文学大家。

为了使美国政府支持他扩充大学的计划，周诒春特地聘请墨菲做了清华的远景规划图，获得了美国驻华公使芮恩施（Paul Reinsch）的认可。但同时，周诒春又没有听从芮恩施的建议，"使清华沿着技术与工程学科的路线发展，让国立大学去招收文法方面的学生"[①]。这说明，周诒春一方面利用与美国的特殊关系，努力争取美国政府的支持，以在清华遂行其扩充大学的雄图，另一方面对于校政的管理上则成竹在胸，不假手他人。

此外，虽然早期清华的人事任命权直属于外交部，并且由外交部划拨美国每月的庚子还款，但是周诒春实际上决定着清华的预算、财务和其他日常管理事务。仅在周诒春任内（1913—1917年），清华校长对校务和财务拥有绝对的决定权，1917年以后则改由清华董事会管理基金和学校经费[②]。1917年暑期周诒春赴美东调查学务，其间北京教育界将他控告到教育部，指其贪污，他于1918年1月提出辞呈以示清白，外交总长陆徵祥批示照准[③]。周诒春辞职之时，"四大工程"均已在施工当中，无法停止。但随着周诒春的辞职，仿照美国校园建立一个门类齐全大学的计划被辍止。

周诒春在校长任内的目标，是使清华由留学预备性质转化为一所学术独立的大学，他的各种举措包括校园建设，均是为此目标服务。同时，周诒春握有校政和财政大权，使得他能聘请美国建筑师墨菲按其意图进行校园规划和建筑设计，继而设立专门机构、聘任驻场工程师保证工程的质量。而周诒春本人学贯中西，兼且"老成练达，劳怨弗辞"，因此与墨菲颇为相得，他与墨菲的往来信件也可看出宾主合作愉快。

墨菲出生于耶鲁大学所在的小镇纽黑文，是耶鲁大学1899年的毕业生，1906年在纽约开始正式执业。1908年，墨菲与丹纳（Richard Henry Dana，1879—1933）合伙在纽约开办事务所（Murhpy & Dana Architects，时译为"麦谭工程师"，后称"茂旦洋行"）。丹纳出生于剑桥，在获哈佛和哥伦比亚的文学学位后，又从耶鲁取得了建筑文凭，因此他们的事务所与耶鲁大学关联密切。他们早期的业务主要集中在纽约周边及美国东北部地区，项目多为殖民复兴样式住宅，规模通常不大。

1914年以后，墨菲通过其耶鲁大学校友的关系，取得了主持设计雅礼学校（College of Yale-in-China）的机会，旋即又获得清华校园规划与建筑设计的委托，声名鹊起。以此为契机，他又获得多所美国基督教会大学校园规划设计的委托，如沪江大学（1915）、福建协和大学（1918）、金陵女子大学（1919）、燕京大学（1920），将业务范围扩展到整个东亚[④]。1928年国民党定鼎南京之后，他受蒋介石任命为"首都计划"的顾问，主持设计了南京灵谷寺阵亡将士纪念塔和祭奠堂，并为孔祥熙的山西太谷铭贤学校做过规划[⑤]。从此，墨菲蜚声中美，成为中国近代建筑史上最著名的外国建筑师之一。

1914年春，墨菲受雅礼会（Yale-in-China AssDcition）的委托，携其夫人埃德娜·墨菲（Edna Murphy）到长沙考察正在施工中的雅礼学校的进展。他们夫妇二人本计划在此之后取道北京，横穿西伯利亚到达圣彼得堡，游览中欧各国和法国

① Memorandum of the Chinese Secretary, C.D.Tenny, Jan 5 1915, National Archive: Tsing Hua College, 转引自Yelong Han. Making China Part of the Globe: the Impact of America's Boxer Indemnity Remissions on China's Academic Institutional Building in the 1920s[D]. Chicago: University of Chicago, 1999 : 189.

② 周诒春任职期间从事大规模的校舍建设耗资太多，招致外界批评，外交部于1917年8月27日成立"筹备清华学校基本金委员会"，后又于1921年设立"清华学校暨游美学务基金报关委员会"，两个委员会均设清华董事会，专门管理经费（放贷生利）及基本财产，对基本建设的监管尤其严格。"中央研究院"近代史研究所藏外交档案，转引自苏云峰. 从清华学堂到清华大学：1911—1929——近代中国高等教育研究[M]. 台北：台湾"中央研究院"近代史研究所，1996. 另见Yelong Han. Making China Part of the Globe: the Impact of America's Boxer Indemnity Remissions on China's Academic Institutional Building in the 1920s[D]. Chicago: University of Chicago, 1999 : 173.

③ 金富军. 一生情系清华——纪念周诒春校长诞辰130周年[J]. 水木清华，2013（11）：17-25.

④ Jeffery Cody. Building in China: Henry Murphy's "Adaptive Architecture", 1914—1935[M]. Hong Kong: The Chinese University Press, 2001: 109.

⑤ 铭贤廿周纪念册委员会. 铭贤廿周纪念[M]. 上海：上海中华书局，1929.

①
墨菲致纽约合伙人书信，详见本书中编3.4节。

②
刘亦师. 墨菲研究补阙：以雅礼、铭贤二校为例[J]. 建筑学报，2017（07）：67-74.

③
Marry Dounce. Yale Leading China Toward the Higher Education[N]. *The Sun*. 1917-11-18. 收藏于耶鲁大学墨菲档案。墨菲在1914年6月与周诒春最初会晤时，并不知道周和雅礼学校的关系。他于1914年7月17日写给丹纳的信中称周与自己"素未谋面，并且对我们既往的设计工作一无所知"。见墨菲致丹纳的信[A]. 1914-07-17. Murphy Papers. 郭杰伟（Jeff Cody）在其关于墨菲的著作中也据此推测周和墨菲的校友关系是墨菲取得这一项目的原因。见Jeffery Cody. Building in China: Henry Murphy's "Adaptive Architecture", 1914—1935[M]. Hong Kong: The Chinese University Press, 2001: 45.

④⑤
Tsing Hua College. Memorandum Report of Interviews of June 13, 14, 15, 1914, at Tsing Hua, Peking, China, between President TSUR & H. K. MURPHY[N]. 1914-06-26. Murphy Papers.

⑥
这个大门，连同整个大学部的主要建筑物后来都未建成。墨菲对清华校园的主要贡献是建成了以"四大工程"为代表的东部校园[当时的"高等科（高中部）"]。

后回美国。在北京停留时，墨菲受周诒春邀请至清华商谈清华项目。此前，驻北京的另一家美国建筑事务所曾主动与清华当局联系，要求承接校园的规划和建设，但周诒春在与墨菲面晤之后，将这一重要的设计工作正式交给了墨菲。"整个项目的规模之大，超过我们既往在亚洲的所有项目的总和"。本来墨菲计划在北京稍事停留即前往俄国，但由于和周诒春进行了长达三天的会商，只得将横穿西伯利亚的计划推迟一周①。可见，取得清华项目的委托完全出于墨菲意料之外。

墨菲之所以得到周诒春的赏识和信任，除他们同是耶鲁大学的校友外，更重要的是，周诒春当时还是雅礼学校董事会成员。墨菲在长沙雅礼学校项目中的出色表现②，一定让周诒春印象深刻。所以虽然在清华是墨菲第一次与周诒春会面，但由于周诒春已相当了解墨菲在中国当时环境下的设计能力，早有意将清华的建设委托之，这次会晤只是当面向墨菲阐述设计意图并确定时间表③。

根据墨菲和周诒春最初的会晤（1914年6月13—15日）形成的备忘录④，可知双方商定了校园规划的基本原则等一系列重要问题，而对于建筑样式的选取则是双方讨论的重点。虽然墨菲一开始建议采用类似雅礼学校的大屋顶建筑样式，但周诒春对此并不感兴趣，并列举了至少三个方面的原因要求按照西式建筑样式进行设计。首先，基地本身除了工字厅之外别无可观的传统样式建筑，并无必须协调一致的要求；其次，周诒春了解墨菲为雅礼学校设计的中国式大屋顶建筑，他认为"虽然在校园里建造中国式建筑有其教育意义，但从实用的角度说，给宿舍及教室的使用带来诸多的限制和不便"；最后，过高的造价也不允许在清华采用中国式大屋顶的建筑。考虑到经济成本和实用性，双方商定不拟采用中国式的大屋顶，而使用灰砖以取得和周边现有环境的协调，且在不影响使用功能的地方掺入传统元素，如"基地的环境设计上采用纯粹的中国式"⑤，并为新的大学部建造一个中国式的大门⑥。

可见，周诒春在会见墨菲之前，早已形成了清华未来校园建设的全局计划，特别要求对新建建筑在外观和内部空间组织上采用西式，以此减少造价和便于使用；但周诒春同时也承认中国式的建成环境对他所推许的学术和教育的独立有积极意义，因此在材料的选用和场地设计中允许融入传统元素。这些都体现了他作为一名长于行政的管理者所具的实用态度。

值得注意的是，周诒春是清华校园建筑风格的决定者，而墨菲按照他的这些设想将其具体化，形成了我们今天看到的"四大工程"。不仅清华的设计如此，南京金陵女大、燕京大学等均为业主要求采用大屋顶的建筑以彰显中国传统文化，而在北京和汉口等地的花旗银行等项目中业主又要求使用新古典主义样式。墨菲则根据这些要求，借助其专业知识将之实现。

相比较而言，周诒春所进行的校园物质建设，是其赖以说服驻华公使、扩充大学计划的一部分，与一些教会大学推进其在华的文化、宗教事业等目的有所不同。因为清华项目要求采用西方风格，使墨菲能发挥所长，迅速地在中国建立起"才能卓著"建筑师的声誉①（详见本书中编3.5节），从而拓展市场；后一种情形下，墨菲以所受的法国"布扎（Buear-Arts）"艺术教育为基础，融合了一些特征明显的中国建筑元素，达到与当地文化和建筑传统相适应(adaptation)的目的。但究其本质，墨菲在中国的诸多项目中是一个精力充沛、灵活机变的实施者，而绝非政策方针的决定者。在清华的校园规划和建设中，周诒春对确定建筑风格起到决定性作用，这是不应为人们所忽视的。

虽然墨菲是意外接受了清华项目的委托，但他立即意识到这一项目的重要意义。在他写给他的合伙人丹纳的信中（详见本书中编3.1节），明确说"倾尽全力满足周诒春的要求"，并请后者在纽约立即开出高薪物色最好的绘图员，"将我们最好的雇员投入这一项目中"。由于墨菲的事务所同时在做另一些项目②，因此还详细讨论了事务所工作人员未来几个月的工作安排。墨菲的敬业态度和职业精神也让周诒春十分满意。

周诒春在美国曾多次受到墨菲的接待。1914年9月和10月间，周诒春两度访问了墨菲和丹纳在纽约的事务所，此后至少于1917年夏天又在纽约会见了墨菲。由于宾主合作愉快，二人彼此间建立了信任，周诒春在1917年致墨菲的信件中承认，"目前看来大学部的建设会被拖延下去"（详见本书中编3.2节），感谢墨菲为清华建筑工程的学生提供了实习机会，甚至还向墨菲透露他的竞争对手在汉城的一些活动（详见本书中编3.3节）。可以看出周诒春对墨菲的工作能力非常认可，并且周诒春掌握财权，能够及时支付设计费，而无需后来清华基金会所制定的繁杂手续，墨菲方面也觉得合作畅快。信件字里行间可见两人私谊颇笃。相比之下，墨菲与周诒春辞职后主管建设的赵国材间的往来通信则显得公事公办得多。

3.2 两份重要文件：周诒春与墨菲会商的《备忘录》及墨菲拟定之《规划分析》

周诒春的学校建设目的是使清华由留学预备性质转化为一所学术独立的大学，其中物质建设如添造图书馆、体育馆、科学馆及大礼堂等，不过是第一步；继而又改订学制，改设大学，最终达成清华学术和教育独立的目的，"凡所措施，眼光远大，规模宏伟"③。这说明，周诒春时代的校园物质建设只是他整体教育改革布局之一环节而已，非为物质而物质。因此，周诒春将清华发展为大学的计划是清华早期规划和建设的重要背景和前提，对理解清华校园的空间形态至关重要。

根据墨菲和周诒春最初会晤的《关于亨利·墨菲与周诒春校长在清华大学会晤（6月13、14、15日）的备忘录》（下称《备忘录》）④，宾主双方就主要问题达成一致。这包括，墨菲的规划方案应完善现有的清华学校（包括中等科和高等科），并在其西部近春园一带规划完整的大学部；大学部的模式整体上应遵从美国的大学

①
墨菲自己也承认此点，详见本书中编3.5节。从事后发展看，清华项目是墨菲在中国执业早期影响力最大的作品之一。

②
如位于康涅狄格州温莎的卢弥斯学校Loomis Institute校园规划建设及位于东京的圣保罗（St. Paul's）学校。关于前者详见Beck Purdy. Island Architecture and the "Academical Village". 感谢Loomis Institute档案部Karen Parsons提供材料。

③
苏云峰. 从清华学堂到清华大学：1911—1929——近代中国高等教育研究 [M]. 台北：台湾"中央研究院"近代史研究所，1996.

④
Tsing Hua College. Memorandum Report of Interviews of June 13, 14, 15, 1914, at Tsing Hua, Peking, China, between President TSUR & H. K. MURPHY[N]. 1914-06-26. Murphy Papers.

①
美国外交部门在清华早期校政上有较大的话语权。1928年前清华一直隶属北洋政府外交部管辖，罗家伦就任国立清华大学首任校长后推动"改辖"，即脱离外交部，首先也通过其熟人关系得到美国驻华使团的认可。详见第5章。

②
Memorandum of the Chinese Secretary, C.D.Tenny, 1915, National Archive: Tsing Hua College, 转引自Yelong Han. Making China Part of the Globe: the Impact of America's Boxer Indemnity Remissions on China's Academic Institutional Building in the 1920s[D]. Chicago: University of Chicago, 1999: 189.

③
清华学堂以清皇室原有清华园为堂址，面积450余亩。1914年，政府续拨西边之近春园480余亩，此外又征购校南民地200余亩，总计1200亩。详见《清华周刊·本校十周年纪念号》。

④
罗森. 清华校园建设溯往（清华大学建校九十周年纪念）[J]. 建筑史论文集（第14辑）. 北京：清华大学出版社，2001: 29.

⑤
关于清华早期规划的思想来源是另一较大的课题。按纵轴排列的校园布局最早为杰斐逊在弗吉尼亚大学所创造，到20世纪初，美国建筑师根据城市美化运动的艺术原则，强调利用重要建筑的分布和围合突出主次轴线的秩序关系，形成强烈的视觉效果，典型的例子是哥伦比亚大学新校区以及伯克利大学加州分校的校园建设。

⑥
分别为中国文学、建筑学、人文学院、教育、法学、新闻学、音乐、商学、工程、农林、医学及口腔医学等院系馆和物理实验楼、化学实验楼、生物及医学实验楼。

校园规划原则，而非英国互相独立的学院式；由墨菲选派驻清华的建筑师协助监理工程的进行；以及前文所述的在建筑风格上不采用中国式，等等。

值得注意的是，周诒春对清华未来扩建成大学的校园远景规划非常在意，《备忘录》用了较大篇幅详列墨菲需要提交成果的时间节点，以求"保证于1915年开始施工"。例如，设计和制图工作在墨菲返回纽约后进行，至当年8月底应初步完成，9、10月间等周诒春到纽约就初步方案协商，并于事后几个月内进行修改和完善，在1915年2月15日前将正式图纸寄到清华，开始工程招标；正式施工可望在1915年5月间开始，次年部分竣工可以使用。这个安排紧凑的日程表使墨菲感到时间紧迫，因此在信中再三表示需要"倾尽全力"达到周校长的要求。（详见本书中编3.4节）

实际上，周诒春给墨菲的时间表正是他争取各方（美国、外交部、教育部等）支持，尽快实施其大学计划的一部分。其第一步就是在1915年接到墨菲寄来的图纸后，力争美国外交部门尤其是美国驻华公使的认可和支持[①]。在芮恩施对这一计划表示赞同后，周诒春立即正式开始进行校园建设[②]。因此，周诒春对墨菲的设计成果在时间上的要求，是为了以规划设计图为根据说服美国公使，从而利于他推进扩建大学的计划。

在周诒春的要求下，墨菲的规划方案（图3-3）主要由两部分空间群体构成，即完善后的清华学校（中学部），和与其西部毗邻、待扩建的大学部。1913年周诒春接任校长，向外交部呈文提议将清华学校扩大至大学程度，因此才有清华扩界收并近春园，校园面积增长一倍多[③]。这一规划图发表于1914年的《清华年刊》[④]，其透视图也可从现藏于耶鲁大学的墨菲档案中查得（图3-4）。

对比1914年以前的清华校园（图3-5），新规划将清华校园分成两部分：新建的大学部位于西部，后受时局影响，规划的内容基本未实现；预备学校位于校园东部，基本保持1911年清华学堂校园规模，保存工字厅建筑群和建成不久的清华学堂，以新建1500座大礼堂为中心，布置高等科教学区，类似弗吉尼亚大学的大草坪和"学术村"。中学部的方案显露了20世纪初美国大学校园"布扎式"风格的特征：以长向草坪的"广场空地"确定了主要轴线，在其端头以形式庄重的大礼堂为收束，大草坪两侧散布教学建筑，即所谓的"学术村"（Academical Village）。但是限于场地和财政的限制，大草坪一带仅突出了纵轴而缺少与之相对应的次轴线，相比20世纪初的美国新/扩建校园规划，视觉效果显得较为单一[⑤]。但对于高等教育刚刚起步的近代中国，清华的这一区域已经显得足够恢弘气派，成为清华的标志。

有趣的是，《备忘录》中详列了墨菲规划图的设计内容，除大礼堂和图书馆外，要求为计划设立的14个院系各自修建一幢系馆[⑥]。其中大学部的南段布置了建筑系、中国文学系、人文与艺术学院等8个人文和社科系所，位于荒岛以南、靠近

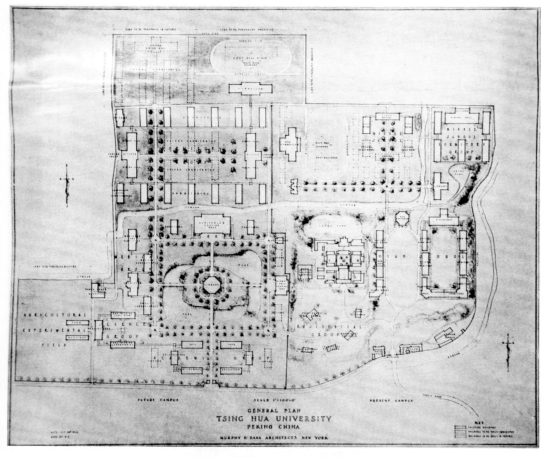

图3-3　墨菲所做的1914年清华规划
来源：墨菲档案

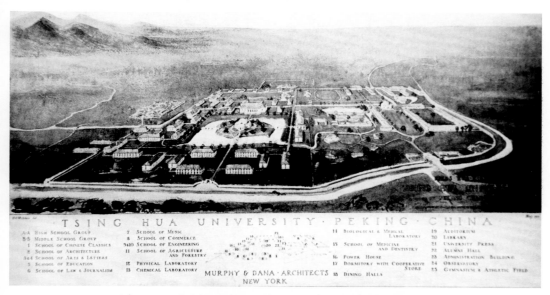

图3-4　墨菲1914年清华规划透视图。可见荒岛上的图书馆及其北面的大学部大礼堂
来源：墨菲档案

① 大学部建设中辍，迟至1926年开学，清华学校的高等科和中等科才被17个系所取代。17个系中，有如下11个在1926年秋季学期开始招生：中国语言与文学、西方语言与文学、历史、政治科学、教育与心理学、经济学、物理学、化学、生物学、农学和工学。其余6个系为哲学、社会学、东方语言、数学、体育和音乐。见清华大学校史研究室编. 清华大学九十年[M]. 北京：清华大学出版社，2001：46.

大学部校门处，校门按照墨菲在《备忘录》中的设想为中国式；西段和北段设立物理系、化学系、工程系、农学系及其实验室①。中部的荒岛上布置了一座新图书馆，其北面为大学部的大礼堂。

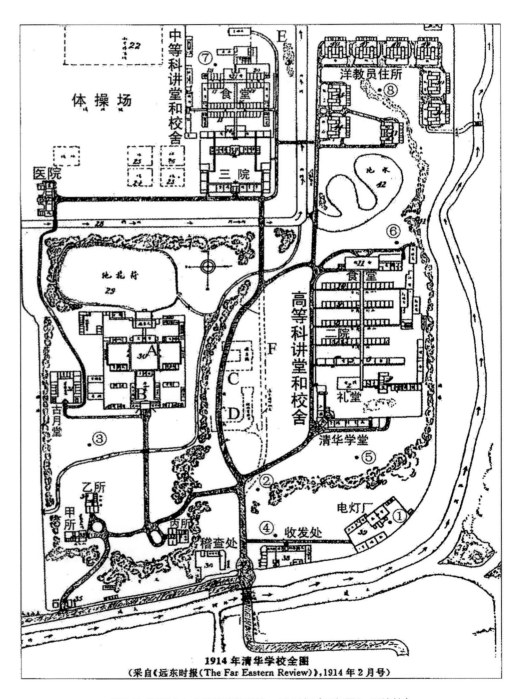

图3-5 墨菲介入之前的清华学校，1914年（可与图2-12比较）

来源：罗森. 清华校园建设溯往（清华大学建校九十周年纪念）[J]. 建筑史论文集（第14辑），北京：清华大学出版社，2001：27.

荒岛上的图书馆为罗马式的建筑（图3-6），与中学部的图书馆风格大异。而其北侧的大礼堂与中学部后来于1921年建成的大礼堂迥乎不同。根据墨菲的《清华的未来大学部规划总图列示建筑分析》（简称《规划分析》）[①]，大学部的大礼堂设计所仿效的原型为密歇根大学新建成的希尔纪念礼堂（Hill Memorial Hall）（图3-7），建成后将可容纳4000人，从透视图上也可看到其风格为典型的新古典主义，与希尔纪念礼堂的外观相去无几。图书馆与大礼堂这两幢建筑是大学部的象征，但与新校门和其他系馆建筑一样均未建成。

墨菲的《规划分析》对大学部每幢建筑设计所仿效的对象、如何确定每系人均的空间大小等作了详细说明。例如，艺术与建筑系（Art & Architecture）的设计

①
Murphy & Dana, Architects. Analysis of Buildings Shown on General Plan Dated October 30, 1914 of Future University for Tsing Hua, Peking, China[N]. Murphy Papers.

图3-6　墨菲规划方案中的大学部图书馆透视图，1914年。
此图常被后人误认作今清华大学礼堂原始设计
来源：墨菲档案

图3-7　密歇根大学希尔纪念礼堂，1913年
来源：University of Michigan Official Publication. Vol. 41, No.40, 1939.

①

Murphy & Dana, Architects. Analysis of Buildings Shown on General Plan Dated October 30, 1914 of Future University for Tsing Hua, Peking, China[N]. Murphy Papers.

②

Tsing Hua College. Memorandum Report of Interviews of June 13, 14, 15, 1914, at Tsing Hua, Peking, China, between President TSUR & H. K. MURPHY. June 26, 1914[N]. Murphy Papers；刘亦师. 墨菲档案之清华早期建设史料汇论[J]. 建筑史, 2014（2）：164-186.

说明下方注明，"这类系的设计条件通常变化很大。本设计参数的选择是根据丹纳先生在耶鲁大学建筑系担任系主任时的经验推算而来"。[①]从此也可知，墨菲的合伙人丹纳与耶鲁建筑系的关系非同一般。

由于第一次世界大战爆发，周诒春扩建大学的计划受到影响。在1917年3月的信中，周诒春说："1914年秋纽约晤后，世局突变，世界大战推高物价极多，建设开销较预算腾涨一倍有余……以现今情形，其先所规划之大学部分建设或将推迟实施。"（详见本书中编3.2节）到1918年元月周诒春辞职后，清华校董会全面控制财政，校务方面且动荡不安，大学部的建设更无从谈起。20世纪20年代末，清华大学恢复了建设，并委托杨廷宝重做荒岛一带的规划，但那时的规划与建筑设计则完全是另一番景象了。

3.3 墨菲制定的清华校园规划方案及相关问题

周诒春接任校长后，积极推进扩建大学的计划。由于当时清华处于美国影响笼罩下，扩建大学的计划必须首先获得美国驻华公使的认可，因此，周诒春于1914年6月13—15日邀请途经北京返回美国的墨菲来校商谈远景规划和建设事宜，以便尽快获得美国公使的认可。从现有资料可见，周诒春在事前已经有全盘计划在胸。这次会商确定的一系列原则，如规划包括完善现有中学部（清华园）和新建大学部（近春园）、大学部的规划遵照美国大学校园的设计模式、建筑样式的选取、时间表等，都是由周诒春提出、由墨菲从技术角度加以确认，同时他也采纳了墨菲提出的一些建议，如选聘驻场建筑师协调工程实施等[②]。

墨菲在1915年5月前即完成了清华学校的规划设计（图3-3）。对比1914年以前的清华校园，新规划将清华校园分成两部分：位于校园东部的清华园将完善成为中学部，以新建1500座大礼堂为中心，另建图书馆、科学馆和体育馆。新建的大学部位于西部的近春园，因经费和人事问题，基本未能实现，荒芜十余年。

本节就墨菲规划中一些既往研究未涉及的关键问题略作阐述，如大草坪与二校门为何不在同一轴线上？墨菲为何在清华园采用了西洋式的建筑风格，而非如他广为人知的"适应性"（Adaptive）大屋顶式建筑？大学部的规划和建筑所参照的原型是什么？今日所见的大礼堂有哪些地方是与墨菲设计意图不同的，对现代的建筑保护又有什么意义？

3.3.1 清华大草坪轴线的偏移问题

周诒春聘请墨菲所做的方案，以新建1500座大礼堂作为清华园（中学部）的中心，在原土丘处引入一大块草坪，在两侧新建科学馆和教学楼（拟拆除二院后修

建），并扩建了清华学堂。由墨菲制定的这一方案遵从的是20世纪初美国大学校园的
特征：以长向草坪的"广场空地"确定了主要轴线，在其端头以形式庄重的大礼堂为
收束，大草坪两侧散布教学建筑。因这一空间模式最初由杰斐逊创造性地应用于弗吉
尼亚大学的"学术村"，在大半个世纪后汇合了城市美化运动的"布扎"式艺术形
式，成为19世纪末、20世纪初美国校园规划的重要范型，因此也被称作杰斐逊式。

以大礼堂为统率布置的清华高等科成为杰斐逊式校园空间（Jeffersonian
Campus Design）在中国的最初应用之一。大草坪确定了纵向的视觉轴线，其与位
于端头的罗马穹顶大礼堂，均是杰斐逊式校园空间的重要元素。在梁实秋的描写
中，进入清华校门后，"一条马路，两旁树着葱碧的矮松，马路岐处，一片平坦的
草地，在冬天像一块骆驼绒，在夏天像一块绿茵褥，草地尽处便是庞然隆大、圆顶
红砖的大礼堂……才跨进校门的人，陡然看见绿葱葱的松，浅茸茸的草，和隆然高
嵩的红砖建筑，不能不有身入世外桃源的感觉。再听听里面阒无声响的寂静，真
足令人疑非凡境了"[1]。由于清华园宽广整齐，因此墨菲得以从容采用这种空间模
式，这既是清华园的重要景观，也成为我国近代大学校园规划的典范。

大草坪的纵深由南面的土坡和背面的校河所界定，宽幅则由东侧已建成的清
华学堂、二院和西侧待建的科学馆等建筑控制（图3-8）。因此，最后形成的大草
坪轴线，北部由大礼堂收束，南部则由在墨菲方案之前已建成的校园环境限制，宽
幅则由东侧已建成的清华学堂、二院和西侧待建的科学馆等建筑控制，纵向轴线没
有与清华校门（今二校门）取直（图3-9）。这种处理方法，也反映了墨菲典型的

①
梁治华. 清华的园境[J]. 清华周刊，
1923年十二周年纪念号：32.

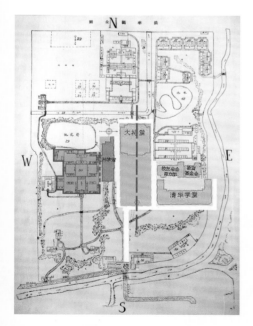

图3-8　大礼堂区现状，可见大草坪与二校门不
处于同一轴线；科学馆的基址原为土山
来源：根据图2-12重绘

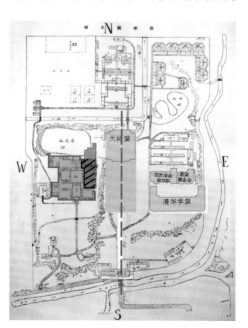

图3-9　大礼堂区轴线比较。若以二校门为轴线南端，
则科学馆无法布置在大草坪西侧（与工字厅重叠）
来源：根据图2-12重绘

①
这样的处理使进入校门的人避免在二校门即看到大礼堂，更能使大礼堂前的广场区"令人疑非凡境"。感谢张复合先生指出此点。

②
Tsing Hua College. Memorandum Report of Interviews of June 13, 14, 15, 1914, at Tsing Hua, Peking, China, between President TSUR &. H. K. MURPHY[N]. 1914-06-26. Murphy Papers.

③
校史. 校史. 国立清华大学二十周年纪念刊. 见清华大学校史研究室. 清华大学史料选编（第一卷）[M]. 北京：清华大学出版社，1991：49.

④
按周诒春的设想，是先在1915年拿出完整的规划方案，再以之取得美国驻华公使的认可，以次游说外务部和教育部将清华学校扩充成完全大学，由中国政府投入更多的财政资助，建设一所模范大学。详见刘亦师. 墨菲档案之清华早期建设史料汇论[J]. 建筑史，2014（2）：164-186.

⑤
墨菲致丹纳信[N]. 1914-06-22. Murphy Papers.

图3-10　从北向南鸟瞰清华大草坪一带，1924年。可见先期建成的二校门偏离了大草坪的纵轴
来源：University of Michigan Official Publication. Vol. 41, No.40, 1939.

适应性设计理念，即他在1914年与周诒春会面时所建议的，"尊重场地原有的古物"，所以采取以南北向为主轴，也没有平整校门处的土山并移走古木，以强求轴线的效果（图3-10）。同时，这样处理的结果，使大礼堂前的广场区同二校门轴线之间的关系更符合中国传统园林空间的"藏"与"露"的关系①，与墨菲所提出的"在场地设计中采用中国传统的朝向及园林设计的原则"相合②。

3.3.2　清华学校的建筑风格

周诒春对清华的发展做出了很大贡献，"任职四年余，建树极众，历任校长无出其右。大礼堂、图书馆、体育馆、科学馆及新大楼（一院东半部）相继建筑，教务方面亦多改进"③。他积极推行扩建完全大学的计划，目的在使清华的学术与教育独立，其第一步就是邀请美国建筑师墨菲做出完整的校园规划④。周诒春在确定规划内容和建筑形式方面都发挥了决定性作用。

周诒春在拒绝了其他两家驻北京的美国建筑公司后，邀请墨菲来清华进行面商，并决定将清华扩建大学的规划委托给他，并阐述设计意图和确定时间表，"整个项目的规模之大，超过我们既往在亚洲的所有项目的总和"⑤。

周诒春在决定建筑风格上发挥了决定性作用，并提出了具体的要求，而由墨菲从技术角度加以实现，从而形成了今日清华园的主要景观。

3.3.3 大学部的规划与建筑

墨菲方案中的大学部位于毗邻清华园的近春园。周诒春去职之后，虽然扩建大学的工程停顿下来，但规划图纸一直保存。清华的学生对这一规划都很熟悉："我们现在走到工程处，还可以看见理想的清华大学建筑图样"[①]。

"西园的空地甚多，校中拟于四面河水环绕处，建筑新图书馆，其他地方建新校舍，将来一定有一番新景象。"[②]这里所说的西园即近春园（在清华园以西），四面河水环绕处即荒岛，其上拟建的新图书馆是规划中大学部的主要建筑之一。近春园的南北向主轴线穿过南端的新校门和荒岛图书馆，以荒岛北部的新礼堂为主轴线的收束。这种沿纵轴布置教学建筑、以礼堂统率全局的模式与中学部类似；但大学部多了三条与主轴垂直的次轴线，在校河以北布置宿舍、食堂和体育馆，在湖西分别布置医学院组群和工学院、农林学院和商学院组群。

今日清华大礼堂为罗马式穹顶的红砖建筑，原本作为高等科学生的礼堂，而大学部的新礼堂则是一座新古典主义样式的建筑。根据墨菲的《规划分析》，大学部的大礼堂设计所仿效的原型为密歇根大学新建成的希尔纪念礼堂（图3-11）。其面积和其他指标均仿照希尔纪念礼堂，建成后预计容纳4000人。

大学部分为三部分，即院系楼群部分（Academic Group），沿南北主轴线和一条东西次轴布置；医学院部分（Medical Group），沿另一条东西次轴线布置在湖面以西，东向正对荒岛上的图书馆；以及校河以北的宿舍部分（Dormitory Group）（图3-12）。

①
吴景超. 清华的历史[J]. 清华周刊，1923年十二周年纪念号：9.

②
张彝鼎. 清华环境[J]. 清华周刊，1925年第11次增刊：13.

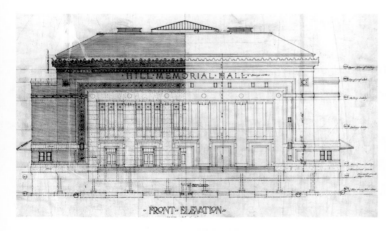

图3-11　希尔纪念礼堂正立面

来源：Wilfred Shaw. The University of Michigan, an encyclopedic survey. Ann Arbor, Michigan: University of Michigan, Digital Library Production Service, 2000.

图3-12　墨菲所做的大学部规划（局部），1915年

来源：墨菲档案

①
张彝鼎. 清华环境[J]. 清华周刊，1925
年第11次增刊：13.
物理学及生物学实验室和化学学院与医
学院建筑群安排在一起。

②
《规划分析》中对商学院未作说明，但
从透视图上可见其为后继建设项目，安
排在音乐学院以西，也属于南端组团。

③
Murphy Dana, Architects. Analysis
of Buildings Shown on General Plan
Dated October 30, 1914 of Future
University for Tsing Hua, Peking,
China[N]. Murphy Papers.

各部分主要内容及布置如下：

① 院系楼群部分。包括9个学院的院馆，其与设计参考对象的关系分别为：文学院（含5个系：文学系、历史系、经济系、语言学系和政治系，共招500名学生），设计参考纽约城市大学；中国古典学院（招收200名学生）；教育学院（招收400名学生），设计参考哥伦比亚大学教师学院；法律与新闻学院（法学系招收300名学生，新闻系招收200名学生），参照宾夕法尼亚大学法学院设计；音乐学院（招收50名学生）；艺术与建筑学院（招收50名学生），参照耶鲁大学建筑系设计；工学院（下设5个系：土木工程系、市政卫生系、机械工程系、电气工程系、矿业系，共招生600名学生）；农学及林学院（农学系招收200名学生，林学系招收100名学生）；物理学及生物学实验室参考哥伦比亚大学菲儿崴瑟学院设计；化学学院参考哥伦比亚大学化学实验室设计。[①]

上述建筑共15幢，其中在南端新大门处左右对称各布置了四幢建筑，即中国古典学院、建筑学院、文学院（两幢）、教育学院、法学与新闻学院、音乐学院和商学院[②]。湖南面的东西干道形成了大学部的次轴线，西端布置了工程学院（两幢）和农林学院三幢建筑。

② 医学院部分。包括药学院和牙医学院，拟共招收200名学生。这一部分有两幢建筑，其一为教学楼，另一幢则用作医学实验室和生物实验室。医学部分建筑的标准参照新建成的西宾州大学医学院[③]。与荒岛图书馆相对的西部则安排了物理、生物、化学实验室和医学部建筑共5幢，荒岛东侧拟建校友总会，形成了横贯荒岛的东西轴线。

③ 大学部的宿舍。布置在校河以北，共有12幢宿舍楼，每幢均为3层建筑。底层和二层为套间（每套两间卧室和一间读书室，每间卧室容纳两名学生），每层设一处公共卫生间。每楼还留一处斋务处指导教员的住所。全楼可容纳120名学生。按《规划分析》，大学部宿舍若招收2800名学生，则尚需购置近春园西北角的新地并新建一批宿舍楼。这一部分另建两座食堂和一座体育馆，形成了在教学区之外相对完整的宿舍区（图3-13）。在此也可窥见墨菲之刚刚接触中国的建筑市场（1914年第一次到中国，雅礼学校为其在华的第一个项目），对一些重要原则尚不敏感（如中国建筑的布局一般尽量避免东西向）。

墨菲所做一纵三横的大学部规划，实际上是他所受的"布扎"艺术训练的反映，也是美国当时校园规划所普遍采取的设计手法。受19世纪末城市美化运动思潮的影响，受过"布扎"体系训练的建筑师从杰斐逊式单一的纵轴线演变出一条或多条次轴线，形成多种视线组合，创造出更加丰富的空间效果。在中学部（清华园），墨菲受已有建筑的影响，规划的空间层次均较单一；而在荒芜不治的近春园为大学部做规划时，墨菲能够施展的余地更大，充分体现了他良好的专业素养。

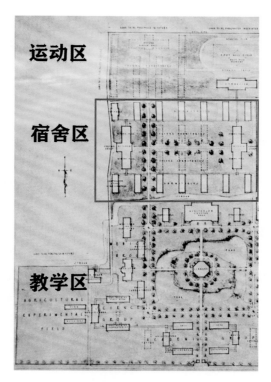

图3-13 墨菲方案之大学部规划（近春园），1915年，红色框内为拟建宿舍区，建筑多为东西向
来源：墨菲档案

①②③
Tsing Hua College. Memorandum Report of Interviews of June 13, 14, 15, 1914, at Tsing Hua, Peking, China, between President TSUR & H. K. MURPHY[N]. 1914-06-26. Murphy Papers.

3.3.4 墨菲派驻清华的代表及相关史料辨讹

根据先前在雅礼学校的经验，墨菲在第一次与周诒春会晤时就"强烈要求"从他纽约的事务所派出一名建筑师常驻清华，"监管工程招投标和现场施工"[①]。由于所有图纸都在美国绘制，使用的是美国标准，图则和说明都是英文，因此需要熟悉这一套标准和规则的专业人员根据现场情况指导施工。墨菲以其长沙项目的经验向周诒春说明，如果不雇用一名驻场建筑师，"工程款被贪污及昧于现代施工技术的常识，将使清华的建设在财务上蒙受巨大损失"[②]。

周诒春对派驻建筑师这一要求虽然没有准备，但由于墨菲言之在理，显然倾向赞同，但需要先向外交部汇报获得批准（详见本书中编3.1节）。因此他答应在墨菲返回美国前后的"8月1日之前将最终消息电告墨菲纽约的事务所"，但《备忘录》中的日程表是以聘用一位驻场建筑师为前提进行计划的。从事后的发展看，墨菲选择了雷恩作为驻场建筑师，后者在1914年10月随同周诒春从纽约回清华正式任职。雷恩抵达清华后的最初任务，是全面了解当地影响工程分包价格的各种因素（施工方式、建材等），尽量多与驻北京的营造商和工程师接触，确定以最经济的方法高质量地完成清华即将开始的建设[③]。

①
郭杰伟的书提到1918年7月雷恩曾
通知墨菲北京政府将建造一座大邮
局，墨菲一度跃跃欲试，但此事不了
了之。Jeffery Cody. Building in
China: Henry Murphy's "Adaptive
Architecture", 1914—1935[M].
Hong Kong: The Chinese University
Press, 2001.

②
学校方面[J].清华周刊, 1921年十周年
纪念号: 40.

"四大工程"期间所有图纸由在纽约的墨菲事务所完成后寄给雷恩，由雷恩负责对原图深化和进行一定修改，并以此为据监督现场的建筑施工进度和质量。从1914年秋抵达清华到1919年卸任，雷恩一直恪尽职守，周诒春在致墨菲的信中也对雷恩的出色工作赞扬不已（详见本书中编3.2节）。从现有资料看，雷恩为施工做了大量的细部设计，并在内部装潢上拥有一定的决定权（详见本书中编3.5节）。周诒春为了便于管理校园建设，特地在1914年新设立了"清华工程处"，雷恩到校后即服务于该部门。墨菲对这位下属的工作态度也很满意，但也提到其所作的细部"精致不足"。

各种文献中有关雷恩的信息极少，仅可从墨菲寄给丹纳的信件中推测一个大概：从雷恩受派前往清华这样的重要项目来看，很可能他是早就深受墨菲器重的员工。雷恩及其夫人和刚出生不久的儿子（Charlie Lane）一同住在清华为他们提供的一处房子里。雷恩本人在北京交游颇广，这似乎也是墨菲指定他作为事务所驻北京代表的一部分工作，即通过他打听北京政府的各种即将建设招标的项目，再通知墨菲决定是否投标①。墨菲于1918年到清华实地察看"四大工程"的进展，由雷恩一家驾车接到北京城内共进晚餐，次日又和雷恩6岁的小儿子一同在体育馆的游泳池中游泳。当时周诒春已辞职，主持学校建设的是赵国材，他和墨菲、雷恩曾一起在清华学堂前合影留念（图3-14）。

目前关于清华早期建设的研究基本都忽视了雷恩，甚至将其误作他人。例如，《清华周刊·本校十周年纪念》记录："本校自增建校舍之计划决定后，即有工程处之设，由校中特请庄达卿先生专理其事。后复由美国莱茵工程师来校协助一切。"②苏云峰从此说，而又参考"中央研究院"近代史研究所藏外交档案对工程

图3-14　墨菲、赵国材（代校长）和雷恩的合影，1918年

来源：墨菲档案

处的人员有如下描述："清华为此四项工程，特设立'清华工程处'，聘留美出身的雷工程师负责，后增加庄达卿工程师和美国莱茵工程师。雷工程师要求很严格，常变更设计图样，更换新材料，增添工程，和追加工程费。董事会不胜其烦，将之停聘，改由庄工程师一人负责"[①]。

庄达卿为清华1910年公派赴美的留学生，在伊利诺伊大学（University of Illinois）修习建筑工程，于1914年毕业[②]。因外交部要求中国建筑师参与清华的设计，庄俊毕业当年即回清华担任驻校建筑师[③]。是年秋雷恩随周诒春回校，时间上可能比庄俊入职稍晚，但庄俊为雷恩监理校园建设的助手，二者的主从序次关系则庶几无疑。墨菲在信中屡次评价雷恩所绘的细部图，并嘱纽约事务所将图纸和建筑设备的其他信息都寄给雷恩，"以便他能（在大礼堂穹顶的照明方式上）作出明智的决定"（详见本书中编3.5节）。周诒春在信中提到"明确指示（修改大礼堂及科学馆等设计），并已交雷恩负责修改"，也可证明雷恩在指导清华建设施工方面发挥了主要作用（详见本书中编3.2节）。

苏云峰亦曾提到那名"雷工程师"，其人"重视工程品质，不顾外界反对，在大礼堂施工到屋顶时，突然要求将原设计的顶墙墁灰，改为美制新品灰瓦，追加经费四万元……导致董事会不满，而于1919年5月科学馆和大礼堂工程快完之时，令学校停聘雷工程师，改由追随雷学习年余之庄工程师负责"[④]。根据史料的对比，可知这位雷工程师应就是Lane的中译谐音，即墨菲派驻清华的雷恩。《清华周刊·本校十周年纪念》的记载失实，后人引用而不加校证，结果岁月长流，使一位对清华早期建设功劳卓著的建筑师湮没于历史中，并使一段中美建筑文化交流的史实面目模糊，几乎不为人们所辨。

3.3.5 墨菲信函中的"四大工程"

信函也称书札，多为作者亲身与闻的事件和经历，因此常有旁人不知的内幕情形。同时由于没有必要说假话，"所以信中的记载或流露的刊发、感情，基本是真实的"[⑤]。

墨菲档案中保存的墨菲与丹纳，及他与清华的主事者如周诒春和赵国材间的往来书信，是研究清华早期建设的重要史料，但此前的研究均未涉及。这些信件吐露的信息，如墨菲本人在设计方案上的思考和转变、对"四大工程"的评价，以及对与业主关系的考量等，都具有重要的参考价值。

墨菲与丹纳等人的信件中有多函提到清华学校的"四大工程"设计方案，墨菲在信中讲述了建造过程并与收信人讨论修改思路等问题，包括西体育馆和图书馆的一些建造细节和轶闻，述录于后。

①④
苏云峰. 从清华学堂到清华大学：1911—1929——近代中国高等教育研究 [M]. 台北：台湾"中央研究院"近代史研究所，1996.

②
游美学生[J].清华周刊·本校十周年纪念号1921：12.

③
庄世焘. "老爹"庄俊，庚子赔款造就的建筑大师[J]. 档案春秋，2010（4）：34-45.

⑤
严昌洪. 中国近代史史料学[M]. 北京：北京大学出版社，2011：124.

① 苗日新. 导游清华园[M]. 北京：清华大学出版社，2012：102.

② 墨菲和丹纳致赵国材信[N]. 1921-03-18. Murphy Papers；赵国材致墨菲和丹纳信[N]. 1921-04-04. Murphy Papers.

③ 根据郭杰伟的研究，哈姆林是墨菲公司中"最为忠诚的员工"，因此被提升为合伙人，后担任哥伦比亚大学建筑学教授，其建筑理论著作《建筑形式美的原则》由邹德侬译成中文于1982年出版，是建筑系学生的必读书。

④ 罗斯福在签字执行超索庚子赔款退款前，曾为《展望杂志》写了一篇名为《中国的觉醒》文章，强调正义与教育，而非武力，是处理国内外人民不满的良策。为避免对华军事及商业上的损失，美国的最好办法是去"鼓励一种正义的生活"苏云峰. 从清华学堂到清华大学：1911—1929——近代中国高等教育研究[M]. 台北：台湾"中央研究院"近代史研究所，1996.

1）墨菲与"罗斯福纪念体育馆"及罗斯福总统头像牌匾

老罗斯福总统在其任内将超索的庚子赔款退还清政府，清华得以创建。1919年罗斯福去世以后，为了纪念，清华当局决定将新建成的体育馆命名为"罗斯福纪念体育馆"（Roosevelt Memorial Gymnasium），"在其正门墙壁曾嵌铸铜牌和老罗斯福总统像，1949年后被看作国耻残迹而去除"[①]。以罗斯福总统命名一幢重要建筑并为其铸像，象征着"不断加强着的中美友谊"，同时也是美国20世纪初对华政策在清华校园建设上的重要体现。

实际上，这面铜牌的来历与墨菲和他的事务所关系密切。1921年3月间，墨菲设计了一面青铜的浅浮雕铭牌[②]。铜牌上方预留了圆洞以装嵌将来选定的罗斯福总统照片，下方用中英两种文字题刻铭文，中文为"本校成立深荷美国前大总统罗斯福赞助缅怀盛德亟宜表彰爰以体育馆为罗斯福纪念"共36字（图3-15）。

选取一帧合适的罗斯福照片以便作为底本铸成铜像，这一任务也委托给墨菲事务所进行。1922年12月间墨菲从纽约写给北京的信中提到，事务所的合伙人哈姆林（Talbot Hamlin，1889—1956）[③]曾与罗斯福总统的密友、美国《展望杂志》主编Lawrence Abbott会谈，后者答应根据铸成的铜牌提供罗斯福总统的照片[④]（图3-16）。雕塑最后由哈姆林夫人完成（图3-17）。从此信可见著名的建筑理论家和建筑史家哈姆林也与清华颇有渊源（详见本书中编3.6节）。

图3-15 尚未完成的罗斯福总统铜牌，1922年
来源：墨菲档案

图3-16 选用的罗斯福总统照片，1922年
来源：墨菲档案

图3-17 完工后的罗斯福总统铜牌，1923年
来源：墨菲档案

在"四大工程"中，墨菲对体育馆的投入最大，因此在体育馆施工接近完成时的实地考察中，当发现一切进行得均如其所设想时，"尤为感到欣慰"。例如，"大理石的柱廊做得好极了，正是我所设想的乡村俱乐部的那种格调，清华的学生可于锻炼的间隙在此一边品茶，一边畅论世界大势"（图3-18、图3-19）。他对体育馆内部的印象更佳，称其室内装修是整个清华项目中最成功的部分。特别是能从高侧窗引入自然光线的室内游泳池，"是我从前所有见过的建筑中最为吸引人的一座……（使用过它的人）不会再对哥伦比亚大学藏在地下室的那些游泳池再感兴趣了"（图3-20、图3-21，另详见本书中编3.5节）。

图3-18　体育馆室内外廊，1918年
来源：墨菲档案

图3-19　罗斯福纪念体育馆（一期工程）室内景象，可见二层环绕的跑道
来源：作者2015年拍摄

图3-20 罗斯福纪念体育馆室内照片，1918年
来源：墨菲档案

图3-21 游泳池今景，已改为陈列各种精装奖杯等的荣誉室，改造费用由清华校友、
著名建筑师关颂声后嗣资助
来源：作者2015年拍摄

　　篮球场和游泳馆的屋顶均为钢桁架且带可开闭的天窗，在当时是很先进的建筑
结构形式和建设设备（图3-22、图3-23）。体育馆内的两部螺旋楼梯为混凝土所
制，形态颇有趣（图3-24）。实际上，体育馆除有各项运动场所和器械外，尚有游
泳池、击剑室、冲水浴、蒸气浴和电气濯巾室等设备。可见，清华的早期建设，的
确是按照世界一流标准进行设计和施工的，有些部分的设施之完备、条件之优越，
甚至超过美国的著名大学。

清华大学建筑学院	清华大学西体育馆测绘图	测绘人	金茶璇 金兑锰 刘炫育	图纸名称	游泳馆屋面结构示意图
		制图人	金茶璇 金兑锰 刘炫育		
		班级	建22 建23	打印日期	2015年7月16日
		指导教师	刘亦师	图纸编号	14-9

图3-22 游泳池钢桁架结构大样测绘图
来源：清华大学建筑学院2015年测绘

图3-23　体育馆在施工中的历史照片，1918年，庄俊监造
来源：北京清华学校体育馆铁屋梁图[J]. 中华工程师学会会报. 1920, 7 (06)：2.

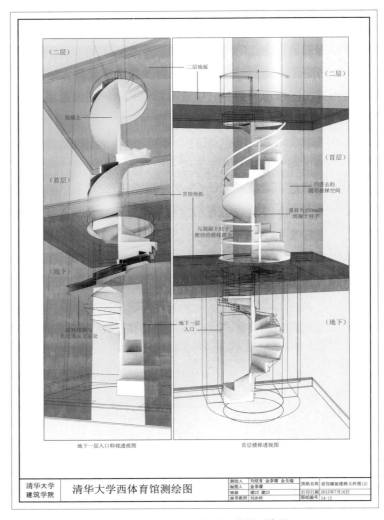

图3-24　游泳池钢桁架结构大样测绘图
来源：清华大学建筑学院2015年测绘

2）图书馆与科学馆设计及其评价

"四大工程"中第一批施工的为图书馆和体育馆，第二批续建科学馆和大礼堂。

近代图书馆是20世纪初才被引入中国的，是开启民智、施行群育的机构。墨菲设计的清华图书馆分上下两层，下层为教职员办公室，上层为阅览室，分中、西两部分，可同时容纳2400余人。其背后为三层书库，每层设书架数十排。为通风良好，每排书架上面有一窗户，天晴时可打开透气。全馆地面敷设软木或花石，窗户悬挂呢幔，阅览室等墙壁则用大理石。为了防尘，书库用厚玻璃地板，从楼下可看到楼上人的鞋底。"建筑之壮丽，洵为全国之巨擘。"[1]

墨菲视察图书馆时，对其外部比例及由红砖形成的肌理感到颇为满意（图3-25）。图书馆屋面和窗户设计参考了墨菲和丹纳之前设计的卢弥斯学院（Loomis Institute）主楼的样式（图3-26）。图书馆的内部装饰材料采用意大利进口的浅灰色大理石，造价不菲，但取得了意想中的效果，墨菲曾赞叹说，"总体而言，这是我们所知建筑中最能打动人的室内装饰，对我们的事务所来说是一个巨大的成功。"[2]图书馆一期工程的更多细节可参见本书上编第9章相关部分（图3-27）。

周诒春在1917年年初给墨菲的信中，提到由于时局维艰，大学部的建设要推迟进行，权宜之法是将已在建设中的中学部兼用于举办大学之所需，所以在尽量经济的条件下"扩建科学馆和礼堂势在必行"。（详见本书中编3.2节）

在这一大形势下，科学馆和大礼堂于是年秋天开工。竣工于1919年9月的科学馆分为三层，全校的理科教学和实验室都集中在此楼，馆内开辟大小教室，拥有当时世界上最先进的全套物理实验设备，测量、生物、化学等学科也有专门的实验室，设施齐全，为一时之选[3]。

3）大礼堂室内设计的修改过程

墨菲最初设计的大礼堂，仿效美国第3任总统杰斐逊所设计的弗吉尼亚大学

①
学校方面[J]. 清华周刊·本校十周年纪念号，1921：41.

②
详见墨菲书信，本书中编3.5节。

③
方惠坚，张思敬. 清华大学志[M]. 北京：清华大学出版社，2001.

图3-25　图书馆外观，入口处戴白帽站立者为墨菲，1918年
来源：墨菲档案

图3-26　Founders Hall, Loomis Institute, 1912年
来源：Loomis Institute档案馆

①
墨菲以Mead, McKim, & White的设计质量和建筑品质为标准要求自己的事务所。详见Jeffery Cody. Building in China: Henry Murphy's "Adaptive Architecture", 1914—1935[M]. Hong Kong: The Chinese University Press, 2001:68. 此外Mead, McKim, & White事务所在哥伦比亚大学和弗吉尼亚大学所建的图书馆，均是墨菲设计参考的重要对象。

②
苏云峰. 从清华学堂到清华大学：1911—1929——近代中国高等教育研究 [M]. 台北：台湾"中央研究院"近代史研究所，1996.

③
刘亦师. 清华大学大礼堂穹顶结构形式及建造技术考析[J]. 建筑学报，2013（11）：32-37.

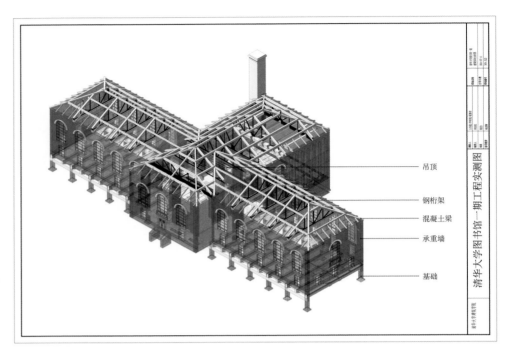

图3-27　图书馆一期工程轴测分析图
来源：清华大学建筑学院2014年测绘

圆厅图书馆，也是带罗马万神庙式大穹顶的西方古典主义建筑，使之成为大草坪纵向轴线的收束。同时，由于墨菲本人景仰美国20世纪初著名建筑事务所Mead，McKim，& White及其建筑作品①，他对大礼堂的穹顶设计主要参考了斯坦福·怀特（Stanford White）重修弗吉尼亚大学圆厅图书馆穹顶时的建造技术，即本章第3.5节将详细讨论的关斯塔维诺穹顶体系。原设计的剖面图中，不但标注了关斯塔维诺穹顶的做法，同时采取了关斯塔维诺体系标志性的斜向铺砌面砖方式作为内装饰（图3-28）。

1917—1920年美金贬值，正是清华"四大工程"建设时期②。在扩充使用功能和节约造价的指导思想下，墨菲对原先设计的大礼堂也进行了很大修改。首先，取消了原设计中的天窗采光口，节省了钢肋支架的开销。其次，大礼堂的平面也由八角形改为正方形（四向推出附加空间），提高了空间的利用率。但是，迟至1918年6月墨菲访问清华时，他还努力说服赵国材采用关斯塔维诺穹顶体系，并就穹顶的色彩（墨菲建议用金黄色或者橙红色）和室内的照明方案（由穹顶下悬大灯向穹顶反射获得均匀的漫反射光）和雷恩等人做详细讨论。赵国材虽表示赞同，但上报外交部和清华董事会讨论时却被否决，印证了墨菲的担心（详见本书中编3.5节）。最终的穹顶采用混凝土薄壳制成③，其施工速度远慢于墨菲的设想，直至1921年4月才竣工。

2013年7月，笔者在大礼堂的测绘中，发现大礼堂混凝土穹顶的外覆材料为黄铜，后被涂刷沥青才呈目前所看到的青灰色。可以想象原来黄铜覆盖下高举圆浑的

①
学校方面[J]. 清华周刊，1921年十周年
纪念号：40-41.

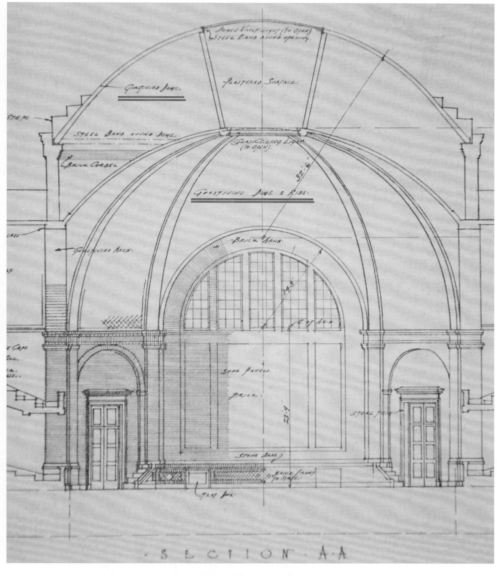

图3-28 大礼堂原始设计剖面图，图中红线标出的小字可辨认出"Guastivino Dome & Ribs"，
实应为Guastavino Dome & Ribs. 详见3.5节
来源：墨菲档案

穹顶远望之下的庄严壮丽，对整个大草坪地区更具统率力；而大礼堂室内若按墨菲的设想，也当更加辉煌夺目。

3.3.6 墨菲与后周诒春时代的清华建设

由于美国按月退还了超索的庚子赔款，相比北京当时的其他高等院校，清华的经费显得非常绰裕，"四大工程"的总造价达70万元[①]。而1917年北京大学在籍学

①⑤
苏云峰. 从清华学堂到清华大学：1911—1929——近代中国高等教育研究 [M]. 台北：台湾"中央研究院"近代史研究所，1996.

②
台湾"中央研究院"近代史研究所藏外交档案，详见苏云峰. 从清华学堂到清华大学：1911—1929——近代中国高等教育研究 [M]. 台北：台湾"中央研究院"近代史研究所，1996. Yelong Han. Making China Part of the Globe: the Impact of America's Boxer Indemnity Remissions on China's Academic Institutional Building in the 1920s[D]. Chicago: University of Chicago, 1999: 173-175.

③
如曹云祥任校长期间（1922—1928年）即力排众议，说服基金会陆续修建了南院和西院住宅。

④
National Archive, 转引自Yelong Han. Making China Part of the Globe: the Impact of America's Boxer Indemnity Remissions on China's Academic Institutional Building in the 1920s[D]. Chicago: University of Chicago, 1999: 176.

生1300余人，全年预算仅36万元；阎锡山治下的山西省素称重视教育，但1917年全省全年教育预算不过77万余元，由学生9901人分摊[1]。因此，清华在基础建设上的巨大投资与其广为人知的"美国标准"，难免招致非议。

外交部在周诒春赴美东考察学务时成立了"筹备清华学校基本金委员会"，经此委员会建议设立"清华学校董事会"。周诒春遭诬蔑贪污工程款于1918年元月辞职后，外交部又于1921年另设"清华学校暨游美学务基金报关委员会"，管理经费（放贷生利）及基本财产，董事会对清华的经费收支稽查严格，凡学校经费预算、决算及200元以上的一切工程开支，都须经董事会核定呈报外交部办理[2]。因此，继周诒春之后的清华主事者，因为财权受限，连汇寄300多美金修造罗斯福铜牌尚需往返多次，只能局部兴修教工住宅等项目[3]，周诒春时代蓬勃宏阔的大规模建设就此暂停了。

周诒春辞职后，驻华公使芮恩施派出他自己的调查团到清华调查此事，结论是对周诒春贪污的指控属于子虚乌有，他的辞职完全是外交部和其本人间的政治矛盾所导致的[4]。墨菲原本认为清华项目"比我们既往在亚洲的所有项目的总和还多"，其后由于第一次世界大战的影响，以及周诒春的辞职，最终在清华建成的仅有"四大工程"。墨菲在1918年重返清华考察后，清醒地认识到清华扩充成大学的计划将会被长期搁置下去。在1918年写给丹纳的信中，他虽然高度评价了清华的建设，但仍不无伤感地说，"未来一段时间，可能是很多年，清华将没有更多的建设项目了。外交部正在经历大变"，未来殊难逆料，同时暗示清华新任的校长有意聘用其他建筑师（详见本书中编3.5节）。相比于周诒春的合作无间，显见对比的强烈。

但是周诒春去职之后，由赵国材折冲樽俎，多方设法将工程完竣。赵在周诒春时代任教务长，墨菲与周诒春在清华第一次会商时赵国材也在场。他与墨菲的合作贯穿了清华早期建设的全过程，并在"四大工程"后期维持大局。在建造科学馆和大礼堂时，因建筑材料和设备多由外国进口，雷恩要求由在华的洋商承包；但新成立的清华董事会要求代理校政的赵国材多觅国内经验丰富之商家承办。赵国材说"富有经验之商人'在吾国实属不可多得'，希望董事会讨论此案时，能让清华之工程师到场说明。董事会让步，由洋商公顺记木厂承包此工程之土木部分"。科学馆建成后，上两层为理化实验室及教室，下层原为木工及金工机器厂。赵国材恐工厂机器震动，妨碍上两层授课及试验，乃与雷恩商议改为职员办公室，工厂移往电灯厂附近[5]。可见赵国材在周诒春去职之后居中联络协调，发挥了不小的作用，对清华的早期建设贡献良多。

3.4　墨菲的清华规划及建筑设计之思想来源研究

清华早期校园规划的制定和实施，与清华建校的背景及其办学方针和教育政策密切相关。而其与美国间千丝万缕的联系，使清华在王府苑囿的基础上发展为一所近代大学，体现了20世纪初美国大学所普遍接受的空间模式的影响。在"新政"时期自上而下的近代化改革浪潮中，一切竞相趋新慕洋，西方建筑和规划思想、技术、人员加速进入中国。在这种以"西方化"为近代化标榜的时代，清华大学校园规划和建筑的形式和技术也体现了这种全球关联性。

3.4.1 清华大学早期规划的时代背景

游美肄业馆实际存在仅一年，即于1910年年底改名为"清华学堂"，此时即分设高等（与美国的高中相仿）、中等（与美国的初中相仿）两科，学制各四年。其中高等科"分科教授，参照美国大学课程办理"，目的是"将来派遣各生，分入美国大学或直入大学研究科，收效较易，成功较速"[①]。

清华早期的教育政策经历了两个时期的发展，但均严格取法于美国的教育体制。第一阶段为留美预备时期，教育政策是"以造成能考入美国大学与彼都人士受同等之教育为范围"[②]，即预备学生能考入美国的大学本科为限。"学校的设备、课程、教授法，都刻意模仿美国的中小学……（政策）就是把清华学校改成真正的美国中小学校""目标仍不外贯彻模仿美国学校的政策"[③]。

民国之后，清华开始由"留美预备学校"向培养人才的独立大学转变。周诒春接替校长后不久，则提出"要建设一个完全美国式的大学"。清华于是大兴土木，"把图书馆、科学馆、体育馆、礼堂都修筑起来，而一切规模都仿照美国大学的建筑……那时候清华园美国化的空气浓厚到十二万分"[④]。1920年曾到清华访学的英国哲学家罗素评论清华"恰像一个由美国移植到中国来了的大学"[⑤]，因为清华当时的教育政策是要建造一个纯粹美国式的大学。

20世纪初的美国大学教育已经历了两个多世纪的发展[⑥]，在教育理念和校园规划方面早已形成了自身的特色。19世纪末德国的大学深深影响了美国的高等教育[⑦]，但美国人随即脱离了德国崇尚"纯科学"研究的传统，并重基础研究与应用研究，形成了美国大学教育的新模式，并发展出一整套与这种新的教育体系相适应的校园规划理论。正是在这种大背景下，清华早期的校园建设如同其办学方针和教育政策一样，也亦步亦趋地摹仿美国的模式。

3.4.2 美国大学校园规划模式的历史演替

不论是东方还是西方的大学校园，在早期都程度不同地受到宗教或神学的影响。英国最古老的大学如牛津大学和剑桥大学，其校园风格形似寺院，合院组成内向、封闭的空间，气氛压抑，学生几乎都过着僧侣般的生活。这种校园规划的模式也影响了美国个别院校（图3-29）。

①
外务部学部呈明游美肄业馆改名为清华学堂缘由. 1910.12. 见清华大学校史研究室. 清华大学史料选编(第一卷) [M]. 北京：清华大学出版社，1991：141.

②
清华学校的办学宗旨及范围. 1914. 见清华大学校史研究室. 清华大学史料选编（第一卷）[M]. 北京：清华大学出版社，1991：259.

③
邱椿. 清华教育政策的进步[J]. 清华年刊，1927. 见清华大学校史研究室. 清华大学史料选编（第一卷）[M]. 北京：清华大学出版社，1991：270.

④
清华大学校史研究室. 清华大学史料选编（第一卷）[M]. 北京：清华大学出版社，1991：271.

⑤
《清华周刊》第200期。

⑥
Paul Turner. Campus, An American Planning Tradition[M]. Cambridge, Massachusetts: The MIT Press, 1984: Chapter 1.

⑦
William H. Cowley and Don Williams. International and Historical Roots of American Higher Education[M]. New York and London: Garland. Publishing Company, 1991: 133-136.

① 哈佛大学建校于1642年，普林斯顿大学建校于1746年，耶鲁大学建校于1701年，下文所提威廉玛丽学院建校于1693年。它们是在美国殖民时期最早成立的几个大学。

② Paul Turner. Campus, An American Planning Tradition[M]. Cambridge, Massachusetts: The MIT Press, 1984.

③ Ramée是当时少数受过系统欧洲建筑训练的在美国执业的建筑师，他和杰斐逊很早就相识。联合学院建成于1811年，早于弗吉尼亚大学破土动工前4年。学者研究表明，杰斐逊在设计弗吉尼亚大学时曾与Ramée通信讨论校园建筑的布置，在校园规划上也取法联合学院的先例。见Paul Turner. Joseph Ramée. International Architect of the Revolutionary Era[M]. Cambridge: Cambridge University Press, 1996.

图3-29　美国布尔茅尔（Bryn Mawy）学院，费城
来源：作者2010年拍摄

　　整体而言，美国大学的校园格局（Campus Planning）很早就脱离了英国的这种合院式布局，而普遍将合院的一边敞开（如哈佛大学），或单幢建筑大幅后退道路形成宽敞的楼前绿地（如普林斯顿大学），或将数幢建筑沿街联排形成城市街景（如耶鲁大学）①。这种规划模式的出现和盛行，是与美国广袤的土地和锐意进取、脱离旧传统的精神分不开的，同时也有卫生和健康方面的考虑（封闭的合院不利于通风和采光）②。

　　以弗吉尼亚州的威廉玛丽学院为例，其主楼（Wren Building）与两侧的两幢建筑虽然相互独立，但围合出了中间是绿地的半开敞式空间（图3-30）。这一校园空间格局通过杰出旅美法国建筑师Joseph-Jacques Ramée设计的联合学院（Union College）③（图3-31）和杰斐逊设计的弗吉尼亚大学而大放异彩，深刻影响了此后的美国大学校园规划。

图3-30　早期的威廉玛丽学院透视图，威廉斯堡
来源：Paul Turner. Campus, An American Planning Tradition[M]. Cambridge, Massachusetts: The MIT Press, 1984:35.

图3-31 联合大学设计图，纽约
来源：Paul Turner. Joseph Ramée. International Architect of the Revolutionary Era[M]. Cambridge: Cambridge University Press, 1996:153.

　　杰斐逊是美国第三任总统、《独立宣言》的起草者，同时也是美国建国初期著名的建筑师。杰斐逊本人曾在威廉玛丽学院学习过，不止一次说到其受益最大之处是师生间朝夕相处、亲密无间的交流。因此，他设计的弗吉尼亚大学在形式上采取类似威廉玛丽学院的空间格局，即以一大片草坪（the Lawn）作为校园的核心区，两侧列布教授住宅和学生宿舍，而将罗马万神庙样式的图书馆置于端头，俯瞰整片草坪（图3-32）。教授和学生的住所连成一片，反映了杰斐逊的教育理想，即旨在

图3-32 弗吉尼亚大学学术村木版画，夏洛茨维尔
来源：Richard Wilson. Thomas Jefferson's Academical Village: The Creation of an Architectural Masterpiece[M]. Charlottesville: University of Virginia Press, 2009:49.

将弗吉尼亚大学建成"学术村"，使教授和学生共同生活于其间。其后虽由于管理不便和易受干扰，教授逐渐将其住宅迁出，但将"大学"作为一个缩小规模的城市进行设计，关注学生和教授的居住和生活，成为美国大学校园规划至关重要的组成部分。

以统率全局的穹顶建筑作为大草坪纵向轴线的端点和高潮，同时以三边围合大草坪并向远处的山林开敞，与起伏的地形和远近景观融合为一，形成与封闭的欧洲合院大学大相径庭的三合院校园空间，这成为弗吉尼亚大学（也是美国第一所由本国人创立和自行设计的大学）的重要特征，也是美国大学区别于欧洲大学、反映其独特的教育理念之处，其空间形态被人们称为"杰斐逊式"（Jeffersonian Style）构图。不过，这一模式并未很快被其他美国大学效仿，直到19世纪60年代，在美国国会通过土地增拨法案（Morrill Acts）并经历了美国内战以后，在国内经济快速发展的背景下，美国大学掀起新建和扩建的热潮，这时，具有民族主义思想的美国教育家和建筑师才重新捡起19世纪初杰斐逊的伟大作品，结合当时逐渐流行的"布扎"风格重视轴线、序列和主从等设计原则，在美国各地陆续兴建起多座"杰斐逊式"空间构图的校园，如伊利诺伊大学[1]、卡内基梅隆大学、康奈尔大学、哥伦比亚大学等。20世纪初清华的规划也深受其影响[2]（图3-33）。

图3-33 伊利诺伊大学香槟分校的大草坪核心区
来源：Library of the University of Illinois, Urbana and Champion.

---

①
清华学校第一位派往美国学习建筑专业的学生庄俊即进入该校学习，1914年学成归国前即受聘于清华学校工程处负责监造墨菲设计的建筑。详见本书上编第4章。

②
刘亦师. 清华大学校园的早期规划思想来源研究[C]. 中国城市规划学会：中国城市规划学会，2013：240-253.

同时，杰斐逊设计的弗吉尼亚大学圆厅图书馆使用了罗马爱奥尼柱廊，并以采光穹顶统率整幢建筑（图3-34）。这幢罗马复兴样式的建筑，也成为美国民主、共和、宪政等理想主义政治的象征。

应该指出的是，杰斐逊建造圆厅图书馆穹顶所采用的是一种法国木构架穹顶技术（Philbest Delorme Method），对建造工艺和施工的要求较高，且木构建筑常有失火隐患[①]。例如，杰斐逊的圆厅图书馆就在1895年毁于大火（图3-35）。然而，随着铸铁和钢结构在19世纪末的飞速发展，旧有的建筑样式可以通过新的材料和结构形式得以实现。20世纪之交发展出了关斯塔维诺结构体系，专门用于建造穹顶和大跨度建筑，如火车站、公共浴室等。弗吉尼亚大学圆厅图书馆在重建中采用的就是这一结构形式（图3-36）。

20世纪之交美国发生的一些重要文化事件也影响了美国的城市规划和建筑设计。美国在1893年举办了芝加哥世界博览会，并在20世纪初发起了以改建芝加哥为序幕的城市美化运动[②]，在设计手法上严格遵循"布扎"风格，强调对称、均衡、主次秩序等构图原则。这种城市规划手法风靡美国，华盛顿（1902年）、旧金山（1906年）、芝加哥（1909年）、俄克拉荷马（1912年）等大城市的中心区均采用城市美化运动的原则进行重新规划，其规整的秩序至今清晰可辨。其中，以两侧分布的建筑夹持一长块规整的"广场空地"规划模式最为盛行（图3-37）。

受城市美化运动的影响，20世纪初的美国新建校园规划以及旧有校园的改造也采取了类似的方法，典型的例子是哥伦比亚大学新校区以及加州大学伯克利分校的校园建设，强调利用重要建筑的分布和围合突出主次轴线的秩序关系，形成强烈的视觉效果。大学校园中类似弗吉尼亚大学大草坪和"广场空地"的规划模式层出不穷，成为校园规划的主导潮流。同时，斯坦福·怀特重建的弗吉尼亚大学圆厅图书

①
感谢美国费城的建筑师Douglas Harnsberger先生提示此点，并将该技术与关斯塔维诺结构相比较。

②
城市美化运动是以一种恢弘的手法，在城市的三维尺度上将城市功能加以限定，同时，将重要的建筑物和城市标志物置于对角线大道对景的端头位置，使之具有巴洛克戏剧性效果。

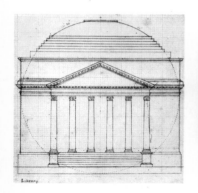

图3-34　杰斐逊设计的圆厅图书馆，夏洛茨维尔
来源：Susan Tyler Hitchcock. The University of Virginia: A Pictorial History[M]. Charlottesville: University of Virginia Press, 2012: 39.

图3-35　弗吉尼亚大学圆厅图书馆失火被毁，1895年
来源：Susan Tyler Hitchcock. The University of Virginia: A Pictorial History[M]. Charlottesville: University of Virginia Press, 2012:84.

①
斯坦福·怀特还以同样的建筑样式建造了纽约大学图书馆,其所在的Mead,Mckim,& White建筑事务所在19世纪末、20世纪初主持了一系列的大学校园工程,如哥伦比亚大学新校区建设及哈佛大学扩建等。

②
校史. 国立清华大学二十周年纪念刊. 见清华大学校史研究室. 清华大学史料选编(第一卷)[M]. 北京:清华大学出版社,1991:49.

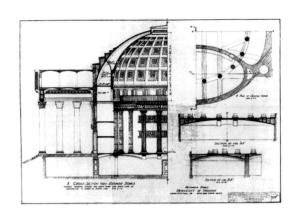

图3-36　重建的圆厅图书馆剖面设计图,1903年
来源:John Ochsendorf. Guastavino Vaulting: The Art of Structural Tile[M]. Princeton: Princeton Architectural Press, 2010.

图3-37　华盛顿的"广场空地"规划,1909年
来源:John Reps. Washington on View: The Nation's Capital Since 1790[M]. Chapel Hill: University of North Carolina Press, 1991.

馆成为大学校园建筑的典范,通过当时的各种大众媒体和专业杂志广为人知,也成为建筑师们仿效的模板①。

3.4.3　形式与技术:全球视阈中的清华大学早期规划

　　清华大学的前身是"游美肄业馆"和"清华学堂",教育目标是办成类似美国中小学校的新式学堂,建筑的规模和布局难免受到局限。1913年周诒春接任校长后对学校的发展做出了很大贡献,"任职四年余,建树极众,历任校长无出其右。大礼堂、图书馆、体育馆、科学馆及新大楼(一院东半部)相继建造,教务方面亦多改进"②。周诒春在任内向外交部呈文提议将清华学校扩大至大学程度,因此才有清华扩界收并近春园,以及邀请美国建筑师墨菲在1914年制定校园规划之事(图3-3)。

　　这一规划拟将二院宿舍全部拆除,重建夹大草坪相望的教学建筑,以长向草坪的"广场空地"为主要轴线。但相较美国同时期的校园规划,主轴线以外缺少与之相垂直的次轴线,而拆除二院改建成的合院式布局除了与主轴线平行以外,也与美国传统的校园规划模式相悖。

　　发表于1914年《清华学报》的一幅规划图则体现了较为务实的态度(图3-38)。其与图3-3的主要不同之处在于其保留了二院宿舍,但沿大草坪的长边外加了一圈连廊。这种处理方法让人联想到杰斐逊的弗吉尼亚大学"学术村"——将学生宿舍用连廊串接排列在大草坪边上的最早先例。最终这一方案得以实施,二院也一直保留到20世纪90年代才被彻底拆除(图3-39)。

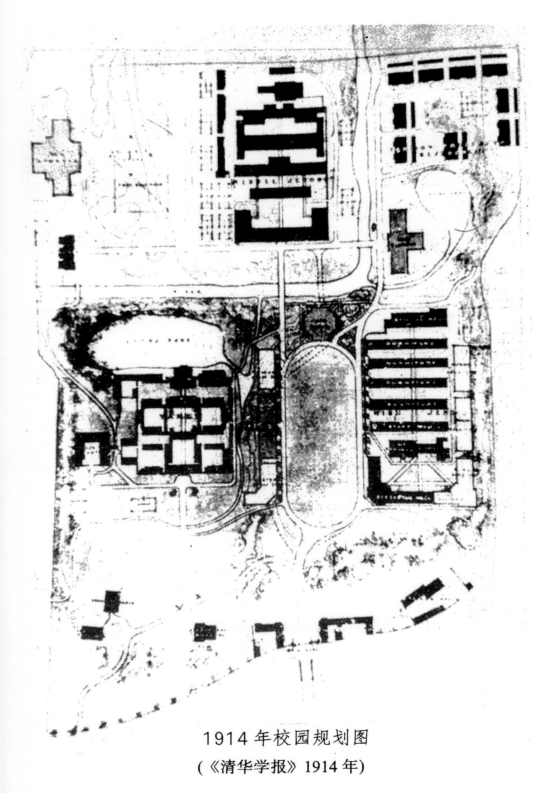

1914年校园规划图

（《清华学报》1914年）

图3-38 另一版本的1914年清华规划

来源：清华大学校史编写组.清华大学校史稿[M].北京：中华书局，1981.

① 清华大学校史编写组. 清华大学校史稿 [M]. 北京：中华书局，1981：115.

② 刘亦师. 茂旦洋行与美国康州卢弥斯学校规划及建筑设计[J]. 建筑师，2017（03）：33-42.

图3-39 20世纪20年代的清华学堂及其北面的二院
来源：墨菲档案

　　往常清华校史的研究中凡提及早期的校园建设，多语焉不详。如"（早期）清华大学的办学方针、学制、课程、教材、教学方法、设备乃至系馆建筑等方面，大多是以英美，主要是以美国著名的大学为蓝本"①。实际上，英国和美国的校园规划存在本质的区别，即使美国大学的校园规划也经历了不同的阶段，更遑论不同学校各具特色，不一而足。至于大礼堂一带规划所仿效的原型，虽常见人提起弗吉尼亚大学，但究竟与其异同何在，有怎样的关联，始终未见进一步的阐明。

　　本节以清华早期校园规划的思想来源研究为例，说明在规划史研究领域中，对有关城市规划问题提出的观点、理论、学说等思想观念及其发展演变的研究具有重要的意义。通过对规划思想史的研究，不仅丰富了城市规划的研究内容，调整和扩充了我们的研究视角，更能帮助我们从头绪纷繁的历史现象中抓到纲领，加深理解一个规划方案之所以形成的历史过程，以及如何由空间形式解读其所表述的政治、文化和社会含义。

　　历史是连续不断的。系统梳理清华校园规划形制的思想来源及其后的发展变化，对追寻校园空间环境的形成与利用，探究校园的历史价值、人文价值，具有重要的文化意义；也为制定我国近代大学校园的保护及再利用方案提供了坚实的历史依据。

3.4.4 墨菲及茂旦洋行前期设计经验的影响：卢弥斯学校规划及建设研究②

　　墨菲和丹纳于1908年合作创设了Murphy & Dana Architects，被翻译为"茂旦洋行"。因为在民国时期墨菲又被译作麦飞或麦费，丹纳则被译为谭纳，是以茂旦洋行也曾被称为"麦谭建筑师"①。

茂旦洋行完成的第一个重要项目是位于美国康涅狄格州的卢弥斯学校校园规划及其校舍设计。卢弥斯学校位于美国东海岸康涅狄格州中部的温莎市（Windsor），在耶鲁大学所在的纽黑文市以北约50英里，是一所享誉美国的私立中学②。

茂旦洋行的中标方案将行政管理大楼和教室（包括食堂）置于一个矩形合院的两端，合院的两侧则列布了宿舍，宿舍之间用连廊连接，手法颇类似弗吉尼亚大学学术村。但因为矩形合院两端皆安置了重要的建筑物，形成了一个完整、内向的合院。这种合院以及在建筑设计中所采用的殖民地时期的乔治王建筑风格，都与该校首任校长巴彻艾德的教育理念十分相符，即在社区和集体的环境中让学生自由发展其个性，培养出兼顾集体荣誉感和公共利益的独立精神③，并藉由建筑形式体现出美国的民主、共和等立国精神。因此，卢弥斯学校的时任校长在讨论方案时说服了托事会，使得茂旦洋行方案得以获选实施。也出于这层破格选拔的关系，之后他与墨菲和丹纳配合非常默契，尤其墨菲的合伙人丹纳之后更将卢弥斯的校园建设作为自己的毕生事业来经营，取得了良好效果。

茂旦洋行方案最显著的特征是设置一个较大的院落，将管理、教室和宿舍等布置在周边，再以连廊相接。卢弥斯学校的第一期建设包括合院端头的两幢建筑和食堂两侧的两幢宿舍，在合院中种植了高大的榆树并铺设草坪。1914年9月，卢弥斯学校的建设初具规模，如期迎来了第一批14名学生，之后由于经营和管理得当，该校迅速成为康州乃至美国的著名中学。此后卢弥斯学校按照茂旦洋行制定的规划陆续进行建设（图3-40），至20世纪50年代初已完成整个合院周边建筑的建设，之后

①
如清华大学早期校园建筑图的图签即标明"麦谭建筑师"。

②
1805年卢弥斯家族与莎菲家族联姻，卢弥斯学校所设女校改称莎菲学校（Chaffee Institute），至20世纪70年代两校正式合并。今卢弥斯学校又称卢弥斯莎菲学校（Loomis Chaffee School）。

③
刘亦师. 茂旦洋行与美国康州卢弥斯学校规划及建筑设计[J]. 建筑师，2017（03）：33-42.

图3-40　卢弥斯学校鸟瞰，1917年。除茂旦洋行负责建设的主楼、食堂及其两边的两幢宿舍外，靠近主楼处另有一幢宿舍建成

来源：Loomis Institute Archives

又在其南侧扩建了农场、新图书馆等建筑。但合院建筑群被完整地保留至今，仍在发挥重要的教学功能，其形象也成为该校的象征，成为续建建筑模仿的对象。

卢弥斯学校（1913年）和雅礼学校（1912年）一样，都是茂旦洋行早期承接的重要校园项目，茂旦洋行均负责了从规划到建筑群体的建设。不同的是，卢弥斯学校项目是茂旦洋行通过全国性的设计竞赛脱颖而出获得的，而且建设进度较快，一年半之后基本建成，因此成为茂旦洋行实际建成的第一项重要工程。这不但使一个之前名不见经传的年轻事务所受到业内外的关注，树立起在校园规划和建设方面的声誉，同时对墨菲后来在中国的建筑活动产生了较大影响，成为他之后的校园空间布局和建筑风格的重要思想来源。

基本同期的雅礼学校校园布局与卢弥斯学校类似，也将校园的主要建筑集中布置在一个合院周边，如教室、图书馆、教堂、行政楼等。不同的是，卢弥斯学校是以乔治王式的主楼为入口，雅礼学校则遵照中国传统，在入口处设置了独立的门楼，再以连廊与两侧的建筑相接（图3-41）。卢弥斯学校的竞标任务书明确要求各幢建筑快捷便利地相互连接。与之相同，雅礼学校围绕合院的各幢建筑也利用带顶的连廊连通（图3-42）。

图3-41　茂旦洋行设计的雅礼学校透视图

来源：Box 231 (Yale-in-China). Sterling Manuscripts and Archives

图3-42　雅礼学校合院建筑间的连廊。与卢弥斯学校不同的是采用了带有当地特征的带顶连廊，
而非西方柱式
来源：Box 231 (Yale-in-China). Sterling Manuscripts and Archives

后墨菲又以一条南北向的主要轴线贯穿校园来设计雅礼学校及湘雅医学院建筑群。以体量较大的图书馆作为统领校园组群的轴线终点，教学楼和其他附属建筑则以三合院布局方式分列两侧，使用连廊连接形成围合的空间，湘雅医院和医学院的安排则在与雅礼垂直的轴线上展开。利用轴对称进行布局的方式在他后来的校园规划设计中经常使用，如金陵女子大学（图3-43）、燕京大学（图3-44）等。

图3-43　墨菲设计的金陵女子大学校园透视图
来源：墨菲档案

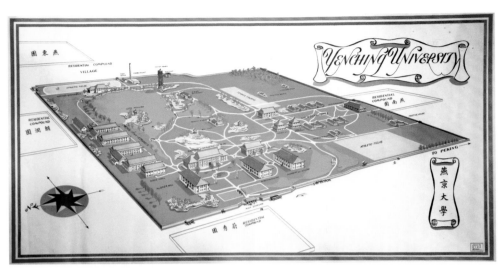

图3-44 墨菲设计的燕京大学校园透视图
来源：墨菲档案

至20世纪初，美国的中等和高等学校在德国模式的基础上已发展出成熟的教育体系，对校园环境和教学设施也形成了明确的设计要求（表3-1）。

表3-1 20世纪初的美国中学或大学校园规划内容列表

		行政管理大楼
中学或大学	教学设施	小教堂
		礼堂
		图书馆
		各类教室
		各类实验室
	住宿设施	宿舍
		食堂
		医疗所
		学生俱乐部
		校长官邸
	体育设施	体育馆
		体育场
	辅助设施	发电机房
		水塔

来源：Alfred Morton Githens. Recent American Group-Plans[J]. The Brickbuilder: An Architectural Monthly, 1913(02): 39-41.

　　茂旦洋行在卢弥斯学校规划和建筑设计上也遵从这些规定进行。之后墨菲在中国四处承接项目时，也以此为基础和校方商议，在各地近代校园的布局中体现出这些内容。同时，为在建筑市场获取尽量多的项目以维持事务所的运营，墨菲设计的不少校园方案主体部分大同小异，不论从设计内容还是空间格局方面都体现出较强的相似性，以求尽快完成设计，获得利润。

　　墨菲在中国的大部分校园建筑设计中，都采用了他所谓的"本土适应性"策略，即基于西方的建筑材料和现代功能尤其是"布扎"式构图，在建筑造型上融入中国传统建筑的若干要素，如高大的台基、大屋顶和装饰细部等。但在不少建筑上，卢弥斯学校的影响仍清晰可见。以清华学校的"四大工程"为例，图书馆屋面和窗户设计，直接参考了卢弥斯学校主楼及其小教堂的样式（图3-45、图3-46）。清华体育馆入口柱廊样式（图3-18）与卢弥斯学校的宿舍连廊类似（图3-47），其内部空间的布置则与卢弥斯学校体育馆相似，尤其二者均采用了钢桁架结构（图3-48、图3-49），屋顶部分覆盖采光玻璃，在空间格局、内部装饰和结构选型等方面体现出明显的延续性。

　　卢弥斯学校的校园规划将主要建筑围绕一个大内院的周边布置，内院长轴的端头处布置最重要的主楼，各幢建筑间采用连廊相接（图3-50）。除此之外，将围合的内院一端开敞，形成类似杰斐逊设计的弗吉尼亚大学学术村的格局，也是美国大学校园规划中普遍采取的手法。清华学校大礼堂一带的规划也采取了类似的方法，唯将其一面开敞，更类似早期弗吉尼亚大学的空间形态。

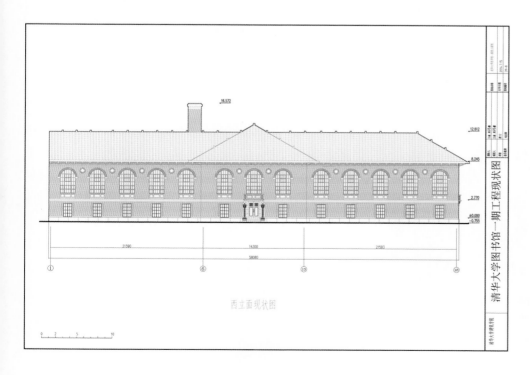

图3-45　清华图书馆一期工程西（正）立面图
来源：清华大学建筑学院2014年测绘

图3-46　卢弥斯学校主楼西侧教堂

来源：作者2016年拍摄

图3-47　卢弥斯学校宿舍间的连廊，可见铺设草坪并种植榆树的内院。
柱廊的用材和形式与后来清华学校罗斯福纪念体育馆（西体育馆）
十分类似

来源：作者2016年拍摄

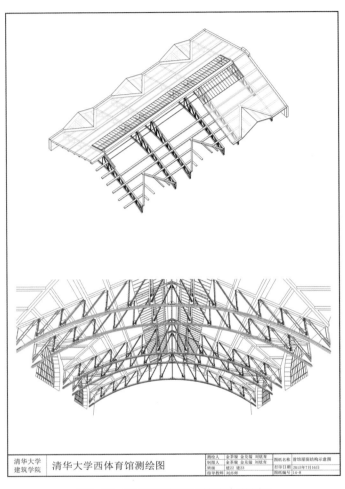

清华大学
建筑学院　　清华大学西体育馆测绘图

图3-49　罗斯福纪念体育馆钢桁架轴侧图

来源：清华大学建筑学院2015年测绘

图3-48　修建中的卢弥斯学校体育馆钢桁架

来源：Loomis Institute Archives

中国近代建筑史的研究对象，目前还主要集中在中国的疆界范围之内。但对于近代以后对我国产生了巨大影响的外国思想和技术，研究它们在其本国如何发展以及如何进行全球传播，再从思想史和观念史角度考察其在我国的调适和接受等过程，无疑也是值得探讨的课题。以卢弥斯学校为例，其规划图式的由来与20世纪初期美国建筑界美学思想发展的大背景密不可分，后又成为墨菲在中国诸多校园规划设计的重要参考和思想来源。

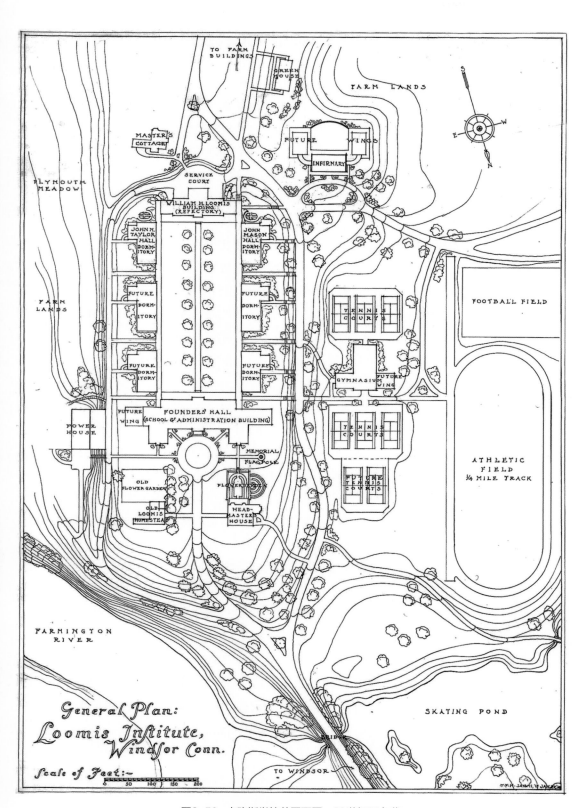

图3-50　卢弥斯学校总平面图，20世纪90年代

来源：Loomis Institute Archives

①②③
Tsing Hua College. Memorandum Report of Interviews of June 13, 14, 15, 1914, at Tsing Hua, Peking, China, between President TSUR & H. K. MURPHY[N]. 1914-06-26. Murphy Papers.

3.5　清华大学大礼堂穹顶结构形式及建造技术考析

根据墨菲和周诒春最初的会晤（1914年6月13—15日）形成的备忘录[1]，可知双方在最初的商谈中就决定了清华校园规划的基本原则和建筑样式的选择等一系列重要问题。例如，周提出墨菲的规划方案应遵从美国的大学校园规划原则，而非英国互相独立的学院式；规划应包括两部分，即完善现有的清华学校（中学部），并在其西部扩建大学部；设计和制图工作在墨菲返回纽约后进行，至当年8月底应初步完成，9月下旬和周诒春会商后（周诒春从旧金山到纽约），于10月中旬形成完整的方案。

关于建筑样式的选取，考虑到经济成本和实用性，双方决定不拟采用中国式的大屋顶，而使用灰砖以取得和周边现有环境的协调，且在不影响使用功能的前提下掺入传统元素，如"基地的环境设计上采用纯粹的中国式"[2]，并为新的大学部建造一个中国式的大门（后未建）。可见，墨菲的清华校园规划从一开始就注重与周边环境的协调，虽然最终在整体上采取了西方样式，但仍然融合了一些特征明显的建筑元素，达到与当地文化和建筑传统相适应的目的。这种建筑设计理念贯穿了墨菲在华的绝大部分项目。

关于大礼堂的设计原则，备忘录明确指出："需容纳约1000名观众，所有坐席都拥有相对舞台的良好视觉效果；正门的设计需庄重醒目，满足便捷疏散的要求；内部设有宽敞的舞台，满足毕业典礼排练和音乐会等需要；除正门外有独立的出入口。"[3]作为受过法国学院派"布扎"训练的工程师，墨菲对于意外接受的清华校园规划的委托，认为最为稳妥可靠的办法就是援用美国国内正大行其道的"布扎"式校园规划和杰斐逊式建筑。恰好杰斐逊的弗吉尼亚大学校园那种大草坪"广场空地"式规划是当时美国城市和校园规划的原型，杰斐逊设计的圆厅图书馆则象征着美国的宪政和共和等政治制度。因此，墨菲将其照搬到了清华核心区。政治理想和教育理念在大草坪和大礼堂上合二为一，以物质空间的形式表达了出来。

杰斐逊设计的弗吉尼亚大学圆厅图书馆使用木结构拼接，曾在1895年毁于大火，后又采用铸铁防火结构照原样重建（图3-35、图3-36）。墨菲在1917年设计的大礼堂采用了和斯坦福·怀特在1903年重建的弗吉尼亚大学圆厅图书馆同样的结构形式，即关斯塔维诺穹顶体系，唯大礼堂没有采光顶，施工较为便易（图3-28）。虽然最后的实际建设与此判然不同，但在这一表达了建筑师最初设计意图的剖面上可以感受到20世纪初叶我国和外部世界的密切联系：西方的资本、人员、技术、思想源源不绝，纷至沓来，这种"欧风美雨"深刻影响到了我国近代的校园规划和建筑。

3.5.1 西方穹顶建造简史：从砖石、金属、木材等拱顶结构到关斯塔维诺体系

穹顶是大礼堂的标志元素。在最初的大礼堂剖面设计图中，可见"Guastavino Dome and Ribs System"字样的图注。那么，这究竟指的是什么建造技术呢？为了解答这个问题，我们需要先简略回顾一下西方拱券和穹顶建造技术的发展历史。

券(Arch)和拱(Vault)是由块状料（砖、石、土坯）砌成的跨空砌体。利用块料之间的侧压力建成跨空的承重结构的砌筑方法称"发券"。用此法砌于墙上做门窗洞口的砌体称券；多道券并列或纵连的构筑物（水道、屋顶）称筒拱；用此法砌成的穹窿称穹顶（Dome）。直到19世纪末，欧洲大型建筑的基本结构方式仍是砖石的拱券，它是欧洲建筑取得重大成就的基础。

在以砖石为特征的西方建筑史上，拱顶（Vault）是一种古老的建筑结构，在古埃及纳美西斯的陵寝中就发现了最早的拱券样式[1]。由于它除了竖向荷重时具有良好的承重特性外，还起到装饰美化的作用，因此在地中海沿岸地区得到了广泛的应用。券洞、拱顶和穹顶把圆弧、圆球和圆拱这些曲线造型因素带进了建筑，极大地丰富了建筑造型。

古罗马时期，由于拱券结构技术的日臻成熟和火山灰混凝土工艺的发明，拱券进一步被造成尺度恢弘的穹顶，使覆盖大跨度的空间成为可能，同时产生了崭新的艺术形象，并且，穹顶也成为建筑构图中的统率。大空间和集中构图这两方面的因素使穹顶得到广泛的应用。例如，罗马万神庙的穹顶跨度达43米，此后穹顶成为基督教堂习惯采用的建筑形式；卡拉卡拉浴场等世俗建筑同样采用了拱顶结构覆盖其下巨大的空间。拱顶和穹顶因其结构体系和圆弧造型与古希腊梁柱结构具有明显的区别，成为古罗马建筑的特征，是古罗马建造技术的集大成者，也代表了其最大成就。

古罗马时期已发展了筒拱技术，以之覆盖其下的十字形空间（即巴西利卡），继而又发展出在方形空间上覆盖圆形穹顶的侧角拱技术。拜占庭帝国时期则创造性地发明了帆拱，使建筑构图相较侧角拱显得更为单纯和饱满（图3-51）。

西罗马帝国灭亡之后，火山灰混凝土技术失传，拱券技术由于造价较高并需要较高的建造技巧而被梁柱体系取代，直至中世纪以尖券的形式应用在哥特教堂的建造中，但浑厚饱满的穹顶则直到文艺复兴时期（15—16世纪）才再次被广泛使用。但由于穹顶举高较高，耗费石材较多，并且施工中还需要大量的木材作为模板承重，对工艺的要求也较高，因此除了在教堂、宫殿等重要建筑中使用外，其他建筑中应用不多。

火山灰混凝土技术失传以后，西欧建筑以石或木材为骨架来建造穹顶结构，这些骨架成为"肋"（Rib）。以石材为肋的穹顶当以布鲁内列斯基设计建造的佛罗伦萨大教堂穹顶最为著名，有八根石肋突出在穹顶外部。米开朗基罗设计的圣彼得

①
George R. Collins. The Transfer of Thin Masonry Vaulting from Spain to America[J]. Journal of the Society of Architectural Historians, 1968, 27(03): 176.

① Douglas Harnsberger. In Delorme's Manner. In David Yeomans (ed.) The Development of Timber as a Structural Material[M]. Aldershot: Ashgate Variorum, 2005: 249-255.

② 杰斐逊为自己设计的蒙特歇洛住宅，其穹顶落在八角形的平面上，是美国历史上第一座穹顶建筑。

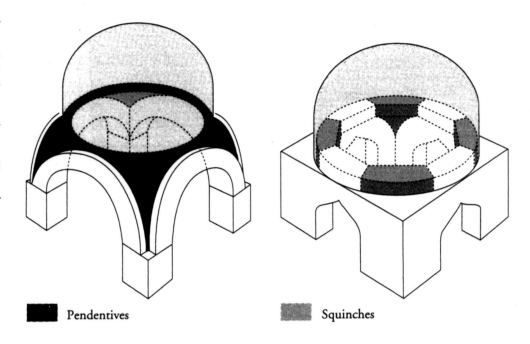

Pendentives　　　　Squinches

图3-51　帆拱与侧角拱示意

来源：G. A. T. Middleton. Modern Buildings, Their Planning, Construction and Equipment[J]. The Caxton Publishing Company, 1921, 1.

大教堂穹顶也使用了石肋，造型更加完整和圆浑，代表了文艺复兴时期建筑技术的进步。

为了避免使用大量的石材和模板，木材被广泛用作穹顶的结构骨架，但因与穹顶弧度不匹配而影响了外观。16世纪中期，法国建筑师菲利波特·狄洛涵（Philibert Delorme）（1515—1570）发明了以拼合木材为结构框架的穹顶建造法（Delorme's Manner），大大改进了木骨架穹顶技术。这种方法是将一系列较短的木料拼接成较长的、和穹顶弧度相符的肋条，从而保证了穹顶的饱满[①]（图3-52）。时任美国驻法大使的杰斐逊学习了这种新的起券和穹顶建造技术，并相继在其蒙特歇洛住宅（Monticello）和弗吉尼亚大学圆厅图书馆中使用了这种方法，使其成为美国建筑史上划时代的杰作[②]。

木肋穹顶虽具有质量轻、造价低的特点，但易被火焚毁。弗吉尼亚大学圆厅图书馆的穹顶就在1895年被大火摧毁，之后由著名建筑师斯坦福·怀特重建。因此，19世纪后期，当铸铁技术发展成熟后，铸铁取代了木材成为主要的穹顶骨架。我国使用铸铁为骨架建造穹顶建筑的典型例子是20世纪20年代的上海汇丰银行和50年代初的重庆人民大会堂。

传统的砖石拱券和穹顶是利用材料的重力，使相邻的块材相互挤压而保证结构的整体稳定性。并且，构成券拱的块材只有一条竖缝，缝内填筑砂浆等材料，砂浆本身不起主要的结构作用（图3-53）。

①
18世纪中期以后平瓦拱技术被应用到官邸和政府官厅建筑（如20世纪60年代建成的凡尔赛的陆军部、外交部办公楼等），因此平瓦拱也被称为帝国拱顶（imperial vault）。Turpin C. Bannister. The Roussillon Vault: The Apotheosis of a "Folk" Construction[J]. Journal of the Society of Architectural Historians, 1968, 27(03): 163–175.

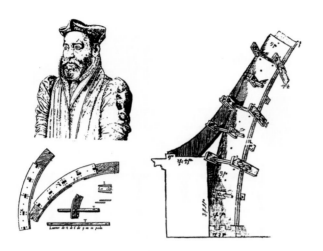

图3-52　菲利波特·狄洛涵（Philibert Delorme）及其发明的木肋拼接穹顶建造法，1895年被焚毁的圆厅图书馆穹顶就是采用的这种结构形式

来源：Douglas Harnsberger. In Delorme's Manner. In David Yeomans (ed.) The Development of Timber as a Structural Material[M]. Aldershot: Ashgate Variorum, 2005.

图3-53　两种穹顶建造方法比较：重力结构（左）和黏结结构（右）

来源：George R. Collins. The Transfer of Thin Masonry Vaulting from Spain to America[J]. Journal of the Society of Architectural Historians, 1968, 27(03).

　　17世纪中期，法国南部鲁西永（Roussilon）地区的匠人发明了较成熟的平瓦拱技术（也被称为鲁西永拱顶，Roussillon Vault），即采用轻质、廉价的瓦片，将之和速干的石灰粘成一体，使用一层或多层铺成。平瓦拱的举高很低，废材不多，且相对木材具备防火功能，因此在法国南部的贫瘠地区得到广泛应用，在当时被认为是"乡间的建造技术"①（图3-54）。这种建造方式之后长期流行于西班牙加泰罗尼亚地区，成为关斯塔维诺穹顶建造体系的根源。

　　这种新的发券方式，使用的材料是轻质的瓦片，而结构的整体稳定性取决于砂浆或灰浆和瓦片间的黏结强度。由于砂浆将瓦片连成一个整体，因此大大减少了拱顶结构的侧推力，从而解放了传统拱顶两侧沉重的墙体。因此，结构整体稳定性依赖的并非重力而是材料间的黏结力。这种方式不仅限于建造穹顶，加泰罗尼亚地区的著名建筑师如高迪及其学生Cesar Martinell也将之应用到墙体、楼面和柱子上，因此出现了如米拉公寓那样墙面波动起伏的新奇建筑。但这些建筑普遍规模不大，且其使用在19世纪末以后也与加泰罗尼亚地区的民族自治运动紧密相关。

①

Richard Pounds, Daniel Raichel and Martin Weaver. The Unseen World of Guastavino Acoustical Tile Construction: History, Development, Production[J]. APT Bulletin, 1999, 30(04): 33–39.

②

关斯塔维诺公司曾委托哈佛大学赛宾（Wallace Sabine, 1868—1919年）教授测算室内音质，赛宾以混响时间作为室内音质的重要指标并发现定量计算的赛宾公式，从而奠定了建筑声学的研究。Janet Parks and Alan G. Neumann. The Old World Builds the New: the Guastavino Company and the technology of the Catalan vault, 1885—1962[M]. New York: Columbia University Press, 1996.

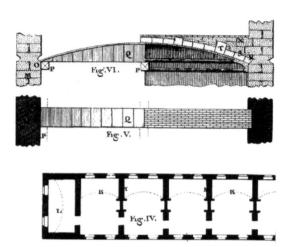

图3-54　雅克-弗朗索瓦·布隆代尔绘制的鲁西永拱顶示意图（凡尔赛陆军部及外交部办公楼）
来源：Sturges, W. Knight. Jacques-Francois Blondale[J]. The Journal of the Society of Architectural Historians, 1952, 11(1):16–19.

　　拉斐尔·关斯塔维诺（Rafael Guastavino）（1842—1908年）是将这种依靠黏结力建造拱券和穹顶的技术发扬光大的关键人物。他出生于加泰罗尼亚地区，虽未受过正式的建筑学教育，但早年即参与施工，熟练掌握了当地传统的黏结力拱券结构，注重发挥其材料的轻质、受压、防火等性能，在加泰罗尼亚主持了众多的工厂和住宅项目。关斯塔维诺曾在1876年的费城美国建国百年博览会上使用这种技术建造了西班牙馆，得到主办方授予的奖章。此后，他携家人于1881年移民美国，在1889年建立了关斯塔维诺公司（Guastavino Co.），专门承接黏结力拱券和穹顶的建造。他和他的儿子关斯塔维诺二世（1872—1950年）相继成为这家以他们姓氏命名公司的董事长，取得了多达25个专利，并将这种从西班牙引进的穹顶建造技术命名为关斯塔维诺体系（Guastavino System）。

　　关斯塔维诺体系的主要特征是利用特质瓦片与速干波特兰水泥灰浆，形成两层或更多层的整体结构，较传统的拱券技术轻薄得多。波特兰水泥是19世纪中叶英国的发明，但19世纪末在美国材料工程界才得到广泛应用。波特兰水泥比欧洲惯用的砂浆强度更高，施工时间更短。这种建造技术在施工过程中不需要模板为支撑，因为水泥的速干性能使"工人能在前一天拼接好的瓦上继续施工，从拱的两端向中心进行"。关斯塔维诺二世在20世纪后解决了大空间产生的声学问题，发明了特殊性能的瓦片（先后开发出两种：Rumford Tile和Akoustolith），关斯塔维诺穹顶体系被广泛应用于教堂、音乐厅、大礼堂等对声学要求较高的建筑中[①]。也正是在这一为了提高室内音响效果而改进声学瓦片的过程中诞生了现代建筑声学[②]。

　　由于基于复杂数学原理的穹顶结构量化计算直到20世纪60年代才出现，关斯塔维诺进行了一系列荷载和防火的实物测试（图3-55），利用良好的结果作为宣传手段，并与当时的主要建筑师如斯坦福·怀特等进行合作，从而使不熟悉这种建造体系、对之持怀疑态度的业主接受关斯塔维诺穹顶结构。虽然根据关斯塔维诺的理论，黏结瓦片形成整体后不存在侧推力[①]，但在实际建造中，仍在穹顶周边加建了一圈横墙，使之既能承受其上屋面重量，也抵消了可能存在的侧推力。对双层穹顶结构则使用了肋结构，抵消内部穹顶侧推力。正因如此，关斯塔维诺将他的穹顶建造方法命名为"关斯塔维诺穹顶及肋体系"（Guastavino Dome and Ribs System）（图3-56、图3-57）。

①
当代力学分析证明了并非如此：黏结成整体的瓦片拱顶与砖石结构受力无异，只不过产生的侧推力较小。见 Santiago Huertal. The Mechanics of Timbrel Vaults: A Historical Outline. In Antonie Becchi, Massimo Corradi, Federico Foce, Orietta Pedemonte (ed.). Essays of the History of Mechanics[M]. Basel: Birkhauser Verlag, 2001: 90-133.

图3-55 波士顿图书馆的拱顶结构试验，站立在拱顶上者为关斯塔维诺，1889年
来源：Janet Parks and Alan G. Neumann. The Old World Builds the New: the Guastavino Company and the technology of the Catalan vault, 1885—1962[M]. New York: Columbia University Press, 1996.

图3-56 华盛顿国家自然历史博物馆穹顶维修照片，可见内外穹顶间的铸铁件支撑
来源：Douglas Harnsberger提供

图3-57 关斯塔维诺穹顶施工做法

来源：Janet Parks and Alan G. Neumann. The Old World Builds the New: the Guastavino Company and the technology of the Catalan vault, 1885—1962[M]. New York: Columbia University Press, 1996.

由于当时的美国处于经济快速发展时期，作为美国工业基地的东北地区各城市也经历了快速的城市发展，迫切需要建成代表城市形象的宏伟建筑。关斯塔维诺体系因其使用"新"的建筑技术能够提供大空间，同时在外观上形成西方古典主义的穹顶形象，且能很好地配合古典主义的其他元素如柱式和立面构图，因此，关斯塔维诺体系迅速在美国东北部城市如纽约、波士顿、巴尔的摩等被广泛应用。据统计，关斯塔维诺公司总共建造了超过1000座穹顶[1]，很多至今仍是美国城市的著名地标，如波士顿图书馆、纽约的圣保罗教堂以及弗吉尼亚大学的圆厅图书馆穹顶（图3-58）。

此外，劳动力充足且劳力成本较低也是关斯塔维诺穹顶体系在20世纪初被广泛使用的主要原因。20世纪40年代以后，由于劳动力成本增高，加之其他建筑材料如混凝土的普遍推广，需要密集劳力的关斯塔维诺穹顶体系逐渐失去了市场，关斯塔维诺公司也于1962年解体[2]。

然而，以纽约为总部的关斯塔维诺公司在20世纪初正处于最辉煌的时期，对建筑师的创作产生了巨大的影响，为众多的设计事务所和建筑师所熟知。将办公处同样设立在纽约的墨菲，通过当时建筑报刊上接连登载的建筑作品，如斯坦福·怀特的弗吉尼亚大学圆厅建筑重建和校园扩建、哥伦比亚设计的小礼拜堂和图书馆、西点军校和卡内基工程学院的主要建筑等，对关斯塔维诺穹顶建造体系应不陌生，但尚无证据表明墨菲此前（或此后）曾使用过这种建造技术。因此，他在清华大学的项目里，努力尝试了将这种经由欧洲辗转传到美国的建造技术应用到世界上的另一个地区。

3.5.2 清华大学大礼堂穹顶结构的实测与分析

大礼堂自从1921年4月竣工以来，经历了多次的维修和整改[3]。20世纪60年代"备战备荒"，为了开挖防空洞，曾动员建筑系师生对大礼堂进行过一次测绘；1991年清华90年校庆时曾对大礼堂的内穹顶吊顶进行抹灰；2011年清华百年校庆时对大礼堂内部的坐席和声学设计进行过改造，并扩建了地下室部分。但目前尚未发现对整幢建筑全面测绘的记录，对穹顶的结构部分更因为未涉及改建等内容，而一直没有详实的图纸可查。

因此，作者在2013年7月组织了对大礼堂的全面测绘，尤其关注穹顶结构，比较研究其与大礼堂的原始设计图间的异同。

通过和清华大学房管处、艺教中心等部门的协调，大礼堂的实测工作于2013年7月1—5日进行。主要参与人员为清华大学建筑学院的教员和2010级本科生。房管处事先搭建了室内外的脚手架，在保证安全的前提下使测绘人员能触摸到建筑的所有部分。

2012年年底作者于耶鲁大学查得墨菲大礼堂原始设计的方案图纸，并于测绘开

① George R. Collins. The Transfer of Thin Masonry Vaulting from Spain to America[J]. Journal of the Society of Architectural Historians, 1968, 27(03): 176-201.

② Janet Parks and Alan G. Neumann. The Old World Builds the New: the Guastavino Company and the technology of the Catalan vault, 1885—1962[M]. New York: Columbia University Press, 1996.

③ 如1976年发生的唐山大地震波及北京，清华大学属于6~7度震害地区，震后大礼堂无明显裂痕；后经检查仅发现北端墙体上因与小河邻近有少许不均匀沉降的裂缝，后被修复。见罗福午. 清华大学大礼堂的结构作法[J]. 建筑技术，2005, 32（07）: 472-473.

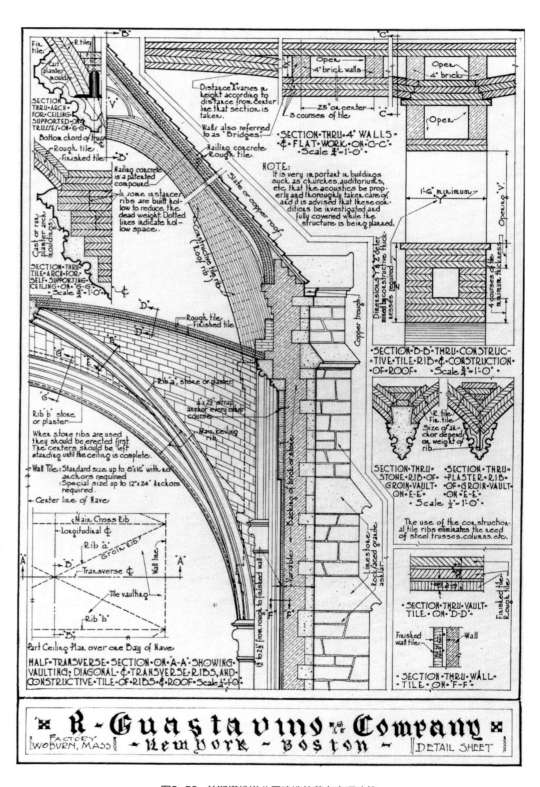

图3-58 关斯塔维诺公司建造的著名穹顶建筑

来源：Janet Parks and Alan G. Neumann. The Old World Builds the New: the Guastavino Company and the technology of the Catalan vault, 1885—1962[M]. New York: Columbia University Press, 1996.

始前取得了历次测绘的图纸，基本掌握了大礼堂的基本结构和历史资料等情况。因此，在本次测绘中，平面和立面的测绘主要是为了和现有图纸进行比对并校正可能的误差[①]，而由于穹顶部分自建成以来罕少建筑师进入，所以将弄清大礼堂穹顶的结构作为本次测绘的主要目的。

大礼堂为两层建筑，底层为门厅、池座、舞台、化妆间，二层为楼座、电影放映室、音控室等，地下层原为狭小的厕所，后被扩建并添加了展示空间。北边还添加了局部三层，现用作储藏室和休息室。池座层的建筑面积为1156.0平方米，楼座层建筑面积为659.2平方米。

大礼堂的平面基本是由一个正方形的四边向外推出成为基本形，再在南北两个方向继续向外推出了同边长的附加空间构成（图3-62），其中南边的附加空间为门厅，北边附加空间为门厅化妆间。四根柱子形成了整个大礼堂最重要的结构体系，将上部受力传入地下。正方形为最合理的结构形式，保证了受力的匀称和整体的稳定性。

大礼堂南立面为其主入口，使用了四根爱奥尼柱加强视觉效果。东西立面基本一致，惟在侧面入口部位稍有区别。北立面为背面，但设计仍非常精细，使用了精致的砖工铺成对称图案作为装饰。除了南立面的爱奥尼柱和其上的檐口和门楣使用大理石，外立面的其他部位都铺砌红砖，但内部均使用青砖。此为与原来商定的"全以青砖为建筑材料"又略有不同。

大礼堂从门厅入口到穹顶最高处总高27.4米，室内吊顶矢高21.8米（吊顶最高点到室内水平地坪），到高程正负零零处为19.6米（图3-59）。正方形平面四边外推部分实际测得为砖制的半圆拱顶结构。虽然理论上不存在侧推力，但实际仍在夹角部位附加了正方形的砖筒作为支撑，它们分别被用作侧入口的进厅（北）和楼梯间（南）。进入穹顶内部的入口位于楼座层的东北角。

实地勘察发现，大礼堂穹顶的构成实际是以底部正方形为基础，顺次连接每边三分之一处，形成一正八边形。八边形的八边均使用钢筋混凝土制成，形成圈梁（图3-60）。将此正八边形举高6米形成抬起的鼓座，半圆形的外穹顶即架在此鼓座之上（图3-61）。外穹顶由混凝土制成，视线可及，可见钢筋外露，并可见木模板留下的痕迹。穹顶内的柱子亦为混凝土制成，并随穹顶而发生扭曲，应为支模灌注而成（图3-62）。

最有意思的是穹顶内部正中有一八角形木梁形成的木框架结构，被与八边相交的木肋条支撑起来，但主要的受力应是10根从混凝土穹顶下悬到木梁上进行拉结的钢筋（每边各一根，中间两根）（图3-63）。木肋条的样式和木肋间的连接方式类似前述狄洛涵（Delorme）拱顶建造方法，唯狄洛涵拱顶用木肋支撑其上的拱面铺装材料，而大礼堂的木肋则是固定其下吊顶的木龙骨。八角形的木框架为吊顶的主要拉结部分；八角形内另有一较小的八角形木框架，作用亦当是作为龙骨拉结其下的吊顶（图3-64）。

①
因在立面搭建了脚手架，柱头和檐口等部位的测量更精确。此外，外部穹顶也可直接触及，得以丈量其周长。

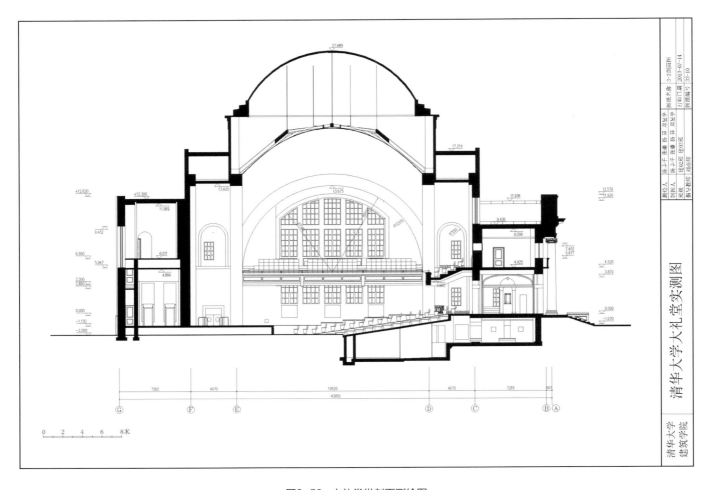

图3-59 大礼堂纵剖面测绘图
来源：清华大学建筑学院2013年测绘

图3-60 穹顶内部的鼓座圈梁
来源：程昆拍摄

图3-61 随圆弧扭曲的穹顶支柱，周围可见外露的钢筋
来源：程昆拍摄

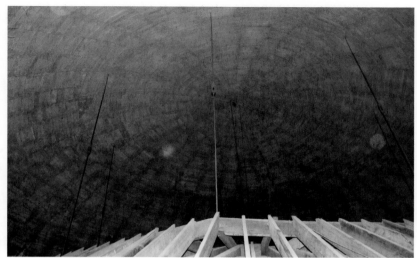

图3-63　穹顶内部的八边形木骨框架与混凝土壳体的连接钢筋
来源：程昆拍摄

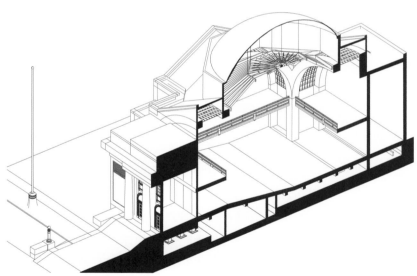

图3-62　大礼堂整体结构分析
来源：清华大学建筑学院2013年测绘，孙旭东、
程昆绘制

图3-64　大礼堂剖透视分析
来源：清华大学建筑学院2013年测绘

　　吊顶形成一个半圆形的穹顶，显得较为接近观众，并更符合声学原理。根据对吊顶剥落部分的观察，吊顶为麻刀石灰抹面，外涂灰绿色涂料。因此，大礼堂的穹顶为双层壳形式，外层为混凝土（或配少许钢筋）壳，为受力结构，并起防水等功能，混凝土壳的室外部分铺覆黄铜作为饰面材料；内部则为不受力的抹灰吊顶，形似半圆形穹顶。两层壳之间中空约7.5米。

①

例如，20世纪60年代美国对古巴制裁禁运期间，卡斯特罗聘请曾为高迪工作的匠人为其建造古巴国立艺术学院，由于缺少钢材但劳力低廉，这座建筑采用了黏结力拱券结构覆盖其主体空间。John A. Loomis. Cuba's Forgotten Art Schools[M]. New York: Princeton Architectural Press, 1998.

②

曹指时任清华校长的曹云祥，哈佛大学商业管理硕士，于1922年4月至1928年1月任清华校长。

③

墨菲致丹纳的信[D]. 1918-06-02. Murphy Papers.

④

Lisa J. Mroszczyk. Rafael Guastavino and the Boston Public Library. Thesis of Dept. Architecture at MIT, 2005: 22.

⑤

Philip Alexander Bruce. History of the University of Virginia, 1819—1919: The Lengthened Shadow of One Man. New York: MacMillan, 1921: 257-272.

总之，作者在这次测绘中克服了各种各样的困难，取得了前人不曾取得的数据，弄明白了一些重要问题，为大礼堂和清华校史的研究开创了新局面。

3.5.3 穹顶建造技术的取舍及其原因

根据实测结果，清华大礼堂的穹顶结构没有使用关斯塔维诺体系，而是使用了在当时造价更高的钢筋混凝土薄壳结构。通常而言，关斯塔维诺穹顶结构或黏结力拱券结构较适合缺少钢材等建筑材料、同时劳动力充足的贫瘠地区①，因此，当时积贫积弱的中国在建筑技术上的这种取舍令人震撼。

墨菲1918年6月2日寄给丹纳的信上，除介绍了图书馆、体育馆两处建筑的施工进展情况外，还有一段关于在建的大礼堂的穹顶样式选择的论述：

"雷恩关于大礼堂细部的设计进展良好，但尚有很多的内容要他画成图才行。我已向曹强烈建议，穹顶、筒拱和其他类似部位的建造采用关斯塔维诺结构（预算约为17 500美金，另加外装饰等项目，总共约需28 000美金）②。曹本人很喜欢这种方案，并准备将之纳入预算；但是，当然，这一建议可能会被教育部否决……雷恩准备将内部穹顶的吊顶喷刷成红色和金色，但我提醒他不要使用太暗的颜色，色相变化也不可太多。我更倾向金色或者石灰红。"③

之后，墨菲讨论了室内灯具和照明方式的问题。可见，墨菲当时已经放弃了原设计图纸上利用关斯塔维诺体系开天窗采光的方案，这种做法很明显是在模仿斯坦福·怀特对弗吉尼亚大学圆厅图书馆穹顶的设计。实际上，细看原设计的剖面图注，制图人将两处"Guastavino"均错写成"Guastivino"；在1918年6月2日的信中也将"Akoustolith"错写成"Akouslotith"。可见，墨菲事务所抑或审查图纸的墨菲本人对这一结构体系及其公司的运作并不十分熟悉。

因此，如果墨菲早知道关斯塔维诺公司不单独出售声学瓦，而只作为承包商承建穹顶的建造的话，可能不会迟至1918年还在向业主推荐这种建筑技术（图3-65）。关斯塔维诺公司在1889年建造的第一座影响力较大的穹顶——波士顿图书馆拱顶，造价为85554.04美金④，并规定其建造必须由关斯塔维诺公司派技术人员在现场负责指导施工。此外，关斯塔维诺和斯坦福·怀特于1895年重建的弗吉尼亚大学圆厅图书馆穹顶直径23米，造价57773美金⑤。大礼堂穹顶直径18.3米，与之相差不大，加上通货膨胀的因素以及关斯塔维诺公司派驻海外人员的开销，如采用这种结构体系，造价不可能如墨菲所预计的为28000美金。这也再次反映出墨菲对关斯塔维诺公司并不熟悉，缺乏实际的合作经历。

此外，中国以木构为主的建造传统素来对砖石结构经验不足，难以采用施工工艺较特殊的黏结力拱顶，同样难以取得特制的瓦片较好地解决受力和声学也是问题。相反，混凝土技术最早在1909年即被用在了岭南大学马丁堂中，清末民初建造

①
周诒春致墨菲的信[N]. 1917-03-01.
Murphy Papers.

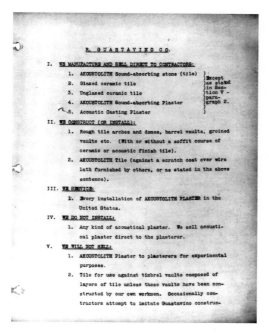

图3-65 关斯塔维诺公司的销售手册影印页，明确指出不单独出售瓦片或灰浆，只承接全部穹顶的
建造，并由公司派技术员负责指导施工
来源：Janet Parks. Documenting the Work of the R. Guastavino Company[J]. APT Bulletin, 1999, 30(04): 21–25.

表3-2 清华"四大工程"的建造信息

建筑名称	开竣工年月	建筑面积 / m²	总造价 / 美金	平均造价 / m²	包工者
图书馆	1916.4—1919.3	2114.44	175000	82.76	泰来洋行
体育馆	1916.4—1919.3	3593	244500	68.04	泰来洋行
科学馆	1917.9—1919.9	3549	124000	34.93	公顺记
大礼堂	1917.9—1921.4	1843	155000	84.10	公顺记

来源：清华大学校史编写组. 清华大学校史稿[M]. 北京：中华书局，1981. 造价信息摘自《清华周刊》十
周年纪念刊，1921.4.

的政府官厅建筑中也积累了一定的经验；虽然造价较高，但仍是一种可行的办法。

大礼堂作为"四大工程"之一，建造时间持续最长，每平方的平均造价也最高
（表3-2），可见使用了混凝土技术的大礼堂穹顶，的确是当时驻华建筑师和营造
商共同面对的挑战。

最后，中国自古罕有双层穹顶的建筑形象，而内部吊顶则较为符合中国人的建
造习惯。周诒春于1917年3月1日写给墨菲的信中，提到"由于图书馆和体育馆两处
建筑的花费太大……（大礼堂和科学馆的）两幢建筑的建造在能达到使用要求的情
况下，应当尽可能地削减预算"①。将内部穹顶做成较为廉价的吊顶样式，也有这
些考虑在内。

①
苗日新. 熙春园·清华园考[M]. 北京：
清华大学出版社，2010.

②
郭杰伟（Jeffery Cody）于2001年
出版的书是关于墨菲研究的第一部
著作，但全书没有一个词条涉及关
斯塔维诺及其公司，关于清华部分
的研究亦较为单薄。此外对墨菲档
案的解读和系统研究亦有不少存疑
之处。Jeffery Cody. Building in
China: Henry Murphy's "Adaptive
Architecture", 1914—1935[M].
Hong Kong: The Chinese University
Press, 2001.

周诒春为了改办大学的需要，于1916年先后开始兴建图书馆、体育馆和科学馆、大礼堂，号称"四大工程"，耗资共约百万元。建筑图样由墨菲设计，并由墨菲委派雷恩（后清华另外聘用庄俊）来校监督建造。包工程的是德国营造商，验收时还请了英国工程师做仲裁。"四大工程"的质量和设备在当时国内大学是少有的，是清华大学早期建设的代表，大礼堂更成为清华大学的象征性建筑，其形象出现在各种纪念品上。

总而言之，将清华大学校园规划和建设作为专门的课题进行研究，开始于20世纪80年代。现有的研究触及了与早期规划相关的三个问题：第一，清华园旧址的考古论证，如追溯熙春园和近春园的历史渊源及与清华大学的关系[①]，并发掘出清华校园的人文景观和文化内涵；第二，清华建校及其发展沿革；第三，建筑师及其他参与者的基本情况。

但是，后两者的研究尚待深入。例如，大礼堂一带规划所仿效的原型，是否照搬弗吉尼亚大学，或者是有怎样的关联，始终未见阐明。此外，有关周诒春、曹云祥、雷恩、庄俊等人对清华校园空间形成的贡献和历史作用缺乏基本的研究，对墨菲的研究也尚有很大提升和完善的空间[②]。因此，若未来开展对清华早期校园建设的深入研究，挖掘原始资料和在全球图景中开展设计思想的比较研究是两条可行的路径。

在"新政"时期自上而下的近代化改革浪潮中，一切竞相趋新慕洋，西方建筑和规划思想、技术、人员加速流转进入中国。在这种以"西方化"为近代化相标榜的时代，清华大学校园规划和建筑的形式和技术也体现了这种全球关联性。一个典型的例子是在大礼堂的设计中使用了当时美国非常流行的关斯塔维诺穹顶建造体系（图3-66）。

大礼堂实际建造时所采用的穹顶结构与原设计截然不同，既有建筑师的原因，也有当地建造传统的原因，但其所采用的钢筋混凝土薄壳结构，仍是当时世界上最先进、施工要求最高的一种结构形式。事实证明，使用了90多年的大礼堂穹顶，至今没有发现大的结构方面的问题。清华大学大礼堂穹顶在我国近代建筑技术史上有其重要的地位，对其结构进行研究更可考察20世纪初建筑技术随建筑师执业范围的扩大如何在全球范围流转，而又如何受实际环境的影响被加以取舍，因此成为中国近代建筑史上饶有趣味的题目。

3.5.4 今日大礼堂与墨菲原设计的其他几处不符

杰斐逊设计的弗吉尼亚大学圆厅图书馆使用了罗马爱奥尼柱廊，模仿古罗马万神庙的采光穹顶统率着整幢建筑，成为美国民主、共和、宪政等政治理想的象征。19世纪末至20世纪初，新建或扩建的美国大学校园广泛采用了弗吉尼亚大学"学术

图3-66　圣芭芭拉教堂穹顶，纽约。注意关斯塔维诺穹顶体系独具特色的内部饰面贴瓦，贴瓦经过特殊
烧制，具备声学功能

来源：Janet Parks and Alan G. Neumann. The Old World Builds the New: the Guastavino Company and the
Technology of the Catalan Vault, 1885—1962[M]. New York: Columbia University Press, 1996.

①

如哥伦比亚大学的洛尔图书馆及小礼
拜堂、纽约大学图书馆等。详见Paul
Turner. Campus, An American
Planning Tradition[M]. Cambridge,
Massachusetts：The MIT Press,
1984.

②

清华大学校史编写组. 清华大学校史稿
[M]. 北京：中华书局，1981；《清华
周刊》十周年纪念刊，1921.

③

清华大学校史编写组. 校园建筑、图书
仪器设备与出版物. 清华大学校史稿
[M]. 北京：中华书局，1981：59.

村"的规划模式，将以大穹顶和罗马柱式为特征的杰斐逊式建筑（用作大礼堂或图书馆等）安排在主轴线的端头，成为学校的标志性建筑[①]。

墨菲在采用西方建筑样式进行清华校园设计时，同样使用了一座杰斐逊式建筑作为整个清华核心区的统率。为高等科设计的这座大礼堂，是清华一期建设中的"四大工程"之一，建造时间持续最长，单方造价最高[②]。大礼堂约有1500个座位，"从外型到内部都极力欧美化，尽量讲究阔气"[③]。作为清华大学的象征性建筑，大礼堂历来为清华学生所称道。

时人对大礼堂的描述，以梁实秋1921年发表在《清华周刊》上的文章较为全面。

"礼堂是面向南面的，我们初进校门首先望到了。是罗马式与希腊式的混合建筑，礼堂的正面是四根汉白玉制的石柱，粗可二人合抱，高可两三丈。四根柱子中间，是三个亮闪的铜门。门前左右两个灯基，两根高可六七丈的旗杆在两旁立着。建筑的上面是一个铜质的圆顶。这个礼堂的外面并没有任何的装饰，但是却也有一种雄巍的气象。我们进了门，左右两边有售票的窗口，还有上楼的楼梯。前面是三个皮门，我们进了这两重门，便到了礼堂的内部。一间广大的会场！楼上下均可容千余人。地板是软木做的，后面高，前面低，呈倾斜形。硬木的椅子摆成整齐的行列，椅子底气安着热管。讲台正对着大门，宽可四五丈，深可一丈。台上悬着二十几匹褐色纺绸缎的幕帘，台的里面全是褐色木雕的板墙。讲台后面，左右各有空屋

①
梁治华. 清华的园境 [J]. 清华周刊，1923 年十二周年纪念号：42-43.

②
张彝鼎. 清华环境[J]. 清华周刊，1925年第11次增刊：16.

③
梁治华. 清华的园境 [J]. 清华周刊，1923年十二周年纪念号：32.

④
墨菲于1914年6月的会谈中最先向周诒春提出聘用驻场建筑师负责完善图纸和监督施工，此时清华的留美生庄俊从伊利诺伊大学毕业，清华聘其协助雷恩，供职于清华工程处。

⑤
刘亦师. 墨菲档案之清华早期建设史料汇论[J]. 建筑史，2014（02）：164-186.

⑥⑦
墨菲致丹纳的信[N]. 1918-06-02. Murphy Papers.

几间，可作演戏化妆室用。在对面楼上，有电影机室，光线直接射到台幕上。

"在礼堂里，我们看不见柱子，只见四个大弯弧架着上面盖覆的圆顶。圆顶立面作蓝色，在四个角上安置着千余烛的反射电灯。夜晚时候，灯光齐射到圆顶上去，再反照下来，全场明亮。在台幕上边的墙上，雕着一个圆形的图像，里面写着几个隶书的大字，这边是清华的校训——厚德载物，自强不息"①。

除前文详述的结构形式的差异外，通过整理清华学生的记述，将之与墨菲档案所藏的大礼堂设计原图及墨菲同时期的往来信函比较，也可见实际建成的大礼堂与原设计截然不同。

首先，大礼堂穹顶的色彩问题。张彝鼎描写，"暗紫顶、红墙、希腊、罗马、近代混合式"②的大礼堂，与礼堂前的绿色草地和校门处对峙的古木，形成一幕静谧庄严的景象，使刚入校门的人"陡然看见绿葱葱的松，浅茸茸的草，和隆然高起的红砖建筑，不能不有身入世外桃源的感觉"③。

从这些描述可见，20世纪20年代的大礼堂穹顶外部覆黄铜，用60根铜质肋条在外部加以固定。黄铜暴露在空气中后从远处看去呈暗紫色，在阳光下熠熠发光。今日的大礼堂穹顶呈青绿色，为穹顶外涂的沥青防水哑光材料。2013年7月对大礼堂进行测绘时对这一点进行了确定。可以想见大礼堂将被遮掩住的黄铜重新暴露出来后，将更加丰富大草坪一带的色彩，还原20世纪20年代清华园的色彩环境。

其次，大礼堂内部原来设计的照明方式也屡经修改。墨菲的大礼堂方案先后经过几次修改，并由他派驻清华的建筑师查尔斯·雷恩完善设计图纸并监督施工④。由于第一次世界大战以后美金贬值、物价腾涨，墨菲对原先设计的大礼堂进行了较大修改，取消了原设计中的天窗采光口，但仍拟采用关斯塔维诺穹顶体系⑤。关于室内装潢，墨菲主张用较为明亮鲜艳的色彩，"雷恩准备将内部穹顶的吊顶用红色、金色和蓝色喷涂，但我提醒他不要使用太暗的颜色，或者色相变化太多。我更倾向以金色或石灰红为主。"⑥今日所见的大礼堂内部穹顶呈单一的灰绿色，是1991年清华大学建校90周年前夕重新喷涂的，与墨菲的原设计有所不同。

至于室内照明方案，墨菲赞成从穹顶垂直下悬一球形大灯，外罩毛玻璃，主要通过向穹顶面反射获得均匀的室内漫反射光；而雷恩则主张保持穹顶的完整，避免悬吊任何部件，而从室内四角（大礼堂的基本平面已由八边形改为正方形）放置射灯，采用直接照明的方式⑦。从梁实秋的描述看，最后实施的是雷恩的照明方案，一直沿用至今。

3.6 结语

周诒春主政清华期间，擘画全局，确定清华校园建筑风格，制定大学部的远景规划，雷厉风行开始"四大工程"的建设等，"学校所有的规模层层发现的美果，莫不是他那时种下的善因"。他的副手赵国材也与有力焉。他们全力以图的，是建立一个学科门类齐全的大学。其策略，是先"挟洋自重"：借助清华与美国的特殊关系，一面说服美国的驻华公使，一面向外交部和教育部提出申请；先借助美国退还的庚子赔款作出完整的校园规划，并开始局部建设，希望在建成完全大学后再由北京政府给予经济资助，最终使清华在学术和教育上独立[①]。

①

Tsing Hua College. Memorandum Report of Interviews of June 13, 14, 15, 1914, at Tsing Hua, Peking, China, between President TSUR & H. K. MURPHY[N]. 1914-06-26. Murphy Papers.

图3-67　大礼堂南立面上的奠基石铭文。清华近代建筑上发现奠基石铭文者，除大礼堂外，还有生物学馆、化学馆和机械工程馆
来源：作者2020年拍摄

图3-68　大礼堂施工照片
来源：北京市东城区文化和旅游局徐子枫提供

　　"四大工程"之目标为"奠定清华智、德、体、群与科学教育之物质基础"，而周诒春的校园建设，从建筑师的选择到校园规划和建筑风格的考量，无一不是其将以遣送学生赴美就学为主旨的清华学校扩建成完全大学这一宏图伟略的一部分（图3-67）。如果单纯从物质和形式角度分析，难免会陷入就事论事的窠臼，无法获得全面的认识。自20世纪80年代以来，有关清华校园规划和建筑的研究大都着力于空间图式的形式分析，对政治制度、社会背景和历史人物与形式间的互动关注不足，此外在建筑技术和施工建造方面仍有很大提升空间（图3-68），研究方法亟待更新。

　　另一方面，系统地搜集和整理有关史料，是深入开展清华早期建设研究的前提。从墨菲档案中发现的这些新材料，对我们清楚地了解其规划的意图、设计思想的参考来源、建筑师对其作品的观感等方面，有着不可替代的作用。如陈寅恪先生所说，"一时代之学术，必有其新材料与新问题"，随着建筑史学者与国外日益频繁的交流，所发掘的史料种类必越来越多，内容也会逐步丰富，这将成为未来我国建筑史研究革新的动因之一。

　　实际上，所谓的"新"发现，有时是通过重读文献和重组史料发现其新意的。墨菲是我国近代建筑史上最负盛名的寓华建筑师。以耶鲁大学墨菲档案中的信件为例，其大都被之前来访的学者勾画标注，但从未见系统地引述。关于墨菲的研究，以郭杰伟（Jeffery Cody）20年前出版的著作最具代表性，但其中仍有不少余地可作补充和提升，更遑论同一文献的解读和使用对于不同的学者自然有所差别。因此，即使是一个耳熟能详的课题，如果在史料上下工夫，也可能有较大的提升空间。

　　综上所述，在未来开展对清华早期校园建设的深入研究，形成将建筑事件投置在较广阔的历史背景中进行研究的总体史观和努力挖掘原始资料，是两条可行的路径。随着研究视野的继续拓展，和新史料的不断发掘，将出现关于清华校园规划和建设的更多新成果。见微知著，以清华为例，可以扩展至考察20世纪以来中国高等教育的发展和高校校园空间的变化，开展许多有趣的比较研究。

第 4 章

清华学校时期的校园规划及建设（下）——20 世纪 20 年代北洋政府时期的校园建设

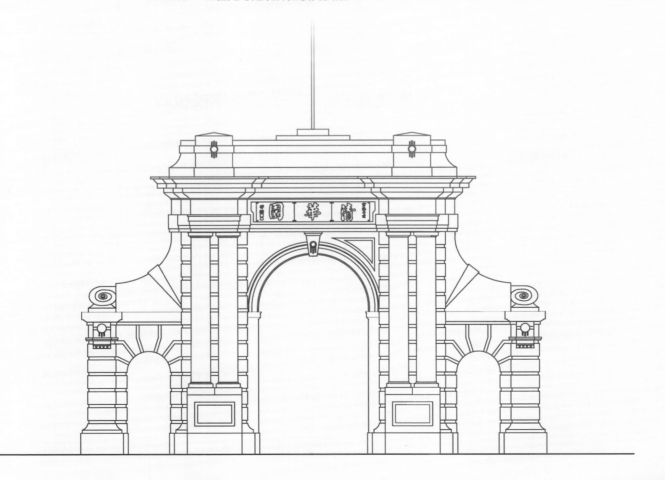

① 刘亦师. 墨菲档案之清华早期建设史料汇论[J]. 建筑史，2014（02）：164-186.

② 1927年在籍学生260人，1928年改国立大学后学生规模迅速扩至401人，至1932年已逾900人. 陈旭等. 清华大学志：第一卷[M]. 北京：清华大学出版社，2018：145.

③ 苏云峰. 从清华学堂到清华大学：1911—1929——近代中国高等教育研究[M]. 台北：台湾"中央研究院"近代史研究所，1996.

④ 校史[J]. 国立清华大学二十周年纪念刊. 1931. 5. 转引自清华大学校史研究室. 清华大学校史选编[M]. 北京：清华大学出版社，1991：44-49.

周诒春在任清华校长期间，聘任墨菲制定规划和建筑设计，为清华校园空间格局的形成做出了巨大贡献。这一时期是清华校园建设史上的第一个鼎盛时期。1918年年初，周诒春遭无端攻讦去职之后，墨菲认识到清华在短期内不会再有大规模建设[①]。事实上，直至20世纪20年代末罗家伦履任后，清华校园的规划和建设才再次得以展开。在20世纪20年代的大部分时间里，清华校内持续进行建设，尤其是排除困阻建成了几处住宅区（南院、西院），改善了教职员的居住条件，同时也在这些工程实践中培养出了像庄俊这样的重要建筑师。

但是，相比而言，周诒春和罗家伦二人之间的10年是清华校园建设的"短绌时期"。究其原因，其一是在周诒春去职之后，清华基金会等机构成立，在建设费的使用等方面限制了校长的权力；其二，则是当时清华的校舍面积相对200余人的学生规模[②]已足敷使用，于是校方便将主要精力转向其他方面，如聘用良师、升格大学等。同时，20世纪20年代初时局不靖，清华校长变更频繁，也无从制定长远的建设规划。

因此，相对而言，这一时期清华校园的建设趋于保守，较大的校舍仅工艺馆一项，是对此前墨菲规划中体育馆、图书馆和科学馆的补充，同时为清华改为国立大学后工科大发展奠定了基础，成为工学院建筑群的第一幢大楼，具有继往开来的作用。此外，在前后几任校长的推动下，增建了南院和西院两处居住区，解决了之前教授们往返城内住所与清华交通不便的困扰，为安心教学和研究提供了保障。

4.1 外交部主管时期的清华学校校政

清华创办及之后的日常管理和教学费用皆由庚子赔款而来，在这一过程中发挥了重要作用的多为中、美双方的外交人员，如当时的驻美公使梁诚、美国国务卿海约翰(John Hay)和路提（Elihu Root），还有驻华公使康格（E.H.Conger）等人[③]。同时，每年退还的庚子赔款，皆先交付外务部（民国后改外交部）再划拨清华使用，一切庚子赔款使用及办学情况且需通过外务部与美方沟通。因此，外务部在清华创建和早期办学中掌握决策之权，一直到1928年罗家伦任校长时才得以"改辖废董"，使清华归隶教育部直管，外交部自此才不再直接干预清华校政。

1909年7月，外务部与学部共同设立"游美学务处"和"游美肄业馆"，"以周自齐为学务处督办，唐国安、范源濂为会办"。周自齐、唐国安均为外务部官员，范源濂则任职于学部（教育部）。可见，清华创建时就由外交部和教育部双重管理，而以外交部为主导。此后清华的历任校长，除周自齐、唐国安外，颜惠庆、周诒春及其副手赵国材等人，均为外交官出身的教育家。

周诒春任职期间大刀阔斧地从事基本建设，"建树极众，历任校长无出其右"[④]。但因这些工程耗资太多、急于求成，且清华经费独立、充足而少受监督，一时遭到教育界的非议。外交部为此相继成立"筹备清华学校基本金委员会"和"清华学校董事会"，限制校长动用庚子赔款进行基本建设的权力，"嗣后清华学校一切建筑工程，以必不可省者为限，其应兴之工程，仍不得动及基本金"[①]。其中清华董事会负责稽核预算，董事会成员多与外交部有关联，贯彻外交部要求的"处处撙节"的指导思想。20世纪20年代到任的几任清华校长，一方面同属外交系统，另一方面在校园建设上基本维持了现状，尚可与董事会相安无事；但政局变化后，在强势的校长如罗家伦的凌厉作风下，校长与董事会的关系就显得不那么融洽了（详见第5章）。

1918年元月周诒春去职后，副校长赵国材代理校务，期间墨菲还曾到清华工地视察正在进行的图书馆和体育馆等项目。1918年4月至1922年4月，外交部先后派张煜全、罗忠诒、金邦正、严鹤龄等任校长，同时全国掀起了声势浩大的"五四运动"，至1922年4月曹云祥到任前，"三年之间，校长四易"[②]，局势之杌陧不安可见一斑。

虽然20世纪20年代初的清华学校上层动荡，校内的日常教学却未受很大干扰，校园生活生机勃发，颇显朝气。以清华学生主办的《清华周刊》而论，其主编、主笔和美术编辑多成为日后各方面的宿耆，如吴景超、梁实秋、闻一多、梁思成、杨廷宝等，反映了当时清华的蓬勃发展。

同一时期，清华校园的建设仍在继续。清华校园因僻处郊外，教职员往来北京城颇不方便，颜惠庆日记中曾记载在西直门下车后需乘驴车或马车到校干工作的轶事[③]。1916年清华校方购买了二校门以南的土地，周诒春曾以新建教职员住宅计划上报外交部，但未获批准。1918年新任校长张煜全核准在今照澜院一带筹备建设住宅的动议，由工程处建筑师庄俊负责测绘基址地形图并设计住宅方案[④]。1920年年初由代理校长严鹤龄再次向外交部提出申请并获得通过，1920年11月该工程在外交部开标，次年4月正式开始兴建，半年后竣工。

南院住宅有甲、乙两种类型各10套，其中甲种为西式外廊式住宅，乙种为中式四合院，由清华学校工程处庄俊设计（图4-1）。四合院因房间较多、面积较大而较受欢迎；西式住宅则为两户叠拼，各自围合出内院。入口外廊为南院西式住宅的主要特征之一，体现出其居住空间的性格（图4-2、图4-3、图4-4）。中式和西式住宅均为一层建筑。早期入住南院的教职工包括梅贻琦、马约翰、戴志骞等人，这种集中居住的生活形态促成了邻里间的各种活动和互助组织[⑤]，成为此后清华园居住区的示范。

在墨菲的"四大工程"于1921年竣工前后，清华校内除南院住宅区外，又相继建造了厨房、自来水井、自来水管和污水处理池，"基本满足了教学、研究和学生生活上的需要"[⑥]（图4-5）。洛克菲勒基金会派遣来华考察医学院建设的调查团曾专门访问清华学校，对清华的校舍质量和自来水井加以称赞（图4-6）。

① 台湾"中央研究院"近代史研究所外交档案，《筹备清华学校基本金委员会报告书》，1917-09-20. 转引自苏云峰. 从清华学堂到清华大学：1911—1929——近代中国高等教育研究[M]. 台北：台湾"中央研究院"近代史研究所，1996.

② 清华历史[J]. 清华年报，1925—1926. 转引自清华大学校史研究室. 清华大学校史选编[M]. 北京：清华大学出版社，1991：31-35.

③ 颜惠庆，姚崧龄. 颜惠庆自传[M]. 北京：中华书局，2015.

④ 姚雅欣，董兵. 识庐：清华园最后的近代住宅与名人故居[M]. 北京：中国建筑工业出版社，2009：30.

⑤ 同④，第34-39页。

⑥ 苏云峰. 从清华学堂到清华大学：1911—1929——近代中国高等教育研究[M]. 台北：台湾"中央研究院"近代史研究所，1996.

①
教务长返校及谈话情形[J]. 清华周刊，
1921（206）：22-23.

时任清华学校教务长的王文显曾护送留美学生到美国就学，顺道考察美国各大学校园和教学情况。他于1921年元月回清华后颇为自豪地谈道："在美时遍历各大学……即清华与美大学情形的比较，全美大学有清华设备完美的实不多见。以体育馆而论，全美仅有三所大学有如清华之体育馆，图书馆藏书数目当然不如他们，但是建筑设备与置于美大学最佳者相较，也无愧色。以经济而论，许多号称大学（University）轰轰烈烈的组织，还不及清华的五分之一"①。

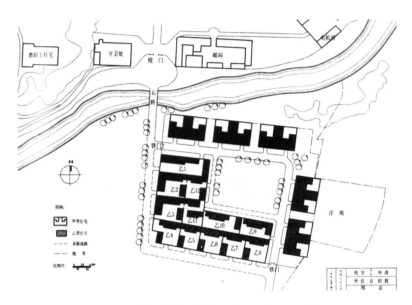

图4-1　清华学校南院住宅区总平面图，1923年

来源：姚雅欣，董兵.识庐——清华园最后的近代住宅与名人故居[M]. 北京：中国建筑工业出版社，2009：31.

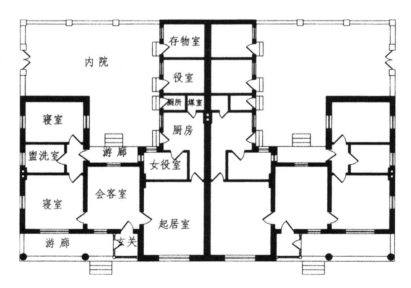

图4-2　南院双拼西式住宅平面图

来源：姚雅欣，董兵.识庐——清华园最后的近代住宅与名人故居[M]. 北京：中国建筑工业出版社，2009：82.

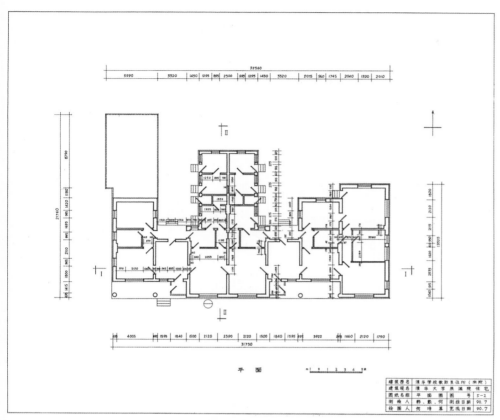

图4-3　南院住宅现状测绘图，1990年
来源：清华大学建筑学院1990年测绘

图4-4　南院住宅外观，20世纪30年代
来源：清华周刊，1934（41）：13-14.

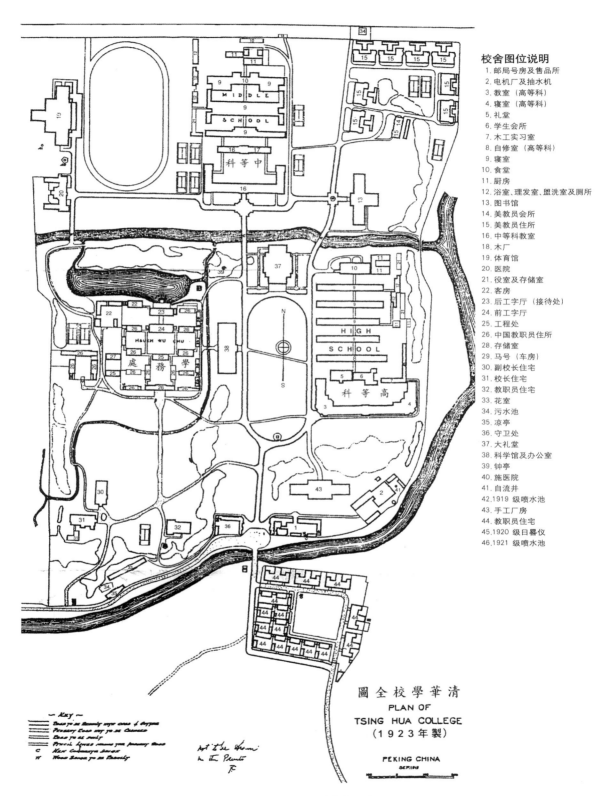

校舍图位说明
1. 邮局号房及售品所
2. 电机厂及抽水机
3. 教室（高等科）
4. 寝室（高等科）
5. 礼堂
6. 学生会所
7. 木工实习室
8. 自修室（高等科）
9. 寝室
10. 食堂
11. 厨房
12. 浴室、理发室、盥洗室及厕所
13. 图书馆
14. 美教员会所
15. 美教员住所
16. 中等科教室
18. 木厂
19. 体育馆
20. 医院
21. 役室及存储室
22. 客房
23. 后工字厅（接待处）
24. 前工字厅
25. 工程处
26. 中国教职员住所
27. 存储室
28. 存储室
29. 马号（车房）
30. 副校长住宅
31. 校长住宅
32. 教职员住宅
33. 花室
34. 污水池
35. 凉亭
36. 守卫处
37. 大礼堂
38. 科学馆及办公室
39. 钟亭
40. 施医院
41. 自流井
42. 1919 级喷水池
43. 手工厂房
44. 教职员住宅
45. 1920 级日晷仪
46. 1921 级喷水池

图4-5 1923年的清华校园地图

来源: 苏云峰. 从清华学堂到清华大学: 1911—1929——近代中国高等教育研究[M]. 台北: 台湾"中央研究院"近代史研究所, 1996.

图4-6　柯立芝给洛克菲勒基金会的报告中提及清华学校的自流井情况，称其为最安全、最可靠的水源
来源：Charles Coolidge. Preliminary Report[A]. November 1916, Rockefeller Archive Center.

①③
苏云峰. 从清华学堂到清华大学：1911—1929——近代中国高等教育研究[M]. 台北：台湾"中央研究院"近代史研究所，1996.

②
赵章靖，刘晓晓. 民国时期"教授治校"体制分析——罗家伦时期的清华大学[J]. 大学（学术版），2009（11）：66-75，58.

4.2　曹云祥主校时期的校园建设

在经过数年动荡之后，外交部于1922年4月任命曹云祥以外交部参事名义代理清华校长，同年10月改署理校长，1924年5月正式任命为清华校长。曹云祥（1881—1937年）是浙江嘉兴人，与颜惠庆同学于上海圣约翰大学，少年时曾考取官费留学耶鲁大学，获文学学士学位，后又入哈佛商学院进修，1914年获得商业管理学硕士学位。曹云祥毕业后即进入外交部工作，曾任伦敦的驻英使馆代理总领事，之后曾到丹麦、美国等地从事外交活动（如参加划定第一次世界大战后太平洋势力范围的1922年华盛顿会议，任中国代表团副秘书长），是有学养、有眼界的外交家和教育家[①]（图4-7）。

曹云祥掌管清华校政近6年，是新中国成立前历任清华校长中任期时长仅次于梅贻琦者。专门研究清华校史的台湾学者苏云峰将曹云祥主校时期的贡献概括为5点：

1）推动了校内改革；

2）实现清华改制为大学，同时设立"国学研究院"，梁启超、王国维、陈寅恪和赵元任等四大国学导师皆由其聘任；

3）实施教授治校制度。清华是当时推行这一制度的唯一重要大学，使清华在校长缺任时仍能维持运行，此后经罗家伦和梅贻琦的坚持[②]，这一制度延续至抗战时期，一直为教育界传颂；

4）提升了清华教师素质，大量聘用清华留学生以取代原外国教师，"使其成为清华之中坚"；

5）改善教职员的居住条件，兴修西院等工程[③]。

① 清华历史[J]. 清华年报，1925—1926. 转引自清华大学校史研究室. 清华大学校史选编[M]. 北京：清华大学出版社，1991：34. 但也应看到，因曹出身外交官，颇沾染铺张的习惯，罗家伦就任清华校长后曾在多个场合批评煤电的消耗和房舍修理等项"浪费太大"，尤其校长"开支浮滥，账目不清"。

② 清华大学校史研究室. 清华大学一百年[M]. 北京：清华大学出版社，2011：42.

③ 覃修典. 关于工艺馆[J]. 清华副刊，1929（05）：11-18.

图4-7　曹云祥像

来源：苏云峰. 从清华学堂到清华大学：1911—1929——近代中国高等教育研究[M]. 台北：台湾"中央研究院"近代史研究所，1996.

可以说，曹云祥在政局杌陧之中，不但勉力维持着清华的正常运行，还从管理制度、办学规格、人才罗致与培养等方面进行了甚有成效的改革，"校制与校风为之一变"。清华师生对曹云祥的评价也颇积极，"自曹云祥校长、张彭春主教务以来……提倡中西学并举，改良课程及教授方法，同时积极创办大学及研究院……清华教育宗旨，一时刷新。"①

曹云祥任内为筹设大学部，委托工程处庄俊设计了供学生进行木工和铁工实习的工艺馆的建筑图样，最终于1924年年底建成。曹云祥原本想在此设立"普通工程系"，虽很快即被取消，却为20世纪30年代清华工科的发展奠定了基础。工艺馆初建成时被称作手工教室，曾用作实习工厂的同方部则改为"公共俱乐室""并订报刊，添游艺设备，以便师生合聚一堂，收师生和洽之功"②。

庄俊设计的这一建筑为砖混结构，外墙采用青砖为材料，内部设粗大的钢筋混凝土柱子，承受金工和水力实验的巨大震动。中间楼梯部分凸起于两翼，呈一倒置的T形（图4-8）。后1931年清华本校的土木工程处将两翼均添建为二层，成为今天所见的样子（图4-9）。

刚建成时的工艺馆，"上下有两层，横着看有左、右、中三部分。右边叫作水力实验室，虽然现在尚没有设备……中间楼上东面是一间教室和一个图画室，西面是图画室和办公室。楼下北面是材料实验室……电机实验室也因为没有设备改为教室。南面是木工厂，有十二架车床和锯木机、刨木机，都是用电运转的。右边是金工工厂，有八架车床，钻孔、刨平和锯铁的机器，数虽不多……已算是数一数二的好机器"③。

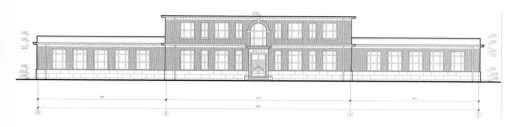

图4-8 工艺馆（土木馆）正立面实测复原图
来源:清华大学建筑学院2019年测绘

①
清华介绍·清华生活、工艺馆的生活
[J].清华周刊，1925年（S1）：85-87.

②
覃修典.关于工艺馆[J].清华副刊，
1929（05）：11-18.

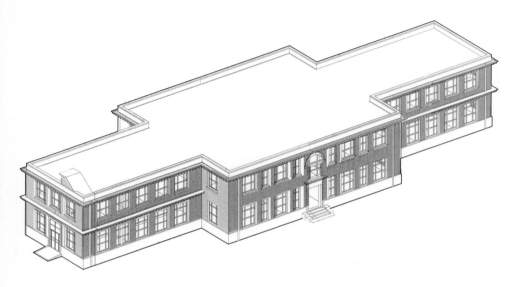

图4-9 工艺馆（土木馆）两翼增加一层后的现状轴测图
来源：清华大学建筑学院2019年测绘

　　工艺馆中的生活颇为"干枯无味"："楼上是画法几何和机械图，楼下是铁工和木工的所在，虽各有不同之处，然其为机械的则一……然而曾在工艺馆生活的人，却自己觉得津津有味，打铁的越打越高兴，做木匠的各个兴高采烈，成就他们的工作。他们喜欢这种工作，常常怨恨机器不够，各种法术不能尽学。他们这种勤劳的精神，实在可以令人敬服！"[①]可以说，清华引以为傲且久为外界传颂的金工实习传统和躬亲力行的刻苦精神，从20世纪20年代就已形成。

　　工艺馆是清华早期校园"四馆"（其他三处为墨菲设计的科学馆、图书馆和体育馆）中最后建成的一个[②]，至此基本大学校舍的格局已堪称完备。1925—1928年间，校舍基本维持现状，主要充实楼宇内的设备，直至罗家伦履任后扩大招生，才又开启新的建设活动。

　　曹云祥在扩充校舍的同时，也非常关注教职工的福利和居住条件。南院住宅建成后即全部分配出租给清华教授，但仍有十余户在更南边的成府村租住，居住

①④
苏云峰. 从清华学堂到清华大学：1911—1929——近代中国高等教育研究 [M]. 台北：台湾"中央研究院"近代史研究所，1996.

②
清华大学校史研究室. 清华大学一百年 [M]. 北京：清华大学出版社，2011：41.

③
姚雅欣，董兵. 识庐：清华园最后的近代住宅与名人故居[M]. 北京：中国建筑工业出版社，2009：39-40.

条件甚差且安全堪忧。曹云祥向外交部提出添建西院住宅。苏云峰先生研究所据之台湾近代史研究所所藏民国外交部档案有关清华部分，"绝大部分是他（曹云祥）任期内请求添建教职员住宅的呈文、计划、设计图与账目资料"[①]。他所以看重建设住宅，是准备以此延揽国内外著名学者，使其能安心在远离尘嚣的清华园内从事治学和教学。

1923年年底，在曹云祥主持下，西院住宅区工程开标，并于1924年7月竣工[②]。曹云祥原本计划在西院建设住宅40套，但清华董事会援引南院先例，允先建设住宅20所，分为4种户型：庚、辛、戊、巳四种住宅各5套，分4列、5排布置，每种住宅各占一列（图4-10、图4-11）。其中，庚种和辛种住宅每套为7间房，戊、巳两种各5间房[③]，面积稍小。西院各住宅的空间格局和室内设备，"在当时来讲是相当宽敞和完善的，每户基本上有正房三间、耳房二间、佣人厕所一间，另外一部分尚加盖西房二间（即庚种房屋）。每户有冷热水管、排水沟、铁丝纱门、电铃、铁栅等设备。教职员住宅问题，至此获得基本解决"[④]（图4-12）。

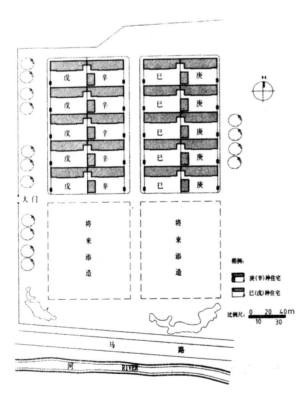

图4-10　西院住宅区总平面图，南部"将来添造"在20世纪30年代初又续建10套住宅

来源：姚雅欣，董兵. 识庐——清华园最后的近代住宅与名人故居[M]. 北京：中国建筑工业出版社，2009：40.

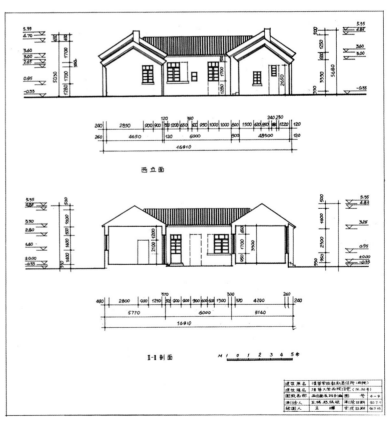

图4-11　西院住宅立面测绘图

来源：清华大学建筑学院1990年测绘

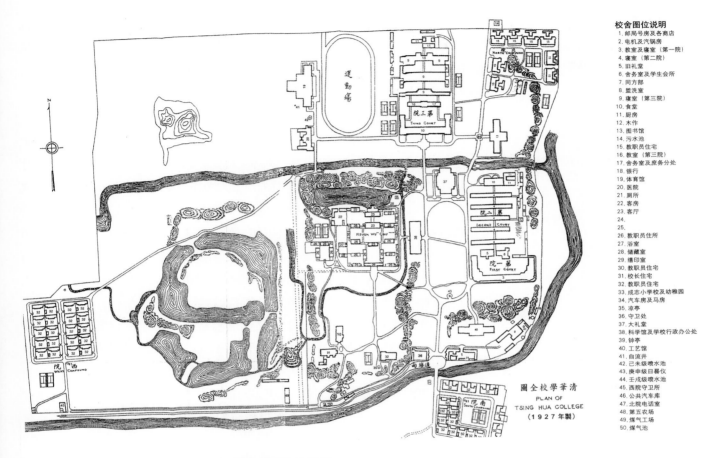

校舍图位说明
1. 邮局号房及各商店
2. 电机及汽锅房
3. 教室及寝室（第一院）
4. 寝室（第二院）
5. 旧礼堂
6. 舍务室及学生会所
7. 同方部
8. 盥洗室
9. 寝室（第三院）
10. 食堂
11. 厨房
12. 木作
13. 图书馆
14. 污水池
15. 教职员住宅
16. 教室（第三院）
17. 舍务室及庶务分处
18. 银行
19. 体育馆
20. 医院
21. 厕所
22. 客房
23. 客厅
24.
25.
26. 教职员住所
27. 浴室
28. 储藏室
29. 缮印室
30. 教职员住宅
31. 校长住宅
32. 教职员住宅
33. 成志小学校及幼稚园
34. 汽车房及马房
35. 凉亭
36. 守卫处
37. 大礼堂
38. 科学馆及学校行政办公处
39. 钟亭
40. 工艺馆
41. 自流井
42. 己未级喷水池
43. 庚申级日晷仪
44. 壬戌级喷水池
45. 西院守卫所
46. 公共汽车库
47. 北院电话室
48. 第五农场
49. 煤气工场
50. 煤气池

图4-12　1927年的清华校园地图
来源：苏云峰. 从清华学堂到清华大学：1911—1929——近代中国高等教育研究[M]. 台北：台湾"中央研究院"近代史研究所，1996.

4.3　工程处与建筑师庄俊的贡献

清华学校的工程处因应墨菲的校园规划和建设而由周诒春创设于1914年12月，其时墨菲刚将他所做的校园规划方案寄到清华。工程处设立在学务处（今工字厅）内。曾任《清华周刊》主编的吴景超回忆："周诒春对于大学的进行，的确是有预算的。我们现在走过工程处，还可以看见理想的清华大学建筑图样，便是在他任内制就的。"[①]这里所说的"理想的清华大学建筑图样"实际指的是清华校园规划图（图3-4）。这一图纸陈列在工程处供师生观摩。

此外，墨菲此前在雅礼学校的项目中曾雇用斯坦福·怀特的建筑师作为其事务所的驻场建筑师。由于当时中国的营造厂对美国的制图图则和施工方法尚不熟悉，因此所有图纸均由在纽约的事务所完成后寄给驻场建筑师，由其负责进行修订，并监督现场的建筑施工进度和质量。墨菲认为雇佣这样的代理人是保证工程顺利实施的"最经济和最可靠方法"。因此，墨菲在与清华的商谈中，就要求雇佣这样一位

①
吴景超. 清华的历史[J]. 清华周刊，1922年纪念号：19-29.

①
庄世焘."老爹"庄俊，庚子赔款造就的建筑大师[J]. 档案春秋，2010（04）：34-45.

②
参见苏云峰. 从清华学堂到清华大学：1911—1929——近代中国高等教育研究[M]. 台北：台湾"中央研究院"近代史研究所，1996. 苏著误将雷恩认作雷姓之中国建筑师，前章已作阐述。

③
梁治华. 清华的园境[J]. 清华周刊，1922年纪念号：49-67.

④
Roger S. Greene. Greene Diary[N]. 1920-12-16. RAC, RG IV-2B-9, Box 62 Folder 1.

⑤
Rockefeller Archive Center. 另见刘亦师. 美国进步主义思想之滥觞与北京协和医学校校园规划及建设新探[J]. 建筑学报，2020（09）.

驻场建筑师雷恩，代表墨菲事务所协调"未来即将进行的建筑设计和施工"。此后根据教育部的要求，清华又聘用了一位从美国留学归来的中国建筑师庄俊[①]。清华早期的校园规划和建造就是在他们的协调下完成的（图4-13）。

清华学校工程处即由雷恩负责。清华校史对雷恩的负责态度和敬业精神称赞有加[②]，雷恩与清华校方也一直保持着友好关系。雷恩于1915年到校后设计修建了丙所，即梁实秋文中所称的"工程师住宅"[③]。从目前的资料看，雷恩在任职清华期间，还承担了其他外国在京机构的较小的工程任务。如洛克菲勒基金会驻华医社（China Medical Board）和协和医学院的负责人顾临（Roger S. Greene）曾数次委托雷恩从事机械工程的设计，并对他的服务态度和质量评价颇高[④]（图4-14）。雷恩在1921年大礼堂竣工后辞去工程处工作，但仍住在北京，承担教会等一些外国团体委托的工程（图4-15）。洛克菲勒档案中心的资料显示，雷恩返回美国后与洛克菲勒基金会一直保持着联系，至20世纪60年代还曾将协和医学院最初设计者何士（Harry H. Hussey）的回忆录寄给自己在洛克菲勒基金会的熟人[⑤]。

辅助雷恩、就职于工程处的另一位建筑师是中国最早的建筑师——庄俊（图4-16）。庄俊字达卿，1888年出生于上海，早年就读于上海的南洋中学。1909年，他考取唐山路矿学堂，次年又考取清华学堂庚子赔款留学生第二届预备班。由于清华校园尚在建设中，第二批庚子赔款学生被直接送到美国深造。庄俊同届留美的同学包括后来声名显赫的众多巨擘，如赵元任、胡适、张彭春、竺可桢等。其中，竺可桢与庄俊均进入伊利诺伊大学学习，分别就读于建筑工程系和农学院，二人也成为毕生好友。学界目前一般认为，庄俊是我国最早在海外接受系统训练且最早学成回国的建筑师。

图4-13　雷恩与庄俊的合影
来源：墨菲档案

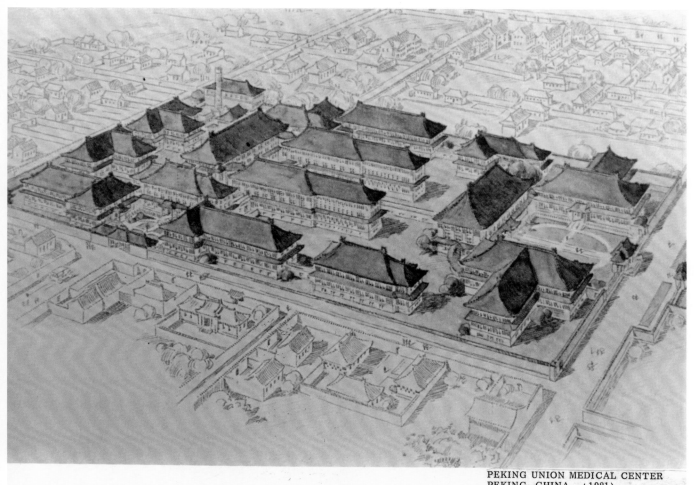

PEKING UNION MEDICAL CENTER
PEKING CHINA （1921）

图4-14　1921年的北京协和医学院鸟瞰图，1917—1919年由何士设计并监造，是西洋功能、设备与中国传统大屋顶形制相结合的著名案例。
北京协和医学院的资助方洛克菲勒基金会与清华学校关系颇为密切

来源：Shepley Bulfinch Archives

图4-15　供西方人使用的《北京生活指南》（1921年版）中雷恩家的住址（内务部街），此时雷恩已从清华学校辞任搬离清华住到北京城内

来源：Peking Utility Book[M].
1921. Rockefeller Archive Center.

生 先 俊 莊

图4-16　庄俊（1888—1990年）像
来源：寰球中国学生会年鉴，1923（02）：29.

①
庄世泰. "老爹"庄俊，庚子赔款造就的建筑大师[J]. 档案春秋，2010（04）：34-37，45.

②
校内各机关新闻·裁撤工程处[J]. 清华周刊，1923（269）：18.

③
大学专门科筹备处暂设在学务处中间前工程处房屋[J]. 清华周刊，192，24（7）：29.

1914年6月周诒春与墨菲会谈后，清华学校筹划大规模建设，开始招揽建设人才。当时庄俊恰从伊利诺伊大学毕业，于是受聘于清华，成为雷恩的助手，协助修改茂旦洋行从纽约寄来的图纸，并绘制相应的设计和施工图。庄俊在清华任职，一方面有力地平息了清华以外的舆论，即清华校内的宏大工程不能完全委之于外人；另一方面也实现了清华校方希望借由这些工程培养中国建筑师和清华自己建筑师的目的。从现有资料看，雷恩和庄俊二人合作愉快，庄俊也深得清华校方的信任。1918年南院的设计图即由庄俊设计和绘制；1921年雷恩离任后，庄俊单独承担了工艺馆的设计。而亲身参与"四大工程"的施工图绘制和施工监督，同时与一位熟悉建造施工和设备工程的美国建筑师终日相伴，这对一个初出茅庐的年轻建筑师无疑是难能可贵的经历，使之日后能迅速独当一面（图4-17）。

和雷恩一样，庄俊在清华任职期间也承担了一些校外的工程，如唐山的银行大楼和天津扶轮中学等①。这在由外国建筑师和工程师垄断建筑设计市场的大环境中是开拓性的创举，无疑也增强了庄俊独立开业的信心。

1923年2月，因校内建筑大多已竣工，清华董事会"借口经费不敷，裁撤本校工程处。惟校中一切工程修理事项，皆由工程处经营。工程处裁撤之后，一切当由庶务处接办。而庶务处并无专门人才，日后恐有困难"②。工程处的用房被用于大学专门科筹备处③。事实上，十年间在各大工程和日常维修事务中培养的人才一朝散失，对清华学校而言确是重大的损失。1928年罗家伦到任后，迅速组织起土木工程处，其职能与工程处相近，才重新招罗和培养清华自己的建设人才。

图4-17　施工过程中的"北京清华学校体育馆铁屋梁"。《中华工程师学会会报》标明其由"正会员庄俊君建筑"

来源：北京清华学校体育馆铁屋梁[M]. 中华工程师学会会报，1920，7（06）：2.

工程处被取消之后，清华学校为事弥补，特意聘请庄俊与数学系教授潘文焕共同带领百余清华留美学生赴美留学，这些学生中就包括了1923年进入宾夕法尼亚大学学习建筑的陈植等人。除此之外，"庄达卿先生在中西美沿途参观各处建筑工程，前赴美国纽约考查；现已入哥伦比亚大学研究，将于明年一、二月间前往欧洲游览。闻美人曾屡请庄先生计划中国'宝塔'与'官院'式之各种建筑，是则庄先生此次远游，非仅藉以发舒建筑工程之新思想，并可传播东方文化于泰西也"[①]。可见，庄俊于1923年至1924年在美欧的游学和考察，不但充实了他的理论基础，也促进了东西建筑的交流。

1924年回国后，庄俊在上海创办了"庄俊建筑师事务所"，是我国最早由中国人创办的建筑事务所之一。由于庄俊在工程、设计、设备和理论等方面皆已有相当经验，所以独立经营，打破了当时上海洋商独占建筑设计市场的局面，颇得声名。他尤其擅长银行类建筑设计，作品遍及上海、汉口等地。1927年，庄俊发起组织了"中国建筑师学会"，这是近代我国建筑师的第一个专业团体，在近代建筑史上有其重要地位，象征着中国建筑师作为一个团体登上了历史舞台。庄俊成为该学会的首任会长，并一直连任至新中国初期该学会解散。

新中国成立后，庄俊带领原私人事务所员工到北京支援首都建设，曾短期受任为中央建筑工程部设计院总工程师，后因病返沪，转入华东工业建筑设计院，直至退休。此后庄俊在20世纪50年代末编著了《英汉对照建筑工程名词汇编》，在大陆和香港同时发售，惠泽广大建筑从业者，至今翻印不辍（图4-18）。1990年，庄俊先生以102岁高龄去世于他在上海的寓所。

①
弼. 秋间潘文焕，庄达卿，两先生赴美研究[J]. 清华周刊，1923（296）：28.

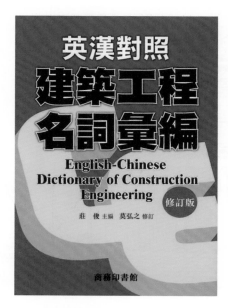

图4-18 庄俊编写的《英汉对照建筑工程名词汇编》
来源：庄俊. 英汉对照建筑工程名词汇编[M]. 香港：商务印书馆（香港），1991.

清华大学礼堂
91.3.91. 冀x

第 **5** 章　国立大学时期的校园规划及建设（上）
　　　　——罗家伦主校时期之锐意开拓

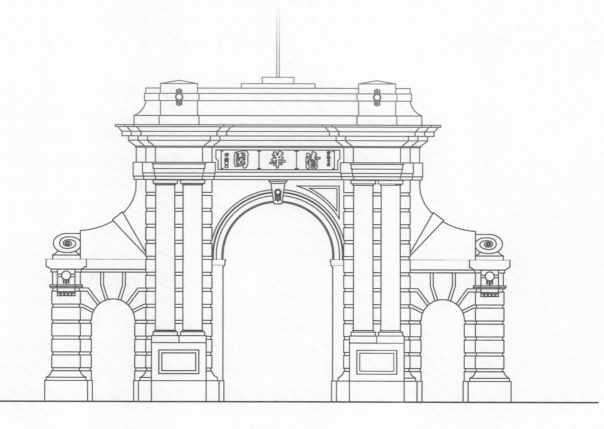

①
冯友兰. 校史概略[J]. 清华周刊,
1931, 35 (8/9): 1.

②
苏云峰. 从清华学堂到清华大学,
1928—1937[M]. 北京: 三联书店,
2001: 8-13. 陈明珠. 五四健将: 罗
家伦传[M]. 杭州: 浙江人民出版社,
2006: 124-131.

③
"第一次扩张时期"指周诒春长校时
期. 冯友兰. 校史概略[J]. 清华周刊,
1931, 35 (8/9): 1-7.

④
梅贻琦. 清华一年来之校务概况[M]//
清华大学校史编辑委员会. 清华大学史
料选编 (二). 北京: 清华大学出版
社, 1991: 21.

⑤
轰天霹雳: 庚子赔款其将停付耶? 且
看校长南下如何[J]. 清华周刊, 1932,
37 (9/10): 1.

⑥
此10幢建筑为生物学馆、气象台、明
斋、老机械馆、老电机馆、静斋、平
斋、新斋、善斋、老化学馆, 而图书馆
二期及体育馆扩建也算在内则为12幢。

1925年, 清华学校校长曹云祥使清华从原来的留美预备学校升格为"大学", "至是本校遂完全脱除留美预备学校之性质, 而成为纯粹独立之完全大学"[1], 实现了此前从周诒春时代就开始擘画的夙愿。但"清华学校"的校名一仍其旧, 且仍由外交部和教育部 (大学院) 共管。1926年北伐战事兴起, 北方震动。1928年初曹云祥校长辞职, 严鹤龄、温应星相继出任校长 (皆由外交部任命)。至1928年6月11日, 北伐军进占北京, 随即北京改称"北平", 当时温应星已辞职, 校务由以教务长梅贻琦为首的校评议会维持。8月17日南京国民政府决议将清华改名为"国立清华大学", 继而任命蒋介石的亲信幕僚、年方而立的罗家伦为校长[2]。

从1928年8月至1937年"七七事变"日寇入侵, 是国立清华大学的第一时期。第一任校长罗家伦任期不过1年8个月即被迫辞职, 但他大刀阔斧整顿校务, 为清华此后的发展奠定了基础, 在校园规划和建设上也建树颇多, 确是以"万象昭苏、春日载阳"的气概进行着各种事业。这短短不足两年的时间被称为清华历史上的"第二次扩张时期"[3], 校园气象焕然一新。

由于20世纪20年代末的军阀混战, 各种势力进出故都, 罗家伦在党争风波中被迫去职, 经过短暂过渡时期后由深孚众望的梅贻琦出任校长。梅贻琦主校期间, 在既定规划的基础上, 修订了全校乃至全国皆知的"三年建筑计划", 渐次施行, 其中工学院各系的建设成绩尤为可观。当时面临日寇步步进逼, "校址所在, 几成前线地带"[4], 加之世界性的经济危机使庚子赔款暂停偿付, 并因此影响到清华的经费[5]。在种种困难局面下, 建筑质量多不如前, 主要的建设在1935年以前完成。此时期内, 清华校园的空间格局和硬件设施渐臻完善, 一改近春园荒芜十数年的状况, "始不愧名校之称"。

近年来对清华大学校园建设的历史研究, 因海外资料的发掘, 针对墨菲与清华关系已取得重要进展, 延及20世纪20年代中前期的若干建设活动, 这在前两章中已详加陈述。同时, 随着新中国早期建筑机构史研究的开展, 清华在20世纪五六十年代的规划和建设活动也已相继显现轮廓。唯独20世纪20年代末至解放前一段历史虽然资料众多, 但尚未见系统的梳理与研究。而我们今日所见清华校园的"红区", 其大貌恰是在这一时期内逐渐完善成熟的; 清华校内被列为国家级重点保护单位的17幢建筑中, 有10幢均在此时期内兴建[6]。

本章及第6章分别讨论罗家伦、梅贻琦两位校长在其任内对校园建设的贡献, 缕述重要的建设内容及其影响, 着重论述罗家伦和梅贻琦两位校长的治校方针和建设成果, 并分析清华学术发展与校园建设间的密切关联。罗家伦时代主要的建设成就有两条: "四大建筑"的兴建及1930年新规划的制定, 梅贻琦则以既有规划为基础, 修订了之前的"三年建筑计划", 尤其注重新兴工程学科的发展, 并兴修相应馆舍与其适应。同时, 对教职工住宅的兴建也特别关注, 最终推动了清华学术的空前发展。在这一时期的校园建设中, 由罗家伦发其端, 而梅贻琦总其成, 奠定了清华的校园格局。

5.1　罗家伦其人

①
毛子水. 博通中西广罗人才的大学校长.
罗久芳. 我的父亲罗家伦[M]. 北京：商
务印书馆，2013：262.

　　罗家伦（1897—1969年），字志希，出生于书香官宦家庭，祖籍宁波，1917年入北京大学求学，时当蔡元培出任北大校长，陈独秀、胡适等人发起的新文化运动已波澜壮阔。罗家伦与其同学傅斯年等人办起《新潮》杂志，"乘时宣力，卓有声称"。不久"五四运动"（这一运动得名自罗家伦）爆发，罗家伦成为举国皆知的学生运动领袖，也深得北大校长蔡元培的赏识，由蔡元培提名获得"藕初奖学金"前往美国深造，后转赴欧洲，至1926年回国。当时留学生似不专以洋学位为鹄的，不少人游走于欧美各名校间，经费无着、经济窘迫者犹然，罗家伦也是游学多年而无外国学位者之一。"北大当局当时选送段（锡朋）、周（炳琳）、罗（家伦）、汪（敬熙）四位用穆藕初先生这个奖学金，非特对得起穆藕初先生，并且对得起国家和学术"[①]。罗家伦自述其在欧美时期，"多读书，少作文"，学问得力之年的这一番经历，使其眼界大开，也是他之后事业的基础。

　　罗家伦的时代，是中国积贫积弱、内忧外困的时期，他本人亲历过济南惨案。作为"五四"时期成长起来的一代人，罗家伦也有强烈的民族认同和国家情怀，对国家前途深怀忧思。1937年日本全面侵华后，罗以中央大学校长的身份讲出"我们抗战，是武力对武力，教育对教育，大学对大学"，豪气如虹。他提倡国家近代化，以其为中国的出路，并且从历史和文化方面探寻中国衰退的原因和自强的办法。他有很好的古文基础，提笔作文、风格凌厉，今天读来仍能感到一股英挺之气袭面而来。

　　例如，他谈论中华民族体质的变化和中国审美标准的兴替：

　　中国民族的体格，本来是雄健优美的，不幸后来渐渐退化，渐渐颓唐。汤高九尺，文王十尺，孔子九尺六，哪个不是堂堂正正魁梧威严的仪表……《诗经》里面的标准女子……可见她不是娇小玲珑，也不是瘦弱柔靡，而是建伟丰满、端庄流丽的。这种抒情恋爱的诗章所表现的，也莫不是伟大庄严的姿态。

　　一个国家在强盛兴旺的时期，不但武功发达，就是民族的体格，也是沉雄健壮，堂皇高大，不是鬼鬼祟祟的样子……中国民族的衰落，可以说是从宋朝，尤其是从南宋起，特别看出来。这在文学的表现中，最为明显……文学的作品中，充满了颓废的意味。当时诗人里面，最不受时代空气笼罩的，要推陆放翁……到清末政治当局和文人的身体，正如梁任公所说："皤皤老成，尸居余气，翩翩年少，弱不禁风"，难道大家能发现还有更好的形容吗？

（《恢复唐以前形体美的标准》）

　　我们看罗家伦青年时代的照片，其桀骜不驯的形象跃然眼前。他赞美能令受命、独来独往的作风。

①②
杨希震. 志希先生在中大十年. 罗久芳.
我的父亲罗家伦[M]. 北京: 商务印书
馆, 2013: 278.

他有"虽千万人吾往矣"的气概, 所以悠悠之口不足以动摇他的信念, 而他能以最大的决心, 去贯彻他的主张……他不但"不挟长, 不挟贵", 而在这个年头, 更能不挟群众, 而且也不为群众所挟。他是坚强的, 不是脆弱的。

（《道德的勇气》）

他也不掩藏地批判"病弱"、推崇体质和精神的强健。

孟子说"充实之为美, 充实而有光辉之为大", 惟有充实、饱满、雄健, 才是美, 才是伟大……和谐的发展, 都是美的。强正是和谐的发展, 所以强也是美的。

（《弱是罪恶强而不暴是美》）

可见, 罗家伦赞美的无不是刚健、强劲、富有生气的形象。这些观点和见解, 与他为中央大学所定的校训——"诚朴雄伟"一脉相承。他的文章, 用词多斩钉截铁, 显其真理在握、不容置辩, 固然可感他的自信弥漫, 但决不能让读者如沐春风。

罗家伦回国适逢北伐战争, "效力投艰", 得以"五四"领袖和蒋介石的"老乡"身份参与军机, 成为国民党要员, 时年不过而立。他对革命有深刻的认同, 认为革命能为建设新中国铺路, "如果说有宗教, 可能'革命'就是他的宗教。……只要同他接触, 谈到学术问题或国家大事, 马上就令人有时光倒流, 回到二十来岁革命时代去的感觉"[1]。他长年与闻军机, 迭任清华和中央大学校长, 其文人"并不'书生', 非常通权达变, 对革命具有勇气"[2], 能行动、有手段, 同时也有立场、有见解、有风格, 剑及履及、事至而断, 显现其棱角分明的性格。

我们看看当年轰动一时的"改隶废董"运动中, 他自述如何在撤废贪污保守的清华基金保管委员会后, 使国立清华大学脱离外交部的掌控而纳入教育系统:

还有改隶的问题呢? 这是一不做二不休的事。按照正当手续, 应当在行政院会议席上决定。教育部长是非常同情的, 但劝我不要操之过急。这件事我却有一层顾虑。就是这问题一旦提到行政院会议席上, 教育部长是不愿与外交部长直接冲突的, 以避免争取机关的嫌疑。假使来一个调和办法, 那就糟了。那时候在行政院会议之上的, 还有一个国务会议, 教育、外交两部长都不出席。于是我和出席的委员戴季陶先生和陈果夫先生一讲, 他们都赞成由国务会议解决。我就为他们两位拟了一个提案, 取消两部共管制, 取消因此而产生的董事会这个畸形的组织, 将国立清华大学单纯直接地归属教育部管辖。这议案承他们两位先生亲自签名提出。国务会议常是由蒋先生或谭先生主持的。我向蒋先生陈述理由得其首肯以后, 并于国务会议开会的前一天, 亲自去晋谒谭组庵先生, 也得到了谭先生的赞助。当天的一早七时, 并去访孙哲生先生, 他又慨允帮忙。所以一提出又顺利地通过。这次对于清华前途最有关系的会议, 便是十八年五月中国民政府第二十八次国务会议。清华在行政系统上从此纳入国立大学的正轨。前途发展的障碍, 也扫除了。

我承认我所取的办法，有点非常，或者可以说是带点霸气。但是向黑暗势力斗争，不能不如此。要求一件事的彻底解决，不能不如此。老于人情世故的人，开始就决不这样做。但是我不知道什么顾忌[①]。

此事去罗家伦出任清华校长尚不足年，他却以"万象昭苏、春日载阳"的气概一举将积弊多年、饱受批评的清华经费问题和隶属问题（"特种学校"）彻底解决，建章立制、剑及屦及、积极汲引人才、添置设备，"为清华打下了一个学术的基础"[②]（图5-1）。他在这些事业中体现出才气、勇气和豪气兼具的处世与行文的风格，但同时也反映了他急于求治的心态和过于接近政治、"出入小节"的行事风格。

根据冯友兰、苏云峰等人的总结，罗在校长任内的主要功绩还包括：① 革除管理弊制，废除清华董事会而使清华由外交部和教育部共管改归教育部管辖；② 财政公开，革除基金会管理的贪腐弊端，将清华基金交由中华教育文化基金董事会代管，"风雨飘摇的基金，此后乃得安定与增长"[③]；③ 充实师资，扩大招生，创办研究院，并启清华招收女生之嚆矢，"用款有减无增，而事业比前推广"[④]；④ "加强图书仪器及校舍之建筑设备，使清华师生有一个更优良的读书与研究环境"[⑤]等。

罗家伦在就任校长时申明"要澄清清华的任何积弊，减除任何的浪费，搜刮任何的金钱，来做清华学术的建设"[⑥]，除整顿和建设不遗余力之外，且藉由其与国民党高层的种种关系，"改隶废董"、伸张己志，一扫20世纪20年代由外交部和

① 罗家伦在贵阳清华同学会集会上的谈话. 1941-10-24. 清华大学校史研究室. 清华大学史料选编（第二卷上）[M]. 北京：清华大学出版社，1991：81.

② 罗家伦. 我和清华大学. 罗家伦先生文存补遗[J]. 台北：台湾"中央研究院"近代史研究所史料丛刊（51），2009：132.

③ 罗家伦. 在贵阳清华同学会集会上的谈话. 清华大学校史研究室. 清华大学史料选编（第二卷上）[M]. 北京：清华大学出版社，1991：81.

④ 国民政府教育部训令（1929年4月20日）. 清华大学史料选编（第二卷上）[M]. 北京：清华大学出版社，1991：76.

⑤ 苏云峰. 从清华学堂到清华大学，1928—1937[M]. 北京：三联书店，2001：32.

⑥ 罗家伦. 我和清华大学. 罗家伦先生文存补遗[J]. 台北：台湾"中央研究院"近代史研究所史料丛刊（51），2009：122.

图5-1 罗家伦清华校长任内与同僚合影，前排左起：叶企孙、潘光旦、罗家伦、梅贻琦、冯友兰、朱自清；后排左起：刘崇鋐、浦薛凤、陈岱孙、顾毓琇、沈履
来源：罗久芳. 我的父亲罗家伦[M]. 北京：商务印书馆，2013：158.

①
冯友兰. 三松堂自序, 三松堂全集（第一卷）[M]. 郑州：河南人民出版社, 1985：67-70.

②
钱端升. 清华学校[J]. 清华周刊, 1925, 24（13）：35-42.

③
清华董事会章程. 转引自清华大学校史研究室. 清华大学史料选编（1）[M]. 北京：清华大学出版社, 1991：247.

④
罗家伦. 我和清华大学. 罗家伦先生文存补遗[M]. 台北：台湾"中央研究院"近代史研究所史料丛刊（51）, 2009：127.

清华董事会处处掣肘的局面，得以再次从事大规模的校园建设。我们今天翻检史料时也可感到其行事风格的凌厉。正因为这种勇于任事的个性和剑及履及的作风，使他在不足两年时间内完成了上述诸种事业，并主持完成了新一轮的清华总体规划和"四大工程"的建造，为之后清华的发展奠定了坚实基础。

罗家伦历史上与清华素无渊源，"挟北伐新胜的余威"进入清华主持校务，政治形势一旦变化，"凡事靠南京势力的人，本来都应该撤回南京"①，因此1930年罗家伦就任校长不足两年，便在清华学生的反对声中退离清华，过程并不光彩。虽然他的故交评论"罗志希先生死后和生前，他也不大重视别人对他的褒贬"，但即使如此，罗家伦在谈到他自己在清华的事业时却引以自傲，尤其视他主校时期建成的"四大工程"为一生事业的得意之笔。

5.2 罗家伦的教育理念

清华学校（民国前称清华学堂）原是附设于游美学务处的"游美肄业馆"，受游美学务处指导"选取学生，入馆试验，择其学行优美，资质纯笃者，随时送往美国肄业"②。中华民国成立后，游美学务处撤销，清华学校虽仍归外交部和教育部共管，但开始独立招考。其主旨虽仍为选送学生赴美留学，但因经费充裕，清华学校前数任校长均努力从事校内建设和罗致人才，孜孜以求将该校扩建为"完全大学"。尤其第二任校长周诒春委托其耶鲁校友、美国建筑师墨菲制定出将清华园和近春园一并规划的方案，使"四大工程"成为闻名遐迩的标志性建筑。

周诒春因大兴土木遭外界猜疑，于1919年去职，此后继任的校长权限远不如前，由清华董事会"协同校长管理"③，庚子赔款退款则由"清华基金保管委员会"支配。在此情形下，20世纪20年代前期清华的建设主要是南院（照澜院）、西院的教职工住宅，以及完工于1924年的工艺馆（设计人庄俊，后两翼经增加一层与中间部分平齐）（图5-2），"大概有十年时间不曾添过一个像样的建筑，也可以说是停顿了将近十年"④。

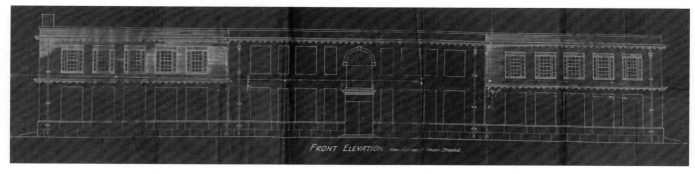

图5-2　工艺馆加建后立面设计图，1931年。墙面填充较密水平纹理部分为1931年加建
来源：清华大学档案馆基建档案，档卷号F21-02.

1926年罗家伦从欧美游学回国，因缘际会在南昌拜谒了蒋介石，随即加入国民党并成为北伐军总司令部参议与闻军机，也从此背负了国民党人的党派标签。1928年后，他被任命为战地政务委员会教育处主任，负责管理占领地区的教育事务①。清华在国内素因经费充足而闻名，在国内的教育界和学术界颇有地位，因此是新政府接管的重点对象。由于深得蒋介石和蔡元培（时任大学院院长，旋撤销大学院恢复教育部）的信任，之前与清华没有关系的罗家伦被派往北京担任国立清华大学首任校长。

罗家伦轻车简装，仅带其秘书北上②，并延揽他当年的北大同学冯友兰、杨振声等人到清华协助其管理校政，"靠着北伐军的余威进入清华，开始作了一些重要改革"③。罗在1928年9月的就任誓词中申明其目的："谋造就国立清华大学学术独立发展之一主要基础，以完成建设新中国之使命。"④当时罗家伦年仅32岁，挟北伐新胜之余威，在1年零8个月的校长任上积极整顿、大事兴革，充分发挥其性格中敢批评、能改革、肯负责的特点，在清华脱离预备学校性质，成为一所享誉海内外的研究型大学的转型时期，发挥了重要作用（图5-3）。

罗家伦在其青年就学时代就多次到清华学校游玩，对清华的教学情况和校园环境均十分熟悉。经过数年的海外深造和锻炼，加之回国几年来的见闻，他已形成了确固不拔的教育方针。他认为，"办好一大学，光是盖几所大房子绝不够；实则，

① 罗家伦. 我和清华大学. 罗家伦先生文存补遗[M]. 台北：台湾"中央研究院"近代史研究所史料丛刊（51），2009：127.

② 即罗家伦在南京中央政治学校时期的学生郭廷以，后成为研究中国近代史大家。

③ 冯友兰. 三松堂自序. 三松堂全集（第一卷）[M]. 郑州：河南人民出版社，1985：67-68.

④ 罗家伦. 就任清华大学校长誓词. 罗家伦先生文存（第一册）[M]. 台北：台湾国史馆，1976：450.

图5-3 罗家伦任清华大学校长时的照片，1929年
来源：罗久芳. 我的父亲罗家伦[M]. 北京：商务印书馆，2013：181.

①

罗家伦. 清华大学之过去与现在. 国立清华大学校刊, 1929 (87). 转引自清华大学校史研究室. 清华大学史料选编（第二卷上）[M]. 北京: 清华大学出版社, 1991: 207.

②

罗家伦. 学术独立与新清华. 转引自清华大学校史研究室. 清华大学史料选编（第二卷上）[M]. 北京: 清华大学出版社, 1991: 201.

③

罗家伦. 清华大学之过去与现在. 国立清华大学校刊, 1929 (87). 转引自清华大学校史研究室. 清华大学史料选编（第二卷上）[M]. 北京: 清华大学出版社, 1991: 208.

④

一得. 清华之扩充问题[J]. 清华周刊, 1929, 30 (09): 9-10.

⑤

校史概略[J]. 国立清华大学一览, 1930: 7.

⑥

罗家伦当时聘请的教授, 如冯友兰、萨本栋、周培源、杨武之、蒋廷黻、叶公超、朱自清、俞平伯等人, 都在梅贻琦时代成为清华著名教授. 罗家伦. 我和清华大学. 罗家伦先生文存补遗[M]. 台北: 台湾"中央研究院"近代史研究所史料丛刊 (51), 2009: 125.

⑦

罗家伦. 国立清华大学地盘总图说明[J]. 国立清华大学一览, 1930.

建筑物不过是死的躯壳, 应该有学术的灵魂在内, 才是一个有生命的东西"[①]。这与梅贻琦之"大楼与大师"的名言何其相似, 也可以说是当时那一代教育家的一致观点, 即"罗致良好的师资, 是大学校长的第一个责任！"[②]

罗家伦所说的"建设"包含两层意义, "一是物质的, 一是学术的或精神的", 通过营造良好的学校环境、提供充足的设备和仪器, 为师生和访问学者创造开展研究与教学的必要条件, 从而实现广纳良才的宏愿, 以利于"成立各科的研究院", 提倡科研为"大学的灵魂""培养学生对于学术、对于真理的兴趣"[③], 从而有意识地塑造清华大学的学术精神和学术传统。

罗家伦的任职演讲以《学术独立与新清华》为题, 其所以"新", 一方面是南京国民政府定鼎南京, 推翻北洋政府, 重新统一中国所带来的政治层面的寓意, 另一层意义则是罗家伦毕生追求的教育目标, 即使中国的教育脱离依附外国而达到独立。这对清华而言意义尤其重大, 因清华之前不以追求科学研究上的进取为意, 自此则将从教育政策、人事管理、教学方式等方面焕然一新, 冀望清华的教育能"扶助我们科学教育的独立, 把科学的根苗移植在……整个中国的土壤上, 使他开花结果, 枝干扶疏"。为了实现科研的进步, 就必须先建起足够容纳器材设备和中西图书（后者"更非积极增加不可"）的房舍, 在此基础上尽力延揽人才、确立各种制度, 创造一切条件推动科学研究, 从而实现中国教育的独立与发展。后来罗家伦那些大刀阔斧的改革举措都是从他的这些教育观点衍生而来的。

5.3 罗家伦主校时期的校园规划与"四大建筑"之营建

整个20世纪20年代前期, 清华学校的校园建设是零星进行的, 因1927年以前的学生数量总共不足300人。1925年虽增设了大学部, "而其设备则依然为从前清华学校之设备。有大学之名, 无大学之实"[④]。至1928年改为国立大学后, 学生数量比年增加, "（罗家伦就任当年）增至420人, 至十八年（1929年）秋季开学时, 增至521人"[⑤]（表5-1）。早前为留美预备学校建设的宿舍、图书馆等设施已不能使用。

罗家伦就任国立清华大学的首任后, 在各种场合的谈话和讲演中明确表示要将清华建成一座国内一流的研究型大学, "以谋造就中国学术独立之基础, 在世界新进大学中占一位置", 并积极谋划建设与之相配的房屋设施和校园环境。罗到任后即延揽了一批和他年纪相仿、正在上进的青年教授, "把他们请来以后, 供给他们一个安定的生活, 良好的设备, 让他们专心致志地去研究、去教育, 所以早则三五年, 迟则十年都能够各自表现他们的专长"[⑥]。总括罗家伦的方针, 是以人才和设备为枢轴进行国立清华大学的建设, "俾学术上之贡献与物质上之设置, 争荣并茂焉"[⑦]。

表5-1 国立清华大学成立前后清华在籍学生数目统计

年　份	学生数目	年　份	学生数目
1927	260	1932	909
1928	401	1933	888
1929	488	1934	1154
1930	599	1935	1308
1931	749	1936	1338

来源：陈旭等.清华大学志：第一卷[M].北京:清华大学出版社，2018：145.
注：上述资料与1930年出版之《清华大学一览》统计口径不一，所以数字不同。

①
校史概略[J]. 国立清华大学一览，1930：13.

②
刘亦师. 墨菲档案之清华早期建设史料汇论[J]. 建筑史，2014（02）：164-186.

③
罗家伦. 我和清华大学. 罗家伦先生文存补遗[J]. 台北：台湾"中央研究院"近代史研究所史料丛刊（51），2009：127.

　　由于教育目的和方针改变，在罗家伦的擘画下，清华聘请天津基泰工程司，"把整个的校址重新设计，另画蓝图"。这就是完成于1929年10月间的清华总体规划（图5-4）。由于这个规划中的"四大建筑"——生物学馆、男生宿舍（明斋）、气象台和图书馆扩建亦均为基泰所设计，因此单体建筑的设计和施工是与总体规划同时进行的，最后改定的总平面图绘制于罗家伦辞职前不久的1930年2月（图5-5）。

　　罗家伦亲自参与了规划工作，"经罗校长于十八年夏间详细拟定，经工程师妥为计划"①，整个过程颇类似周诒春之参与指导墨菲1915年的规划②。新规划体现了罗家伦对清华校园空间分划的设想及喜好。罗家伦回忆当年制定规划时的考虑："清华校址的重新设计，应当考虑以下几点：第一，是整个将来发展的计划；第二，是学术上使用的便利；第三，是教职员研究和生活的便利；第四，是学生德、智、体、群四项发展上的便利。"③结果，这次规划大体形成了教学区居中，学生宿舍区在北面、教职工住宅区在南面的基本格局，为之后历次清华规划所遵循。除了上述"四大建筑"的位置与规划图相符外，还将1930年以后预计建造的化学馆、地理学系及其他院系的教学楼和实验室围绕荒岛和生物学馆一带布置，力图彻底改变近春园的样貌。

　　1931年的《国立清华大学一览》开篇第一页是罗家伦自己对该规划总图（时称"总地盘图"）的说明，申明其为"长期之劳思博访，益以工程师技术上之辅助"的结果，综合考虑了现状和将来可能的需求。对于具体布置，罗家伦做了如下说明：

　　（1）每种专门学术上之建筑，如生物学馆、化学馆、气象台等，均集中于西院；

　　（2）大学正门略向西移，正对西院荷花池所环之岛。地点既觉适中，观瞻亦较壮观；

　　（3）正对大门之岛上，建置安大学博物馆。取其体积及工程，均较他项建筑伟大，观瞻亦较壮丽；

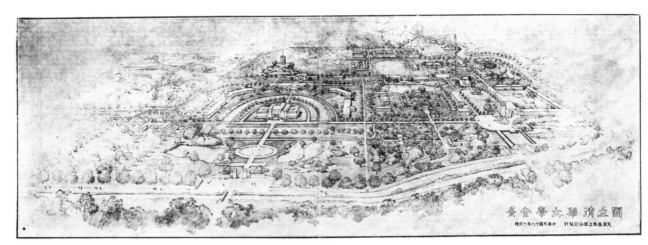

图5-4　清华大学校景鸟瞰图，天津基泰工程公司设计，1929年10月
来源：清华周刊.1930，35（11/12）.

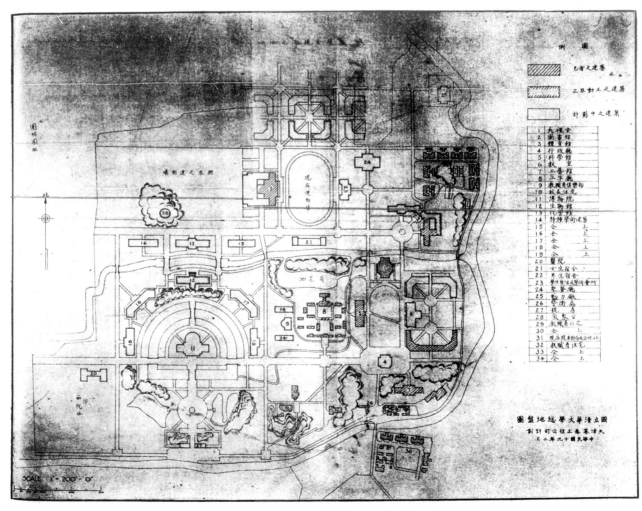

图5-5　清华大学总平面图，天津基泰工程公司设计，1930年2月
来源：清华周刊.1930，35（11/12）.

（4）现在运动场之北，建男生宿舍，南建女生宿舍，取其近于体育馆及图书馆；

（5）聚餐厅等建于现三院之地址，取其近于男女学生宿舍，且因三院，如一、二院两院，皆系不能经久之建筑。至三院及运动场后之围墙，当然外拓；

（6）教室皆建于现在一院、二院之地址，因其近图书馆、大礼堂及行政楼。至行政楼在大礼堂正对面之极南，则于举行典礼时为最宜；

（7）工字厅为清华最老之建筑，有历史关系。其前面风景殊佳，应定为永久保存区域[①]。

其中，近春园的荷花池和荒岛（即罗家伦文中所说"西院荷花池所环之岛"）的岸线被改造成规则的同心圆，中国古典园林的趣旨尽失，但却造成了规整恢弘的气度。湖北岸的各幢系馆采用如同图书馆二期和明斋中的45°转角设计，是其设计人杨廷宝所钟爱的设计手法。罗家伦的喜好对决定这一设计起到关键作用：崇尚西方教育模式、在大刀阔斧除故布新时从不忌惮改变现状，同时要求新大学的主轴明确、"观瞻壮丽"则是其性格的映射。而实现这一目的的最佳手段就是当时美国盛行、而为第一代留美建筑学生带回国内的"布扎"空间构图和建筑设计手法。罗家伦计划在大礼堂轴线南端以行政楼作为呼应，手法颇似弗吉尼亚大学圆厅图书馆轴线南端加建（即1899年建成之Cabell Hall）的手法，而这一项目是当时美国最负盛名的"布扎"学派建筑师事务所McKim，Mead，and White在19世纪末的作品（图5-6）。这一设想未及实现，否则清华校园环境将为之一巨变，使大草坪及周边变为封闭的四面合围式空间。近代建筑史研究此前多在讨论第一代建筑师的求学经历和从业实践与"布扎"教育体系的关联，对业主方面的要求则未暇多顾，但后者同样在设计方案和建筑空间的形成过程中起到关键作用。

①
罗家伦. 国立清华大学地盘总图说明[J].
国立清华大学一览，1930.

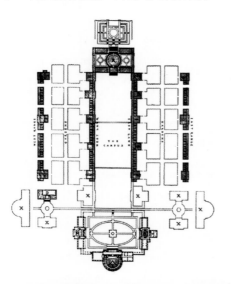

图5-6　弗吉尼亚大学学术村一带加建后总平面图，大草坪南部的一组建筑为著名建筑师斯坦福·怀特设计，将原本开敞的大草坪轴线封闭了起来

来源：Paul Turner. Campus: An American Planning Tradition[M]. MIT Press, 1987:179.

在规划进行时，罗家伦已急切地推动了生物学馆和明斋的建设。当时清华经费的决定权尚控制在清华董事会手中，“废董改隶”运动尚未成功，罗家伦此时的行事反映了他的性格：“在谋基本解决的办法以前，我实在不能长久等待。于是先向中南、金城两个银行借款四十万元，动工四个建筑。这四个建筑就花费了一百万元以上，自然四十万元是不够的，可是我做了再说。”[①]其中，生物学馆花费15万元，半数由洛克菲勒基金会资助（图5-7）。此事早在罗家伦到校之前已达成协

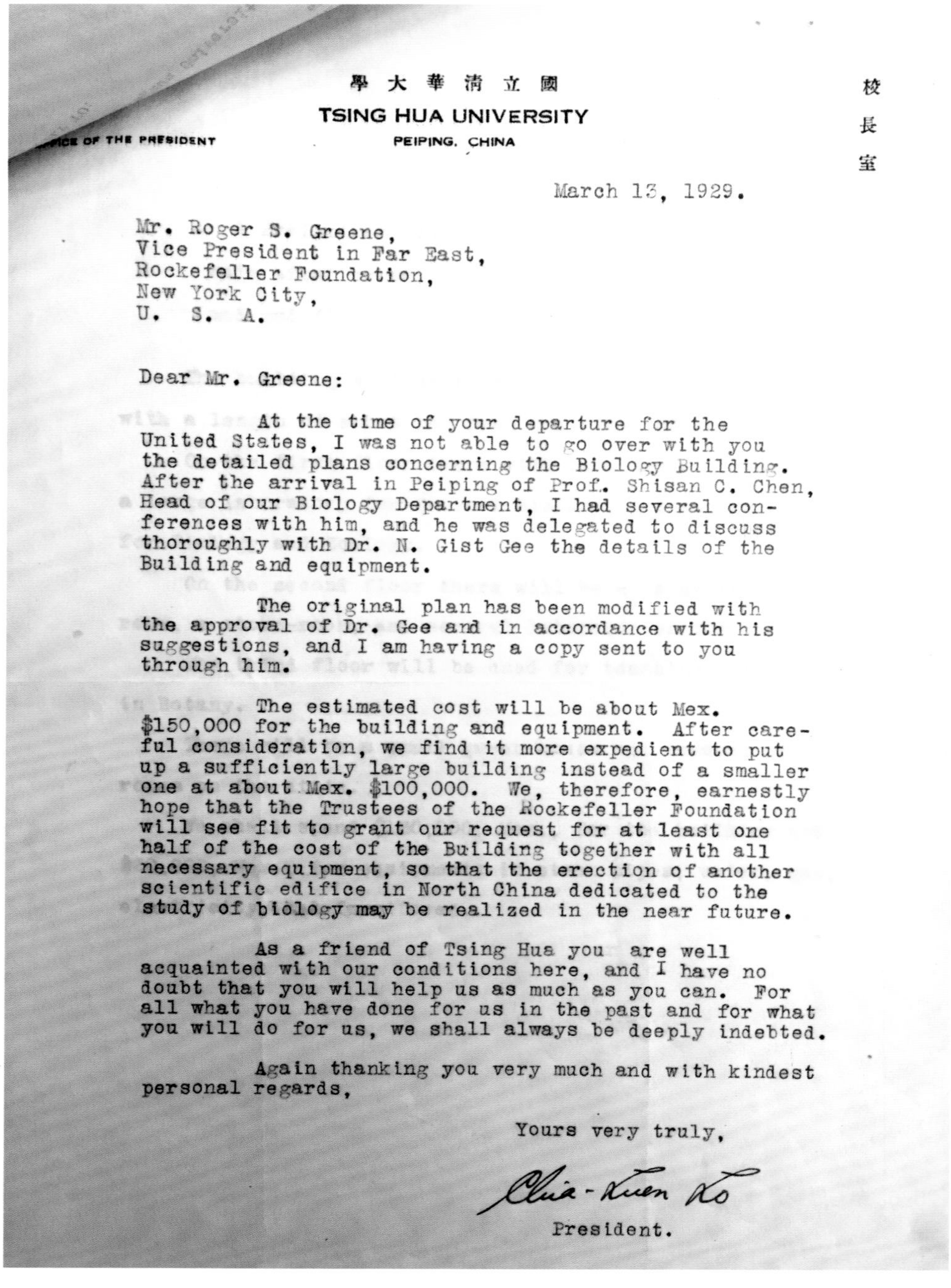

國立清華大學
TSING HUA UNIVERSITY
PEIPING, CHINA
OFFICE OF THE PRESIDENT
校長室

March 13, 1929.

Mr. Roger S. Greene,
Vice President in Far East,
Rockefeller Foundation,
New York City,
U. S. A.

Dear Mr. Greene:

At the time of your departure for the United States, I was not able to go over with you the detailed plans concerning the Biology Building. After the arrival in Peiping of Prof. Shisan C. Chen, Head of our Biology Department, I had several conferences with him, and he was delegated to discuss thoroughly with Dr. N. Gist Gee the details of the Building and equipment.

The original plan has been modified with the approval of Dr. Gee and in accordance with his suggestions, and I am having a copy sent to you through him.

The estimated cost will be about Mex. $150,000 for the building and equipment. After careful consideration, we find it more expedient to put up a sufficiently large building instead of a smaller one at about Mex. $100,000. We, therefore, earnestly hope that the Trustees of the Rockefeller Foundation will see fit to grant our request for at least one half of the cost of the Building together with all necessary equipment, so that the erection of another scientific edifice in North China dedicated to the study of biology may be realized in the near future.

As a friend of Tsing Hua you are well acquainted with our conditions here, and I have no doubt that you will help us as much as you can. For all what you have done for us in the past and for what you will do for us, we shall always be deeply indebted.

Again thanking you very much and with kindest personal regards,

Yours very truly,

Chia-Luen Lo

President.

图5-7　罗家伦致洛克菲勒基金会驻华代表顾临信讨论清华生物学馆建造事，信末为罗家伦英文签名，1929年3月

来源：Rockefeller Archive Center

①
罗家伦. 我和清华大学. 罗家伦先生文存补遗[J]. 台北：台湾“中央研究院”近代史研究所史料丛刊（51），2009：127.

议，原拟建设一座"自然历史博物馆"，但清华方面一直未能筹款，洛克菲勒基金会曾一度收回捐款。罗家伦因怕此事落空，从就职起大力推动此事，"否则如此良机，又将失之交臂，殊为可惜"[1]，因此生物学馆是国立清华大学开工的第一幢新建筑，"此馆二及三层为生物学系而设，第一层为心理学系而设"[2]，1930年建成时此楼是清华体量最大的教学建筑，规模较1917年落成的科学馆大近1/4[3]（图5-8）。该建筑的东墙至今还保留了一块奠基石，镌刻"中华民国十八年九月念三日国立清华大学校长罗家伦立"字样（图5-9）。

同时为了增收学生，能容纳约400人的男生宿舍明斋也几乎同时动工，总造价12万[4]。明斋时称"第四院"，意为在清华学堂（"第一院"）、二院平房、中等科（"第三院"）之后新建的学生宿舍，时距前三院于1911年前后建成已18年，喻示着清华校园另一轮大规模建设即将开始（图5-10、图5-11）。罗家伦的意图是短期内将学校规模扩大至千人左右，所以在明斋之后还将续造其他新宿舍，形成新宿舍区。此外，"气象台建筑在一个小山上，其实不是在小山上，而是把小山挖空建筑在平地上，有点像个雷峰塔，上层为气象之用，下层我原定装置地震仪"。气象台建成后，"对于北平气象，能取得最精确之张本"[5]（图5-12、图5-13）。以上三处建筑均位于原来荒芜不治的近春园，使之一变而为生气勃勃的工地，也可见罗家伦的新规划沿承了墨菲规划中保留清华园为高等科而将近春园作为大学部来重点建设的思想，唯其方案更加具体。

① 罗家伦. 对清华大学董事会校务报告. 罗家伦先生文存（第一册）. 台北：台湾国史馆，1976：481.

② 校史概略. 国立清华大学一览，1930：10.

③ 黄延复. 清华园风物志. 北京：清华大学出版社，2001：210.

④ 苏云峰. 从清华学堂到清华大学，1928—1937[M]. 北京：三联书店，2001：28.

⑤ 校史概略[J]. 国立清华大学一览，1930：10.

图5-8 生物学馆立面渲染图，1929年
来源：张复合教授提供

图5-9 生物学馆奠基石
来源：作者2014年拍摄

图5-10 明斋建成后外观，1931年
来源：清华大学校史馆编. 清华大学图史（1911—2011）[M]. 北京：清华大学出版社，2019：50.

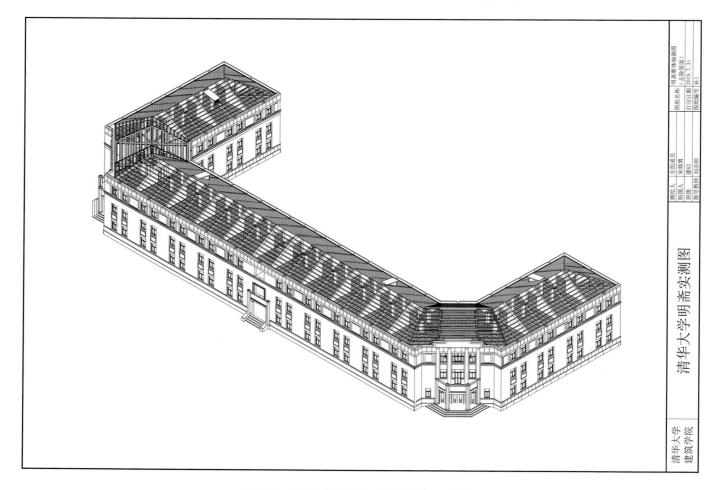

图5-11 明斋轴侧分析图，杨廷宝设计，1930年
来源：清华大学建筑学院2019年测绘

图5-12　气象台建成后外景，杨廷宝设计，1930年
来源：清华大学校史馆.清华大学图史[M].北京：清华大学出版社，2019：48.

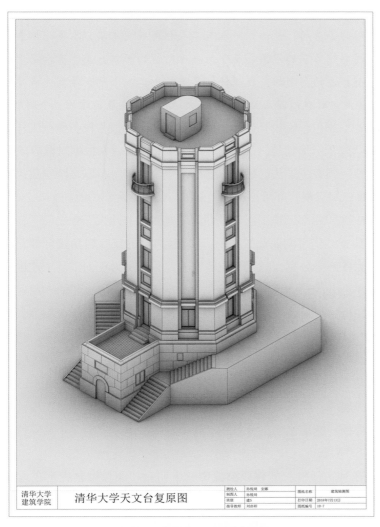

图5-13　气象台测绘轴侧复原图
来源：清华大学建筑学院2018年测绘

①
罗家伦. 我和清华大学. 罗家伦先生文存补遗[J]. 台北：台湾"中央研究院"近代史研究所史料丛刊（51），2009：127-128.

②
罗家伦. 致清华大学董事会报告整理校务之经过及计划. 罗家伦先生文存（第一册）[M]. 台北：台湾国史馆，1976：465.

③
清华图书馆新筑续闻：清华大学图书馆扩充建筑[J]. 中华图书馆协会会报，1930，5（5）：36-37.

④
清华图书馆之新建筑[J]. 中华图书馆协会会报，1930，5（04）：16-17.

⑤
校史概略[J]. 国立清华大学一览，1930：10.

⑥
罗家伦. 我和清华大学. 罗家伦先生文存补遗[J]. 台北：台湾"中央研究院"近代史研究所史料丛刊（51），2009：128.

⑦
罗家伦. 民国十七年九月于国立清华大学校长就职典礼时演讲. 清华大学校史研究室. 清华大学史料选编（第二卷上）[M]. 北京：清华大学出版社，1991：203.

"四大工程"中规模最大、造价最高的是图书馆的扩建工程，也是罗家伦在清华最得意的事业之一。罗家伦回忆：

本来清华有一个图书馆，相当华丽，可是规模狭小，藏不了十万册书，坐不下二百个人，这是不够一个相当规模大学里图书馆的条件的。而许多人士建议，以为把原来一个"丁"字形的图书馆接成一个"工"字形的便好了。我认为不对，我觉得一个近代大学的图书馆应当留最宽大的余地，做书库的扩充（书库的扩充，是一件最该注意的事。我知道在一九二二年时，芝加哥大学造一个新图书馆，其中书库可容三百万本书，以为在很长的时期内尽可够用了，哪料到不及十年，该校藏书已经超过三百万本，无地可容）。所以我自己画一个图样，把原来的图书馆仅作为侧面的一翼，另外建一中心，在另一翼造一很大的阅览室，其中可容一千人读书的座位。这一个大阅览室，不但可以引起大家读书的兴趣，而且可以使一个学生进去之后，可以留下一种庄严伟大的印象，不禁油然而生好学之心。在阅览室底下一层，增辟几十间各系教授所用的小房间，让他们一人或二人利用一间房间，准备一切看书研究的便利，养成以图书馆为家的习惯。至于为书库所留的面积，至少有六七十亩的地方可以延长。这个扩大的图书馆，我原计划是用四十二万余元，等到完成，用到七十万元以上，可说是当时我国国立大学中最伟大适用而有发展前途的一个图书馆①。

实际上，罗家伦就任校长后第一次向清华董事会报告校务整顿工作时，曾提到扩充图书馆"改丁字形建筑为工字形"②，看来是他后来根据对世界的了解和清华建设发展的预测调整了想法，最终"自己画一个图样"，以之晓喻建筑师，造就了著名的图书馆二期工程，亦可见高水平业主与建筑师合作的无间。

图书馆中部和西部加建工程较墨菲的原有建筑"几大三分之二"，新旧书库共可容书34万册，"仍可向西北扩充"。中部为4层的45°转角接合部，底层设大阅报室，二层为各部办公室，三层为史地图表室，四层为陈列室及毕业论文特藏室。西部"在原馆西北与原馆成90°直角"③，外部样式模仿墨菲的一期建筑。"新筑外表朴质而庄严，极适合于学术研究之空气，与原有建筑，亦极相称，可谓煞费匠心"④（图5-14、图5-15）。此外，罗家伦将清华办成研究型大学，将各科系的研究所统一布置在图书馆底层，"以造成专门研究之学风"⑤。

"四大建筑"先后于1929年至1930年3月开工，而在罗家伦于1930年5月去职时前三项已经建成，新图书馆也于次年竣工。除此之外，罗家伦在给清华董事会的报告中还一再提到修建化学实验室和加建体育馆等事，"但是不及实行，是由后任完成的"⑥。

罗家伦在其甫任校长的就职演说中就申明："我希望学生不在运动场就在实验室和图书馆，我只希望学生除晚上睡觉外不在宿舍。"⑦两年后他又总结其建筑方针："大学里对图书馆、实验室不厌其讲究舒服；体育馆不厌其大，球场不厌其多；而宿舍则断乎不可讲究，这样才能使学生乐意到图书馆、实验室去工作，到体

图5-14　图书馆扩建部分立面渲染图，杨廷宝设计，1931年
来源：南京工学院建筑研究所编.杨廷宝建筑设计作品集[M].北京：中国建筑工业出版社，1983：34.

图5-15　图书馆阅览室内景，1935年，当时清华同学将在图书馆内阅读学习称之为"开矿"
来源：清华周刊，1934，41（13-14）：1.

育馆或操场球场去运动，免得老是留恋在卧室里高卧隆中。"[1]同时，他还反复强调了仪器设备的重要，甚至与一般校舍的堂皇华丽比较起来，实验仪器更加重要[2]。可见，罗家伦对大学建设和教育政策是"有政策、有立场、有定见"的。他主政清华不过两年多，但此后在担任中央大学校长时沿袭了他的这些见解和举措。

　　除了在原校址内积极建设，罗家伦还设法将与清华毗邻、占地近万亩的圆明园划为清华管理，1930年年初的《国立清华大学一览》中隐约吐露，"本校校址在西北方面，将有重大之增拓"[3]。此事后经罗家伦在南京斡旋努力，在梅贻琦时代终于实现。

①
罗家伦. 我和清华大学. 罗家伦先生文存补遗[J]. 台北：台湾"中央研究院"近代史研究所史料丛刊（51），2009：128.

②
罗家伦. 整理校务之经过及计划. 清华大学校史研究室. 清华大学史料选编（第二卷上）[M]. 北京：清华大学出版社，1991：7，14.

③
校史概略[J]. 国立清华大学一览，1930.

①
李薇. 建筑巨匠杨廷宝[J]. 中国档案,
2018（10）：82-83.

②
杨士萱. 温故而知新——怀念父亲杨廷
宝[J]. 建筑学报, 1993（10）：48-49.

③⑤杨士萱. 温故而知新——为父亲杨廷
宝百年诞辰而作[J]. 建筑学报, 2002
（03）：36-37.

④
李薇. 建筑巨匠杨廷宝[J]. 中国档案,
2018（10）82-83.

5.4 建筑师杨廷宝与清华之渊源及其对校园建设的贡献

罗家伦时代的规划和"四大建筑"的主要设计者均为基泰工程司合伙人、清华学校辛酉级（1921年）校友杨廷宝（图5-16）。

图5-16 杨廷宝（1901—1982年）像，清华学校1921（辛酉）级校友
来源：黎志涛. 杨廷宝[M]. 北京：中国建筑工业出版社, 2012.

杨廷宝字仁辉，1901年10月出生于河南南阳的殷实之家。其父杨鹤汀曾担任南阳公学校长，参加过同盟会，重视子女的教育，尤其是德育和美育。杨廷宝终其一生喜爱绘画即与家庭教育有莫大关系①。1912年6月，杨廷宝赴开封应考河南省的留美预科班，打下坚实的英语语言基础。1915年，14岁的杨廷宝以全省第一的成绩考入清华学校。

在清华学校的6年时光里，杨廷宝勤奋学习，结交好友，养成了终身受益的生活习惯，也坚定了日后以知识建设国家的决心。直至暮年，杨廷宝都对清华学校的求学经历深为怀念（图5-17）。杨廷宝自幼体弱多病，到清华后"开始从师练习打拳，坚持数年下来，身体逐渐健壮。以后便养成了锻炼身体的习惯，一直到老得益匪浅"②。就读清华学校中等科时，杨廷宝因英文突出得连跳数级，与先他入学的闻一多结识，"使他视野开阔，画技日增，成为当时清华园知名小画家"③（图5-18）。他与闻一多曾共同担任清华的学生刊物《清华周刊》和学校的学术期刊《清华学报》的美术编辑④。

1915—1921年正值墨菲设计的"四大工程"的建设时期，杨廷宝常去工程处翻阅图纸，与庄俊结识，并一起到施工现场察看工程进展，了解到一些基础的工程知识。他对于能够将应用科学和美术爱好完美结合起来的建筑学产生了浓厚的兴趣，因此下决心去美国学习建筑⑤。

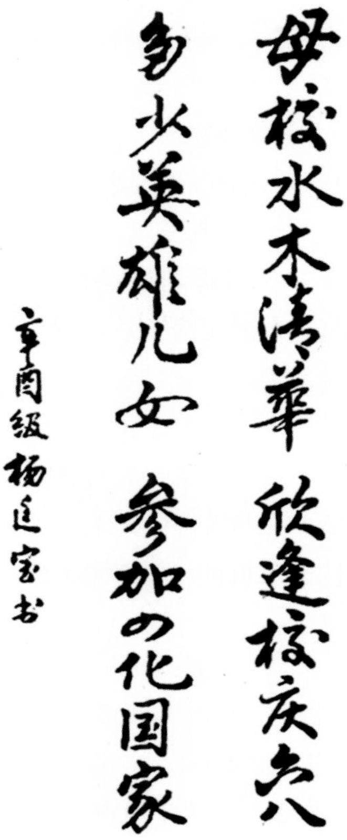
母校水木清華 欣逢校庆六八
多少英雄儿女 参加四化国家
辛酉级 杨廷宝书

图5-17　杨廷宝为母校校庆的题字，1979年
来源：新清华[N]，1979-04-26.

SCIENCE BUILDING

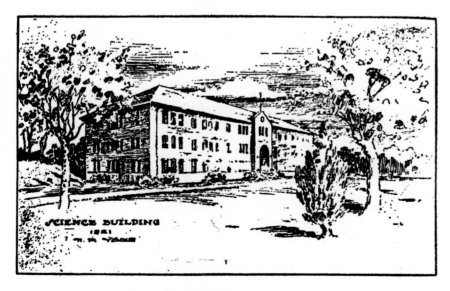

图5-18　清华科学馆速写，杨廷宝绘，1921年
来源：刘向东，吴友松. 建筑学家杨廷宝传[M]. 南京：江苏科学技术出版社，1986：44.

① 张镈. 无限怀念授业恩师杨廷宝先生[J]. 建筑创作, 1999 (02): 57-60.

② 杨廷宝. 四月廿八日美国朋雪耳凡尼亚大学三月四日来函[J]. 清华周刊, 1925 (345): 32.

③ 杨士萱. 杨廷宝的足迹——杨廷宝早期在美参加设计的几项工程[J]. 世界建筑, 1987 (02): 8-9.

④ 张镈. 我的建筑创作道路[M]. 北京: 中国建筑工业出版社, 1994: 15.

⑤ 刘先觉, 汪晓茜, 葛明. 建筑教育的师表——纪念杨廷宝先生诞辰一百周年[J]. 新建筑, 2001 (06): 5-8.

1921年, 杨廷宝远渡重洋, 赴美国费城的宾夕法尼亚大学建筑系就读。在那里, 他师从名扬建筑界的"布扎"(Bueax-Arts)建筑大师保尔·克瑞(Paul Philippe Cret, 1876—1945年), 完整系统地接受了"布扎"体系的建筑学训练, 尤其强调建筑与环境的关系, 重视轴线和秩序、主次的关系, 对建筑本体的构图则强调对称、均衡、韵律等特征, 不厌其烦地推敲比例和尺度, 力臻在表达形式上别出心裁。1924年, 杨廷宝的设计作品荣获艾默生建筑设计大赛一等奖, 同年又获市政艺术学会设计竞赛一等奖。"在整个学习过程中, 在纽约评图时陆续获得过五次金质大奖"①。杨廷宝仅用两年多的时间就修完了四年的学分, 在1925年2月被授予学士学位②, 是蜚声一时的建筑系学生。

杨廷宝毕业后受克瑞邀请进入"闻名于美国建筑界的克瑞建筑师事务所"工作, 成为"克瑞最得力的助手", 参与了一些著名工程的设计, 如底特律美术学院、罗丹艺术馆展览大厅、富兰克林大桥桥头堡等③。在费城的6年学习和工作锻炼了杨廷宝的专业能力, 使他的建筑设计思想和手法带有深刻的"布扎"艺术的痕迹。

1927年杨廷宝在周游欧洲后回国, 被关颂声(清华学校1913级校友, 1921年回国)和朱彬(清华学校1918级校友, 1924年回国)邀请进入基泰工程司, 成为基泰的第三位合伙人。自此杨廷宝开始了他在国内逾50年的创作事业, 作品过百, "在一生的创作生涯中, 以向'中而新'和'中而古'两个方向努力为主"④。但他的一些重要作品, 如沈阳北站、清华"四大建筑"以及新中国早期的和平宾馆等, 则几乎不见中国元素, 与他设计的诸多"中国固有式"建筑相比(图5-19)外观截然不同, 也反映杨廷宝博学多闻且人情通达, 能尽力满足业主的不同要求, 设计出适应不同情况的各种类型建筑, 涵盖了医院、体育馆、办公楼、图书馆、宾馆、陵墓和纪念碑, 令人赞叹。因此, 20世纪30年代杨廷宝即与童寯、李惠伯、陆谦受并称中国建筑界"四大名旦"⑤。

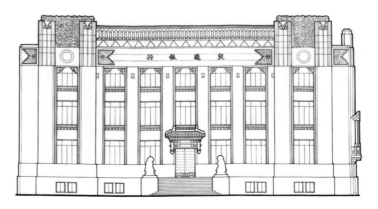

图5-19 杨廷宝设计的北京交通银行, 1931年建成。与清华大学图书馆等几乎同时设计
来源: 南京工学院建筑研究所. 杨廷宝建筑设计作品集[M]. 北京: 中国建筑工业出版社, 1983: 41.

对清华"四大建筑"而言，其设计思想基本延续了校园中占主导氛围的西式建筑风格，因此讲究的是"功能的体量和功能分区以及最经济、最有效的交通流线……平面布局上重视古典砖石结构形成的柱基、墙厚，立面造型上重视体量、起伏和屋面坡顶与平面的呼应。"[①]以气象台为例，其体量不大，是有特殊功能要求的专用科研实验楼。杨廷宝在设计时，将正八边形的主体建筑布置在小山坡顶部，主入口在北侧，但南面底层局部突出，除在其内部安放设备外，两侧对称布置攀援而上的台阶，使人绕行到北面的主入口，形成有别于北面的因地势曲折而上的更加庄重、对称的立面构图（图5-20）。整个建筑的外观简洁、挺拔，但仍在顶层外凸的4个小挑台底部进行适当装饰，颇具趣味。

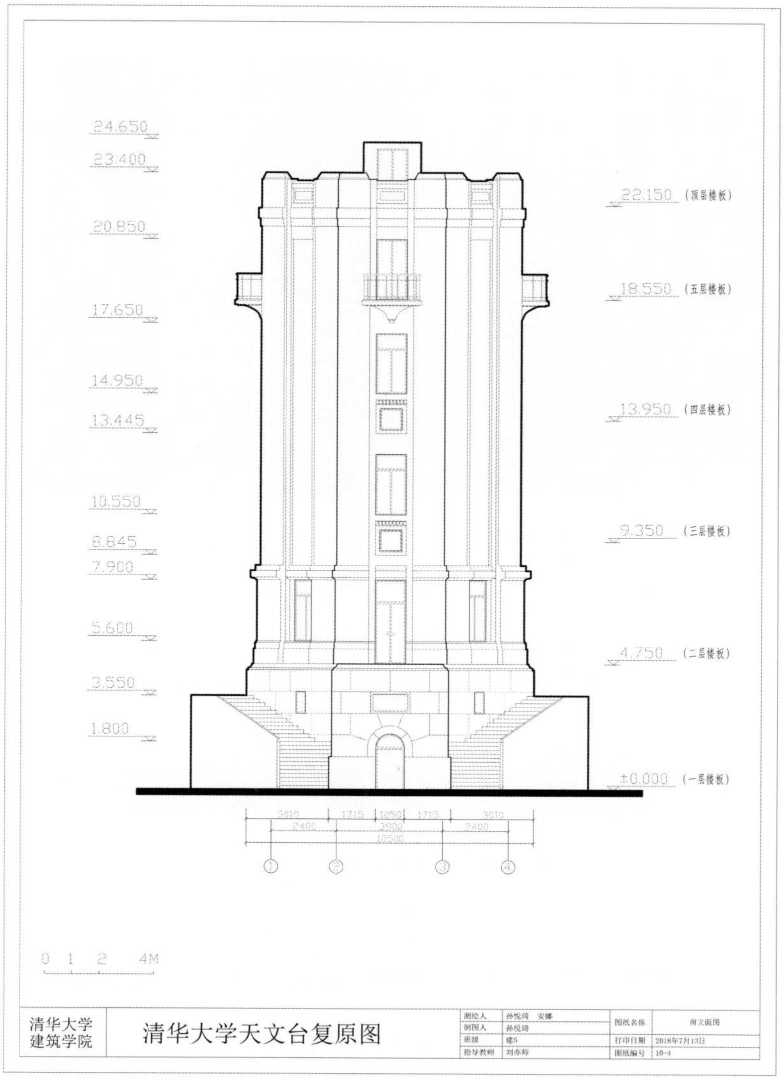

①
张镈. 我的建筑创作道路[M]. 北京：中国建筑工业出版社，1994：14.

图5-20 清华大学气象台南立面图
来源：清华大学2018年测绘

生物学馆建筑是杨廷宝在清华校内的重要作品，体量虽不如图书馆二期庞大，但外观取法当时流行的装饰艺术运动（Art Deco）（图5-21、图5-22）。气象台和生物学馆均在入口处布置了大台阶，使人们需先上若干级台阶才能进入建筑内部，而高举的基座成为立面构图的重要组成部分。实际上，早在图书馆一期的设计中，墨菲就在室内布置了直上二楼的台阶，而大礼堂和科学馆则也在其正立面外设计了台阶。但是相比而言，这些暴露在外的台阶级数较少，因此台基在外立面构图上尚不特别重要，而且之后建成的土木馆更弱化了台基的概念。但在气象台和生物学馆的设计中，台基和主入口的关系被提高到重要的位置，不但为杨廷宝后来设计图书馆时所沿用，而且也为20世纪30年代建成的化学馆等建筑所效仿，成为清华建筑的重要特征之一。

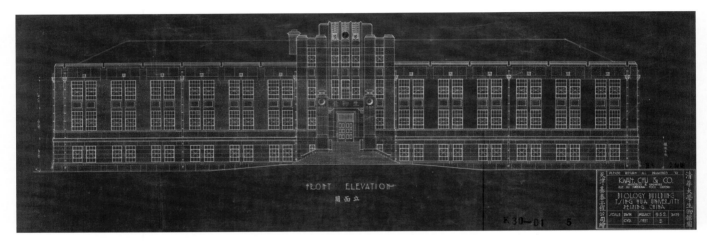

图5-21　生物学馆轴测分析图，杨廷宝设计，1930年
来源：清华大学档案馆基建档案，档卷号J0012-01-05.

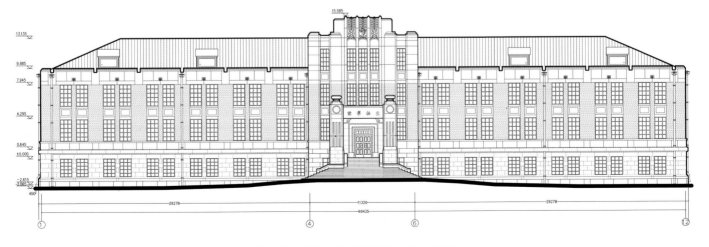

图5-22　清华大学生物学馆正（北）立面图
来源：清华大学2018年测绘

杨廷宝设计的明斋和图书馆二期，共同特点是出现了45°的转角，并且以之为主入口。这一手法延续了清华学堂以45°侧面为主入口的建筑特色，时隔20年再次成为清华校园的新建筑风气（图5-23～图5-25）。从1929年的规划图看，杨廷宝本来计划在男生住宿区即明斋附近设计6组类似的宿舍，惜仅建成一幢。在图书馆的扩建设计中，改变了墨菲设计的一期工程西向的入口位置，将旧主体变成扩建后新的空间环境的一翼，对称布置了扩建部分（图5-26、图5-27）。同时杨廷宝注意到扩建部分的尺度、材料、色调、窗洞和檐下等细部处理，力求与旧主体协调一致，甚至稍作变形地仿制原主入口门前的灯柱，置于新的入口前。同时，扩建工程在设计中考虑到学生直入二层、便于与一期工程（包含藏书大库）相接，因此将大台阶布置在外部，与气象台南立面的设计手法异曲同工。

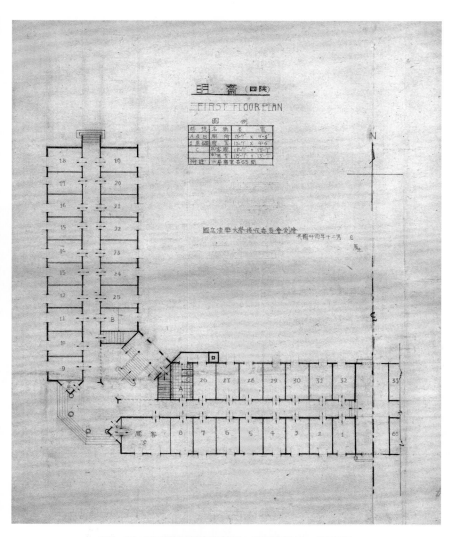

图5-23 明斋首层平面设计图，杨廷宝设计，1929年
来源：本校明斋、善斋、新斋、静斋房间图纸[A]. 清华大学档案馆文书档案. 档卷号1-4／1-1／1-054.

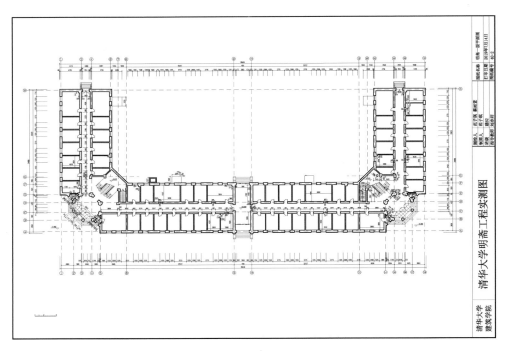

图5-24　清华大学明斋首层平面实测图
来源：清华大学2019年测绘

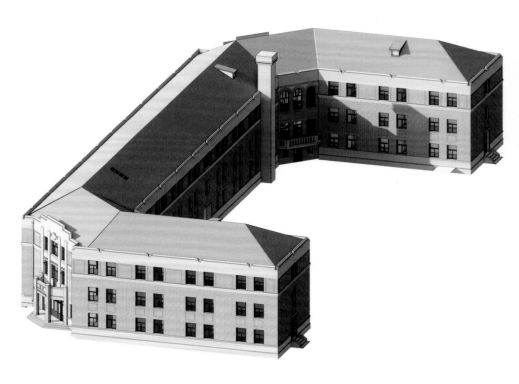

图5-25　清华大学明斋首层平面实测图
来源：清华大学2020年中国近代建筑史课程作业，周翔峰绘.

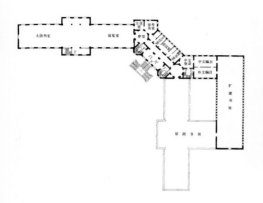
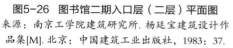

图5-26　图书馆二期入口层（二层）平面图
来源：南京工学院建筑研究所. 杨廷宝建筑设计作品集[M]. 北京：中国建筑工业出版社，1983：37.

图5-27　图书馆新建的书库，与一期工程的书库相连，并围合出内院。图中烟囱为一期工程所建
来源：清华周刊. 1934，41（13-14）：1.

① 罗久芳，罗久蓉. 罗家伦先生文存补遗[M]. 台北：台湾"中央研究院"近代史研究所，2009.

② "他（罗家伦）个人和教务长杨振声在校时常穿着军事制服和马靴，以为表率，又将全校学生分为四队，早晚点名，按时作息。"苏云峰. 从清华学堂到清华大学，1928—1937[M]. 北京：三联书店，2001：15.

③ 冯友兰. 三松堂自序，三松堂全集（第一卷）[M]. 郑州：河南人民出版社，1985：67-70.

根据罗家伦日记和后来的讲演所述，生物学馆、图书馆等建筑的主要功能及其布置是他与主管清华校务的同僚反复商议所定，而罗家伦曾与基泰工程司的另一合伙人、主要负责该事务所商务接洽的朱彬建筑师多次面晤讨论，审核建筑设计图纸的细节问题[①]。杨廷宝毕生著述甚少，目前尚不知他在与清华校方的商讨过程中有何献言，但其巧妙地延续了20世纪10年代清华校园的建筑风格，创造性地提炼出具有代表性的建筑元素，造就了清华校园的新风格，影响深远而巨大。关肇邺先生在设计清华主楼和图书馆三期等一系列清华校园建筑时，就注意到了上述的那些特征，并着意加以应用。可以说，没有长期在清华校园生活的经历和对校园空间的深刻、独特体认，便无法创造性地在现实和传统之间建立连通的桥梁，从而形成平淡中蕴含神韵的设计作品。

5.5　罗家伦之去职及其余绪

罗家伦在就任清华校长时，曾以廉洁化、学术化、平民化和纪律化为纲领，实行其改革与建设。冯友兰事后评论，这"四化"中以学术化最为成功，而纪律化和军事管理则"彻底失败"。加之罗家伦本人行事高调[②]、好展露才华，逐渐招致学生和教师的反感。1930年5月，清华学生集会要求罗家伦辞职，罗家伦因"根本否定学生有与闻校长进退之权"，遂向教育部递交辞呈，随即离校南下，结束了他的校长任期[③]。

实际上，学生运动尚在其次。当时，在北伐胜利后即爆发了蒋介石与冯玉祥和阎锡山联军的中原大战，阎锡山控制北平后，罗家伦去职是大势所趋。冯友兰回忆：

我反复考虑，在当时的政治形势下，罗家伦不能维持清华的局面，是必然的。

① 冯友兰. 三松堂自序, 三松堂全集（第一卷）[M]. 郑州：河南人民出版社，1985：67-70.

② 张晓唯. 罗家伦在中央大学. 转引自陈明珠. 五四健将：罗家伦传[M]. 杭州：浙江人民出版社，2006：178.

③ 冯友兰致罗家伦信. 罗久芳. 罗家伦珍藏师友书简集[M]. 北京：百花文艺出版社，2010：182.

④ 按《国立清华大学一览》(1930年)，"建筑图案审查委员会"成员：罗家伦、邓以蛰、钱稻孙、温德（R. Winter）、王文显、张广兴、翁文灏；"建筑工务委员会"成员：卢恩绪、罗邦杰、施嘉炀、陈福田、洪有丰；"建筑财务委员会"成员：王文显、浦薛风、陈桢、吴宓、熊庆来、周炳琳、翁文灏。1935年的《国立清华大学一览》上，"建筑图案审查委员会"：梅月涵（主席）、蒋廷黻、萧叔玉、吴景超、蒲逖生、陈寅恪、张奚若，"建筑工务委员会"：蔡孟劬（主席）、陈岱孙、温德、顾一樵，"建筑财务委员会"：蒲逖生、朱佩弦、高仲明、倪孟杰、沈弗斋。可见"建筑图案审查委员会"的主席均由校长兼任，在推敲和决定建筑设计过程中发挥决定作用。

⑤ 国立清华大学校务进行计划大纲[J]. 国立清华大学一览，1930：13.

因为我们这些人，在当时的学术界和教育界中，还都是后进，没有什么特殊表现。罗家伦之所以得到清华校长的职位，完全是依靠政治上的势力……冯、阎同南京决裂，凡事靠南京势力的人，本来都应该撤回南京，在北京是站不住①。

无须讳言，罗家伦主校时期使党派政治渗透到大学，最后激发学潮；他个人则因"身带霸气，也在无形中结怨于他人"②，导致毁谤随之，最终仓促南返。然而，罗家伦的治校方针一直延续到其卸任之后，如代主校务的冯友兰在1930年7月间曾致信给罗家伦，"俾兄对于清华之一切计划可照常进行"③，尤其1930年总体规划已经教育部核准，诸项建设待校评议会议定后即可施工。此外，他制定的若干制度和章程在日后仍被遵行不替。除了"废董改隶"影响至大之外，罗家伦为校园建设成立了"建筑财务委员会""建筑工务委员会"和"建筑图案审查委员会"④，成为梅贻琦时代负责建设的3个主要部门。而且，1931年以后，依照罗家伦订立的《校务计划进行大纲》⑤，图书馆经费不得少于全校总预算的20%，馆舍建筑和图书资料成为清华声誉的重要部分。正是在罗家伦所开创局面的基础上，20世纪30年代的清华才得以在学术研究和物质建设两方面都实现了突飞猛进的发展。

第 **6** 章　国立大学时期的校园规划及建设（下）
——梅贻琦主校时期的完善与扩充

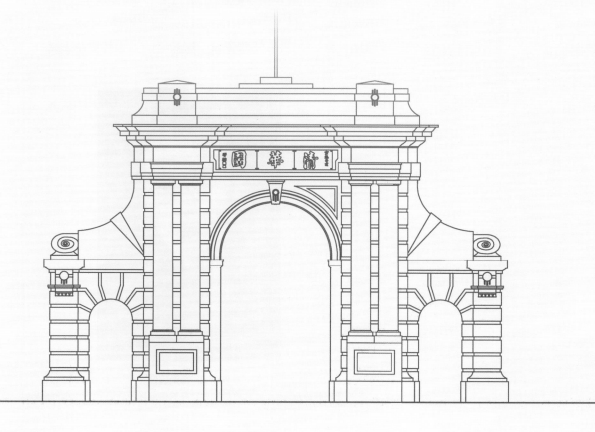

①
黄延复，钟秀斌. 一个时代的斯文：清华校长梅贻琦[M]. 北京：九州出版社，2011：90.

6.1 梅贻琦及其治校方针

梅贻琦是近代清华历史上任职时间最久、享誉最盛的一位校长。他曾历任清华大学教授、物理系主任和校长，"在他任校长期间，清华才从颇有名气而无学术地位的留美预备学校，成为蒸蒸日上、跻于名牌之列的大学"（陈岱孙语）①，被清华人敬称为"终身校长"。梅贻琦对清华以至近代中国的教育事业可谓"独多且要"，他任校长期间的清华建设也颇有可观之处。

梅贻琦（1889—1962年），字月涵，1889年出生于天津官宦之家，祖籍江苏武进（图6-1）。梅家历代重视诗书教育，梅贻琦自幼英敏强记，1904年考入天津南开学堂，为著名近代教育家张伯苓的得意弟子，二人一直情谊深厚。1908年，梅贻琦以全班第一名的成绩毕业，先被保送至直隶高等学堂，1909年9月考取游美学务处（在史家胡同办公，尚未迁入清华园）的首批"直接留美生"。1909年10月，包括金邦正（1920年年初曾任清华学校校长）、梅贻琦等人在内的这批"庚子赔款"学生由唐国安率领赴美留学。梅贻琦选择到美国东部的伍斯特理工学院（Worcester Polytechnic Institute）攻读电机工程专业，1914年夏学成毕业，1915年春回国。

回国后梅贻琦先在天津基督教青年会服务半年，1915年秋接受清华学校周诒春校长的邀请到清华执教英语、物理等课。1921年梅贻琦再度赴美进修，入当时美国物理学研究重镇之一的芝加哥大学，用一年研究物理。1922年回国后负责清华学校的物理教学，至1926年出任教务长。梅贻琦的夫人韩咏华回忆："1926年春，

图6-1 梅贻琦像
来源：黄延复，钟秀斌. 一个时代的斯文：清华校长梅贻琦[M]. 北京：九州出版社，2011.

月涵被清华教授会推举，继张彭春（梅贻琦在南开的同班同学）先生为第二任教务长……月涵开始主持教务会议，即已显示了他的民主作风。在会上，他作为主席很少讲话，总是倾听大家的意见，集思广益，然后形成决议。"[①]这表明梅贻琦在最初走上校领导岗位时，已显露出他宽和民主、平易近人的作风。

1927年前后，随着北伐战事的推进，清华校内局势也瞬息万变。据台湾学者苏云峰的研究，当时不少清华学生为响应革命，将主持校务的教授一概视为革命的阻碍，长期在清华服务、身居教务长重任且代理校务的梅贻琦也遭众人抨击[②]。1928年8月17日，南京国民政府任命罗家伦为国立清华大学第一任校长，随即梅贻琦受命为清华留美学生监督处监督，暂离清华的各种风波。至罗家伦辞职后，清华校长职位空悬近一年，由校务委员会代理校政。1931年4月，教育部委任同样没有清华背景的吴南轩任校长，两个月后即再遭清华学生抵制而辞职[③]。此时，梅贻琦于美国游美监督处任满，临危受命接任清华大学校长，于1931年11月底回国，12月3日从南京北上翌校就职。

因梅贻琦较为年长厚重，且是清华学校的第一批庚子赔款留美学生之一，所以他的身份背景深合当时"清华人治清华"的舆论所向。此外，梅贻琦为人行事也较为谦和平抑，与罗家伦风格迥异。后来与清华、南开合并成立西南联大的北京大学校长蒋梦麟曾记述梅贻琦的行事风格："先生雍容中道，温恭谦让，择善固执两者兼有。当国势动荡之秋，学府思想复杂，内部冲突自所难免，而联大师生得以协调，校务因以日进者，先生之力居多。"[④]这里说的是西南联大时期梅贻琦居中斡旋、往来折冲的事迹，而他在20世纪30年代初清华的混乱局势中择其重点、整顿校务，实则同样的行事风格，因此能很快安抚学生、整顿校务，开启清华历史上的梅贻琦时代。

梅贻琦的治校方针，很大程度上可以说沿用了罗家伦时代划定的框架，再根据实际情况和形势发展随时修订，使之得以顺利实施。梅贻琦到任时，"四大建筑"皆已完工，图书、设备已有长足发展，研究型大学规模初具。因此梅在其就职报告中指出，清华这些年来，在发展上可算已有相当的规模……我们要向高深研究的方向去做，必须有两个必备的条件，其一是设备，其二是教授……"所谓大学者，非谓有大楼之谓也，有大师之谓也。"[⑤]

这说明其治校方针同样围绕着罗致人才和完善设施两个方面开展，在建筑已具规模时，宜将重心放在后者上。梅贻琦主校期间，由于局面较前大为安定，此前已议定的化学馆、体育馆扩建等工程亟待兴建。同时，学生数量比年增加，男、女生宿舍均需再次扩建。面对这一情形，梅贻琦再次修订之前的"三年建筑计划"，有效充实了清华的校园设施并完善其空间格局。此外，由于清华僻处郊区，校园南部相继兴建了一大批住宅，为教员解决了后顾之忧。

"三年建筑计划"完成于1934年，同年又接收圆明园作为农学院的发展储地。至此将罗家伦时代未竟的事业大部分完成。由于国防需要，在梅贻琦大力支持下，

① 黄延复，钟秀斌．一个时代的斯文：清华校长梅贻琦 [M]．北京：九州出版社，2011：60．

② 苏云峰．从清华学堂到清华大学：1928—1937——近代中国高等教育研究 [M]．北京：三联出版社，2001．

③ 驱吴运动爆发．清华大学校史研究室．清华大学史料选编：第二卷 [M]．北京：清华大学出版社，1991：98-101．

④ 蒋梦麟．梅月涵先生墓碑文．黄延复，钟秀斌．一个时代的斯文：清华校长梅贻琦 [M]．北京：九州出版社，2011：322．

⑤ 梅校长到校视事召集全体学生训话 [M]// 清华大学校史研究室．清华大学史料选编：第二卷．北京：清华大学出版社，1991：219．

①③

清华建筑计划[N]. 新闻报，1931-08-22（11）.

②

"评议会上主席冯友兰报告，本大学最近三年之建筑计划业经部令核准。"引自：清华大学校史研究室. 清华大学一百年[M]. 北京：清华大学出版社，2011：67.

④

清华呈报重订建筑计划[N]. 新闻报，1931-09-11（10）.

⑤

清华大学校史研究室. 清华大学一百年[M]. 北京：清华大学出版社，2011：70.

⑥

指善斋（第五院）。

⑦

清华呈报重订建筑计划[N]. 新闻报，1931-09-11（10）.

清华成立了工学院，1934年以后，清华的主要建设均集中在工学院诸系，短短几年间成果斐然，为20世纪50年代建设"多科性工业大学"奠定基础。

6.2 "三年建筑计划"的3个版本及其实施

罗家伦时代制定的规划总图和建设计划已报国民政府教育部核准备案，成为法定文件。罗去职后，当年（1930年）冬季由"建筑计划委员会遵照国府核准之建筑计划原则，拟具最近三年应行举办之建筑计划，于12月3日经由该校第七次评议会通过"①。可见，由清华评议会批准的第一版"三年建筑计划"是在罗家伦去职之后的"无校长时期"出现的，时为吴南轩（1931年5月）和梅贻琦（1931年10月）到校任职之前。

第一版"三年建筑计划"共9项建设内容，包括：① 新建化学馆，造价20万元；② 重建新发电厂（20万元）；③ 新建男生宿舍一幢（10万元）；④ 新建女生宿舍一幢（8万元）；⑤ 扩充校址、修葺圆明园（2万元）；⑥建造水利实验室（5万元）；⑦ 扩充体育馆（6万元）；⑧ 扩充古月堂（时为女生宿舍，后用作教职工宿舍）；⑨ 扩充电话。此案经教育部核准后②，定于1931年春先建设化学馆、水利实验室、体育馆扩建和古月堂扩建等4项③。

1931年5月吴南轩到校后，遵照教育部代理部长蒋梦麟"将来应特别注重发展理工方面"的指示④，"曾召集建筑财务、图样、工务委员会联席会，检查图样及详细预算"，在其任内化学馆、水力实验室等设计方案已拟就，但修订和建设工作旋因学潮工作停止。

吴南轩于1931年7月去职后，由代理校务的翁文灏召集建筑计划委员会修订"三年建筑计划"，较1930年年底的第一版内容增加7项工程，增加预算120万元，主要包括扩建工学馆（即土木馆）、增建男生宿舍、建设教职员住宅区、文学院、行政楼、新医院、地理学馆、科学馆改造等，再次强调1931年夏开始兴建前述化学馆等4项工程（表6-1）。同时也可看到，较之前一版的"三年建筑计划"，新计划增加了不少内容，预算也随之调整，较前一版总规模扩大3倍。此后，如大学行政馆、地理学馆、文学院、法学院等没有建成，但这一计划所显现的将清华大学设备、仪器努力扩充，跻身国内以至世界名校的雄心壮志清晰可见。

此时，"化学馆、体育馆采华信工程司图样，工学馆及水利实验室图样系该校土木工程处所绘"，这几项工程陆续开工。唯化学馆因选址问题迟至1931年10月才决定最终方案（梅贻琦迟至1931年12月才到校履职）⑤。至1933年年底，上述四处建筑全部竣工。

按照1930年的总体规划图，化学馆应建在荷花池以北、与生物学馆并排而立，但几经讨论最终决定"建于新宿舍⑥围墙外，与新宿舍平行"⑦。这一选址变动，说

①
基金不能动用，下学期即停市政工程系
[J]. 清华周刊，1928，30（5）：59. 工
程系全体同学呈清华董事会文[J]. 清华
周刊，1929，31（1）：78-79.

表6-1　翁文灏代理校务时上报教育部的"三年建筑计划"概算修改情况

序号	建筑名称	修订后的概算／元	原估算／元
1	化学馆	270000	200000
2	扩充体育馆	100000	60000
3	扩充土木馆（水力实验室）	150000	50000
4	新发电厂	250000	200000
5	新男生宿舍	200000	100000
6	新女生宿舍	100000	80000
7	扩充电话	15000	15000
8	扩充校址	50000	20000
9	扩充教职员工宿舍	35000	35000
10	扩充教职员工住宅	150000	无
11	大学行政馆	120000	无
12	文学院	200000	无
13	法学院	200000	无
14	地理学馆	80000	无
15	新医院	50000	无
16	改造科学馆	15000	无
	总计	1985000	660000

资料来源：翁文灏致教育部呈为遵令重订三年建筑计划 [A]. 清华大学档案馆文书档案 . 1931 年 . 档卷号
1-2：1-180-018.

明当时清华的集体决策层已改变了将荷花池彻底改造的观点，而化学馆的新址是这
种规划和建设思想变化的最初也是最明显的特征。这一选址及委托由沈理源负责设
计等重要事项，皆在梅贻琦到校之前已决定下来（图6-2、图6-3）。

　　梅贻琦到校时值隆冬，各项工程停工。梅贻琦在春季重新开工以前主持评议
会，修正通过建筑委员会章程草案，使校园建设制度化向前深入，并审定女生宿舍
等建筑方案。1932年底，梅贻琦主持评议会，对1931年7月的"三年建筑计划"再
次加以改订，根据加强理工学科建设的既定方针，决定添建工学院，增加设备费60
万元，除已扩建完成的土木工程馆和水力实验室外，拟拆除二院建设电机机械实验
室，并筹划兴建地理学馆（拟建于气象台以南或北）、文学院（拟建于三院原址）
和食堂。此外，因男生宿舍四院（明斋）和五院（善斋）已陆续建成，原住一院、
二院的学生可迁往新宿舍，所以取消原计划中行政楼，将原位于科学馆底层的行政
办公移到一院（今清华学堂）。这就是第三版的"三年建筑计划"。

　　梅贻琦治校的一大重要贡献是组建了清华的工学院，并大力支持其发展。清华
的工科此前仅土木工程系一门，且附设于理学院，一度还有裁撤之议[①]。梅贻琦到

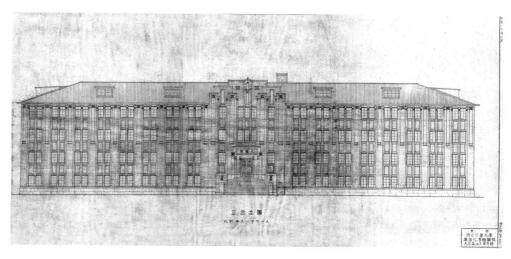

图6-2 化学馆正（南）立面设计图，沈理源设计，1931年6月
来源：清华大学档案馆基建档案

图6-3 化学馆建成后外景，沈理源设计，1933年
来源：清华大学校史馆.清华大学图史[M]. 北京：清华大学出版社，2019：48.

校之后即积极促成1932年年初的工学院组建。除已有土木工程学系外，是年秋又新设机械工程学系和电机工程学系。二系原来均位于工程馆内，随教学和研究开展，1933年秋审定了这两个新系的实验馆建筑方案以安置新设备，1934年开始兴工建设其各自系馆。"三年建筑计划"原拟拆除的二院被保留，电机工程馆重新被安排在二院以东，其正门与科学馆隔二院和大草坪相望，两幢建筑的外观，尤其入口形制和屋面形式颇为类似（图6-4～图6-6）。机械工程馆则被布置在二校门以东，与告竣不久的土木工程馆（扩建）和水力实验室形成组团，代表着蜚声中外的清华工学院（图6-7、图6-8）。

图6-4　电机工程馆建成后外景，1934年

来源：国立清华大学一览，1935年.

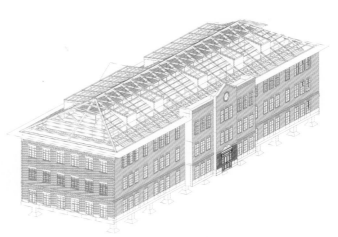

图6-5　电机工程馆轴测分析图

来源：中国近代建筑史课程2020年作业，余思婷绘.

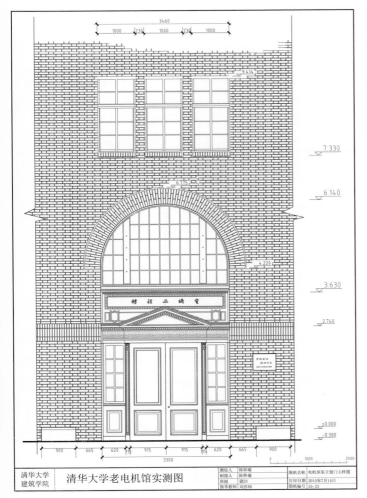

图6-6　电机工程馆东入口立面图，与科学馆相似

来源：清华大学建筑学院2015年测绘

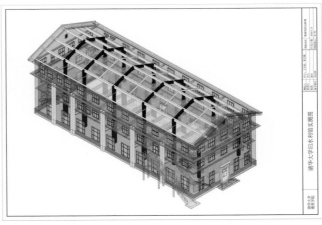

图6-7　水力实验室加建后轴侧分析图，第三层为1952年加建

来源：清华大学建筑学院2018年测绘

① 清华校史[J]. 国立清华大学一览, 1935：4.

②③ 苏云峰. 从清华学堂到清华大学, 1928—1937[M]. 北京：三联书店, 2001：99.

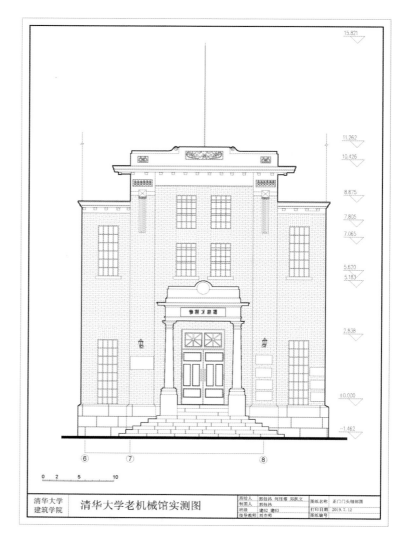

图6-8　机械工程馆入口立面图实测图
来源：清华大学建筑学院2019年测绘

　　1934年暑假之后，清华与全国资源委员会合作设立航空讲座[①]，1935年在机械工程学系之下，率先成立航空工程组，并于是年夏初动工修建"二层斜顶楼房，下层装置风洞，上层为教室、绘图室、风洞秤称室、风洞模型室"的航空馆（图6-9），于同年9月竣工[②]。之后又添建"仿机场飞机库的高架半圆顶铁架建筑物，巨型飞机可径行驶入"的飞机实验室[③]，均位于机械工程馆以东。这是我国航空工业和科学研究起步时期的重要成就。

　　清华学生数量至1935年时已达1300余人。除四院（明斋）在1930年已建成外，善斋（五院）于1931年动工，其设计者为德国建筑师卡尔·J. 安那（Carl J. Anner），当时校内报告亦称"安诺"。安那出生于德国，与其兄卡尔·W. 安那

图6-9　航空工程馆（前景左侧为电机工程馆，即今新闻学院宏盟楼）
来源：李济等. 学府纪闻——国立清华大学[M]. 台北：南京出版社有限公司，1981.

①
中华汽炉行致清华大学秘书长沈[A].
清华大学档案馆. 1933年10月. 档卷号
1–171–090.

②⑤
张申府. 哲学系概况[J]. 清华周刊，
1934（41）（向导专号）.

③
冯友兰. 文学院概况[J]. 清华周刊，
1936（向导专号）.

④
老子. 文法学院教室与地学馆建筑计
划大致拟定[J]. 清华副刊，1934，42
（2）：20.

⑥
教育部训令. 1933年11月11日[M]//清
华大学校史研究室. 清华大学史料选编
（第二卷）. 北京：清华大学出版社，
1991：720.

（Carl W. Anner）都曾担任洛克菲勒基金会资助的北平协和医学院的驻场建筑师，并接替何士主持协和医学院设计部，于1933年该处工程结束后移居美国，其一生的事业均与洛克菲勒基金会关系密切。安那曾与其兄同时受聘在协和医学院建筑服务部（Bureau of Architectural Service）工作，后来可能是由于洛克菲勒基金会的关系受聘到清华土木工程处，负责善斋和静斋的建筑设计和建造，1933年秋离校①。

　　然而，讨论多次的地理学馆（由地理系教授冯景兰确定功能布局）未能建设，地理学系借用图书馆中区的上两层办公。文法学院就建筑设备而言同样"无可称"②，虽然"地址已定在生物学馆南之岛上"③，原拟建设"大小教室共计37间"以及文史资料室等特殊用房④，但实际上"只是旧图书馆楼下106号至109号四间房子"⑤。

　　在校址方面，罗家伦时代将圆明园划入清华的动议，在1934年3月正式落实，拟在该处办农事试验场，"原有古迹及石刻应交该大学妥为保存"⑥。1935年，新南院以南的地亩由燕京大学、金陵大学转与清华，校址再度扩大。1935年以后，日寇加紧侵略华北，局势日益杌陧，北京成为军事前线，清华加紧了向内地转移的安排，在长沙建设"特种研究所"。清华园内仅1937年兴建了20所质量不高的住宅，即事后命名的"普吉院"。"七七事变"爆发后，国立清华大学奉命南迁，在抗战期间辗转多地而弦歌不绝。

6.3　20世纪30年代清华校园的教工住宅与学生宿舍

　　由于不断罗致人才，梅贻琦任内还尽力为教职工提供较好的居住条件。1931年7月的"三年建筑计划"中已列出扩充单身教员宿舍和新建带眷属的教员住宅。梅贻琦到任后，于1933年秋决定在西院新建10套住宅，交由德国建筑师安那设计（图6-10）。

①
清华大学校史研究室. 清华大学一百年
[M]. 北京：清华大学出版社，2011：82.

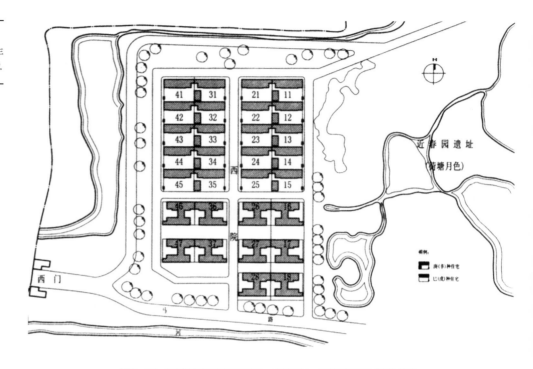

图6-10　西院住宅区总平面图，1933年，南部10幢为新建住宅
来源：姚雅欣，董兵. 识庐——清华园最后的近代住宅与名人故居[M]. 北京：中国建筑工业出版社，
2009：46.

　　新西院住宅及其后的新林院住宅均为单层独幢西式房屋，盥洗室和厕所布置在室内。室内空间以起居室为轴形成"工"字形，将建筑分为两翼，并形成东、西两个内院。其优点是几乎所有房屋都是南北向，适合北方的气候和居住习惯，两处内院也使得环境更加静谧（图6-11）。1924年西院建成后，清华曾在其西侧临时开门，方便教职工出入。新西院建成后，学校在此设立了新的大门——清华西门（图6-12a、图6-12b）。清华西门采用当时流行的装饰艺术运动风格，也是清华校内的17处国家级文物保护单位之一。

　　此后，清华校方又在1934年2月决定"建造住宅约30所，其中1/3住宅得装用阿柯纳火炉"①，全部经费限于20万元。这一当时称为"新南院"（1946年复校后改称新林院）的项目由沈理源的华信工程司设计。住宅区格局顺应不规则的地块形状，布局规整。道路采取直交形式，北部形成一小广场，西侧预留较大的场地，拟布置一工厂于其间（图6-13）。住宅样式分甲、乙两种，建筑平面和立面基本对称。其中甲种住宅面积较大，在入口处形成贯穿全屋的交通轴，主要房间朝南，厨房、仆役、储藏等房间均布置于北侧，并围合出存放杂物的北院。住宅中将厕所和浴室分开布置，引入较先进的建筑设备，一时颇受关注（图6-14、图6-15）。新南院建成后，周培源、陈岱孙、施嘉炀、梁思成等名教授先后在此居住过。

由于罗家伦在其主校时期决定扩大招生规模，清华校内的学生宿舍建设成为当务之急。"四大建筑"之一的明斋由杨廷宝设计，以其45°转角的平面布局方式延续了校园建筑形式的传统，与清华学堂和在建的图书馆二期形成呼应关系。新斋、平斋、善斋和最早建成的明斋合称"清华四斋"，均布置在1930年规划总图的学生住宿区，颇成规模。考诸1930年的规划总图，明斋周边的其他男生宿舍原本也拟建造与之类似的带转角宿舍，以期形成由之合抱的规整院落，类似英国大学的庄重、华丽氛围。女生宿舍则隔大操场与之相望，与体育馆、食堂和学生自治会（拆除三

图6-11 西院住宅平面测绘图
来源：姚雅欣，董兵. 识庐——清华园最后的近代住宅与名人故居[M]. 北京：中国建筑工业出版社，2009：46.

图6-12a 清华大学西门，20世纪30年代，"国立清华大学"题字为国民党元老谭延闿所书
来源：李济等. 学府纪闻——国立清华大学[M]. 台北：南京出版社有限公司，1981.

图6-12b 清华大学西门雪景，2013年
来源：作者拍摄

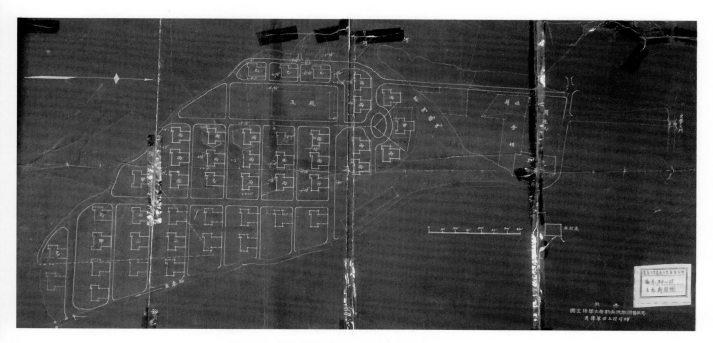

图6-13 新林院总平面图，华信工程司设计，1934年
来源：清华大学档案馆基建档案，档卷号F34-08.

①
女生宿舍亟应改良[J]. 清华副刊，
1933，40（8）：19-22.

②
安那工程师离校请设法办理领款手续
[A]. 清华大学档案馆文书档案. 1933，
档卷号1-171-090.

图6-14 新林院甲种住宅平面图

来源：姚雅欣，董兵. 识庐——清华园最后的近代住宅与名人故居[M]. 北京：中国建筑工业出版社，
2009：84.

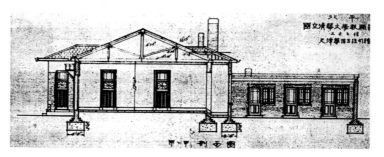

图6-15 新林院教职员工住宅剖面图，华信工程司设计，1934年

来源：沈振森，顾放. 沈理源[M]. 北京：中国建筑工业出版社，2012：77.

院后修建）等建筑共同形成有明确南北轴线的学生区组团。由德国建筑师安那设计的善斋和静斋采用现代主义样式，是近代清华校园建筑中为数不多的两幢平屋顶建筑，宿舍区的空间也较为朴实（图6-16～图6-19）。

善斋（第五院）和静斋的设计由于采取现代主义的简洁手法，外观上与刚落成的明斋（第四院）颇为不同，入住其中的学生也连连在《清华周刊》和《清华副刊》上发文，批评其造价过低导致各种建筑问题。1933年夏的一篇文章指出，"本校新建筑之女生宿舍与五院宿舍工程过于简陋。如窗户之不开气窗，开闭之困难；楼板太薄，楼上轻轻一动，楼下即砰磅乱响；如此种种，皆足使居住之同学感到极大之不适。"①该文且将问题总结为"客厅布置太差，楼下终日烟雾弥漫，油臭气过于难闻"。由于造价所限，两处确实未开气窗，后来陆续新建的新斋和平斋则汲取这一教训，添加了气窗。而且1933年春夏之交，恰巧设计两处宿舍的德国建筑师安那离开清华②，管理和维修宿舍的任务由土木工程处接管，尚处于过渡时期。

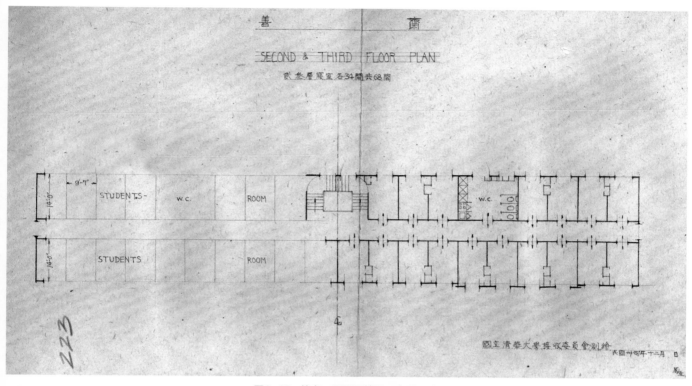

图6-16 善斋二层平面简图，安那设计
来源：本校明斋、善斋、新斋、静斋房间图纸[A].清华大学档案馆文书档案，1934，档案号1-4/1-1/1-054.

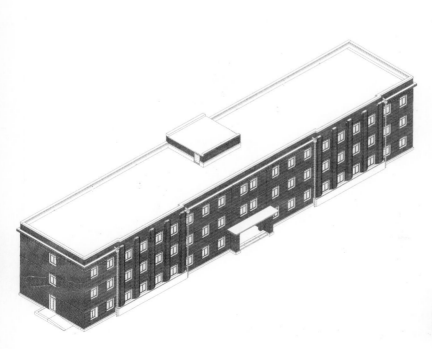

图6-17 善斋（五院）轴测图，安那设计
来源：清华大学建筑学院中国近代建筑史课程2020年作业，王语涵绘.

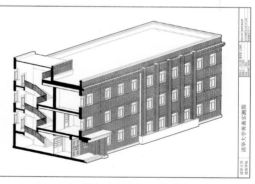

图6-18 善斋（五院）剖轴测分析图
来源：清华大学建筑学院2019年测绘

图6-19 静斋（女生宿舍）建成后外观，安那设计
来源：国立清华大学一览，1930.

①
"前五斋"指的是明斋、新斋、善斋、静斋、平斋，均建于新中国诞生前；"后三斋"指的是强斋、诚斋和立斋，均建于新中国诞生后。胡显章先生回信，2019年。

②
男生新宿舍下周内动工[J]. 清华副刊，1934，41（8）：219.

③
老子. 园内最近建设[J]. 清华副刊，1934，42（2）：20.

静斋是清华新建的第一幢女生宿舍，在1930年规划中本拟安排在西大操场南端与明斋（第四院）正对，后改建在现址。承胡显章教授告知，"静斋是当时的女生宿舍，因其外观酷似炮台，故有'炮台'之称，又因其管理制度严格，男生很难进去会客，故被男生戏称为'堡垒'。前五斋中，只有静斋因是女生宿舍而独处于近春园之侧；其余四斋都在图书馆附近，为的是便于学生们读书。"①

善斋和女生宿舍建成后，又接连兴建了两座男生宿舍——六院（新斋）和七院（平斋），皆委托天津基泰工程司设计，方案于1933年12月确定，实际是同一图纸。两处宿舍平面原均呈"工"字形，全长192英尺又1英寸，纵94英尺又2英寸……前后两排并列，中有过道相通，两排间之距离为35英尺又3英寸，高共三层，全系向南朝阳房屋，以收光线充足之效。背面建有走廊，以御严冬之西北寒风②。

1934年10月，根据业主要求，基泰在"六院（新斋）后工字厅再加一横，晋封王爵，以及五院（善斋）后增一排赐以工程师学位""今而后清华园内之建筑物花样翻新，争奇斗艳，千变万化，令人难测高深"③。后新斋变"工"为"王"成为事实（图6-20~图6-22），善斋则未加建，而在其后新建了平斋。平斋的平面形式与新斋原设计图无异，也是"工"字形平面，但入口略有区别。

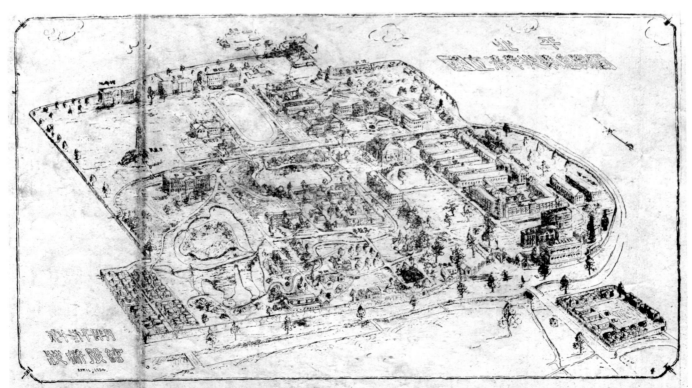

目前正在建築中者有：第六院，電機實驗舘，機械工程實驗舘及教職員住宅，因未完工，故無單圖。

图6-20　清华大学校景鸟瞰图，清华国立大学设计股绘制，1934年。图底说明"目前正在建筑中者有：第六院、电机实验馆、机械工程实验馆及教职员住宅，因未完工，故无单图"。图中可见新斋位置为工字形平面

来源：清华校友通讯，1934，1（5/6）.

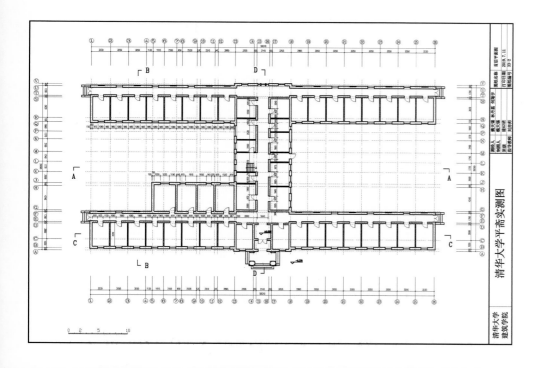

图6-21 平斋宿舍首层平面图。采取了与新斋原设计相同的图纸，但新斋后加建为王字形平面
来源：清华大学建筑学院2019年测绘

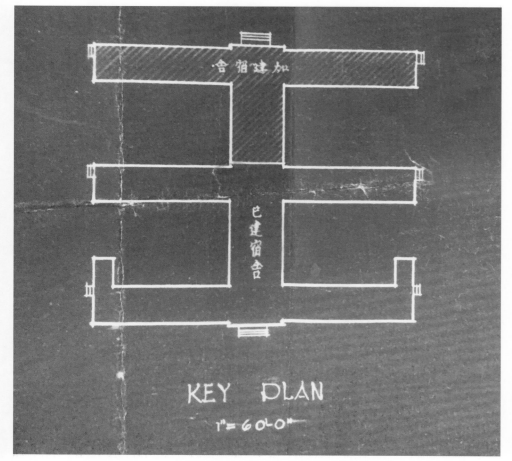

图6-22 新斋平面加建设计简图，基泰工程司设计，1934年，虚线部分为后添建者
来源：清华大学档案馆基建档案，档卷号F35-04.

①
母校情报、改定建筑名称. 清华校友通讯, 1935, 2 (8): 8.

由于善斋和静斋的平屋顶引起学生的很多不满，基泰工程司在设计新斋和平斋时（系同一图纸）又回到坡屋顶开气窗的方案，以图经济可靠地解决夏天顶层的曝晒和屋面防水等问题。与明斋一样，在坡屋顶边缘外加设天沟和女儿墙，使明斋、新斋和平斋在室外很难看出其坡屋顶（图6-23～图6-25）。这种设计手法也见之于生物学馆和化学馆，似为一时代之趋势。1935年前后，几幢宿舍陆续竣工，从当时校园地图看，善斋与平斋之间似还用连廊串联起来（图6-26）。

新斋（第六院）按"王"字形扩建完成后（图6-27、图6-28），校园内学生住宿情况已大为缓解。根据清华校方的统计，新建成的第四至第六院宿舍，共可容纳1679人。在此基础上，似拟再以善斋蓝图兴建两幢相同的宿舍，如此共可容纳2255人，但此规划未得实施。其具体房间类型及人数综合为表6-2。平斋（第七院）建成后，又多出114间宿舍，可容纳336人。截至1935年，清华的新旧楼宇，共容纳了2391人（表6-3）。1935年夏，清华校方决定将新旧宿舍建筑统一改名，即"一院改称办公楼、二院和三院暂依旧、西北院改原名怡春院、四院改称明斋、五院改称善斋、六院改称新斋、七院改称平斋、女生宿舍改称静斋"①，这些名称沿用至今。此后直至新中国成立再次扩大招生规模，清华的学生宿舍一直未再添建。

图6-23　明斋屋顶外照片

来源：作者2019年拍摄

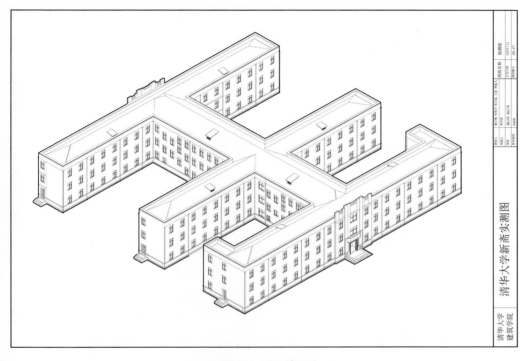

图6-24 新斋轴测图
来源：清华大学建筑学院2019年测绘

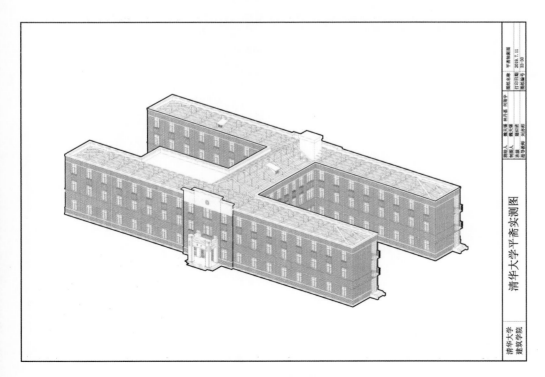

图6-25 平斋轴测图
来源：清华大学建筑学院2019年测绘

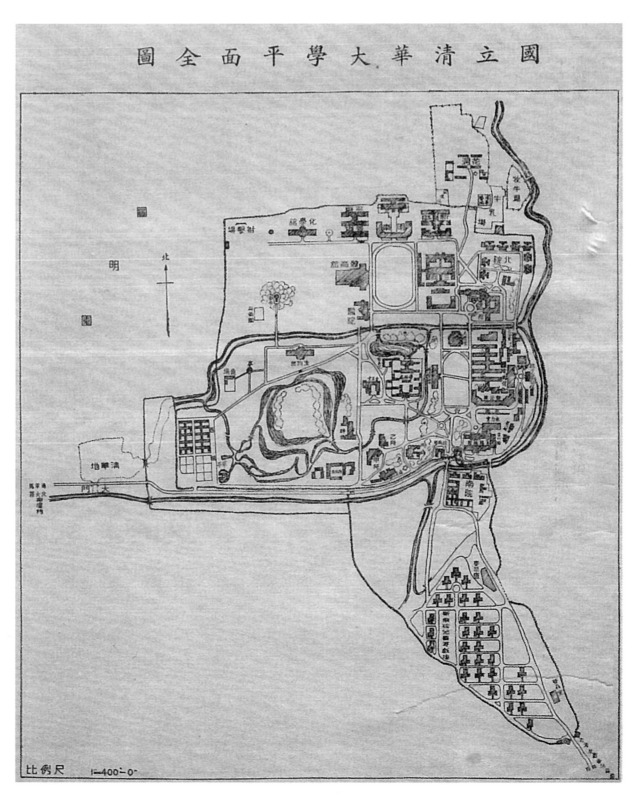

图6-26 清华大学1935年全图
来源：顾良飞.清华大学档案精品集[M].北京：清华大学出版社，2011：47.

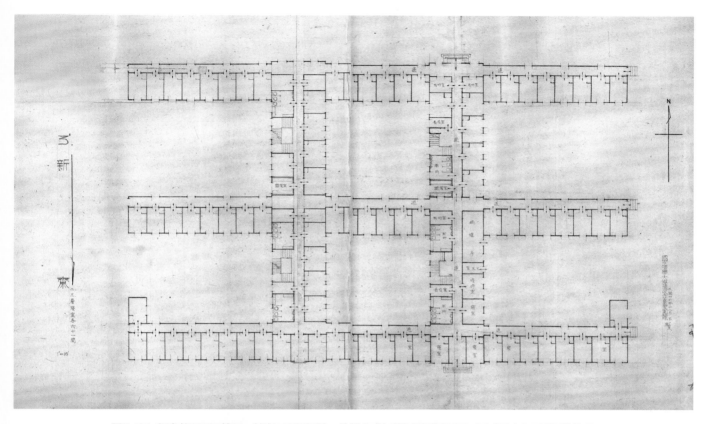

图6-27　新斋首层平面简图，基泰工程司设计，绘制方式与普通平面图不同，同时反映上下两层的情况
来源：清华大学档案馆基建档案，档卷号F35-04.

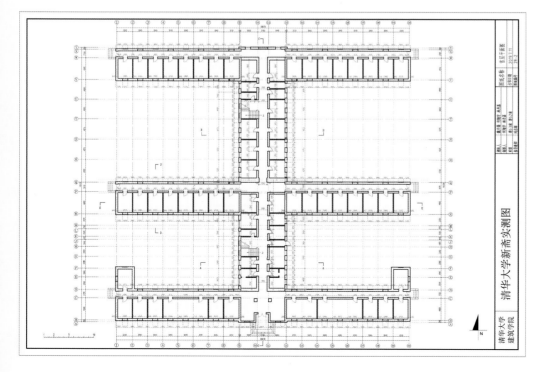

图6-28　新斋首层平面实测图
来源：清华大学建筑学院2019年测绘

表 6-2　1934 年明斋、善斋、新斋、静斋及拟新建宿舍之房间与可容纳人数统计

建筑名称	楼层及房间数		容纳人数		总计
明斋	1 层	65 间	每间 3 人	195	627 人
	2 层	72 间	每间 3 人	216	
	3 层	72 间	每间 3 人	216	
善斋	1 层	32 间	每间 3 人	96	288 人（原档案在此基数上乘 3，合计 864 人）
	2 层	32 间	每间 3 人	96	
	3 层	32 间	每间 3 人	96	
新斋	1 层	58 间	每间 3 人	174	564 人
	2 层	65 间	每间 3 人	195	
	3 层	65 间	每间 3 人	195	
静斋	—	—	—	—	200 人
总计					2255 人

资料来源：本校明斋、善斋、新斋、静斋房间图纸 [A]. 清华大学档案馆文书档案，1934，档案号 1-4/1-1/1-054.

表 6-3　1935 年年底清华校园内新老宿舍建筑之房间数与现入住和可容纳人数

	建筑名称	房间数	现住人数	总计
男生宿舍	明斋	190	566	现入住共 1895 人；若增加善斋及平斋双层床数，可增至 2106 人
	善斋	102	299	
	新斋	195	574	
	平斋	114	336	
	二院后排	—	120	
女生宿舍	静斋	67	201	现住女生 168 人；若女职员宿舍改女生宿舍可增加 84 人，共 285 人
	古月堂（学生）	10	42	
	古月堂（职员）	14	24	
总计可容纳：2391 人				

资料来源：本校明斋、善斋等房间数及居住人数明细表 [A]. 清华大学档案馆文书档案，1935，档案号 1-4/2-220-020.

6.4　20世纪30年代建筑师沈理源和安那对清华建设的贡献

　　梅贻琦执掌校政后，除继续聘用基泰工程司从事平斋、新斋等学生宿舍的设计外，还聘用同样位于天津的中国建筑事务所——华信工程司设计了多处重要的校舍。

　　华信工程司的主持建筑师是沈理源（1890—1950 年）。沈理源出生于浙江余杭的盐官家庭，幼年受到良好的诗书教育，早年就读于上海的南洋中学，曾与庄俊是同学。1908 年，沈理源因学业优异被推荐转入意大利拿波里（今那不勒斯）大学学

图6-29　沈理源像（1890—1950年）

习。在意大利的7年深造过程中，他除了刻苦学习建筑知识外，广泛游览遗迹，获得了对古典主义建筑的切身认识，对他日后的设计产生了深远影响。

沈理源于1915年回国，初到北洋政府的黄河水利委员会任职，不久即离开投身建筑设计，致力于在华北开拓中国建筑师的市场，早期作品包括北京的真光剧场（1921年），体现了他对古典主义建筑语言和折衷主义风格的熟练运用（图6-29）。华信工程司最早或由外国建筑师经营，但在1920年前后，沈理源即开始主持这一事务所在京津两地的设计工作，并陆续将业务推广至上海、杭州等地。

清华校园内的诸多校舍是沈理源在其设计思想和手法成熟时期的代表作。这一时期正值国际上的装饰艺术运动兴起、折衷主义风格衰落之时，沈理源在清华最重要的作品——化学馆就采用了竖向线条构图，兼用古典主义装饰重点突出门头等手法，与装饰艺术运动相呼应。同时，由于化学馆与生物学馆遥相对望，沈理源在化学馆的入口设计上也采用高大的台阶直上二层，使两者在入口形式和空间感受上取得一致（图6-30）。

在体育馆的扩建中，沈理源充分考虑了一期工程的格局，将原来倒T字形的平面加建成Π字形，将主体的篮球馆置于最后，不影响原立面的形象，而在游泳馆两侧加建办公室和器械室形成了若干院落，浑然天成（图6-31）。限于经费，篮球馆（后馆）的屋顶不开天窗，钢桁架的用材较少，结构形式较之前馆和游泳馆要简单得多（图6-32）。

除化学馆和体育馆外，电机馆也是规模较大、设计较精细的一处校舍。沈理源设计的电机馆与墨菲设计的科学馆隔着二院和大草坪相对。根据1930年的校园规划，二院本应拆除，虽当时未能实行，但梅贻琦一直有拆除二院的计划（1947年曾计划拆除二院发展工学院，详见第8章），因此老电机馆的西面入口外凸，形制

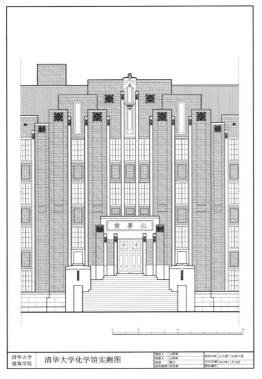

图6-30 化学馆主入口实测大样图
来源：清华大学建筑学院2015年测绘

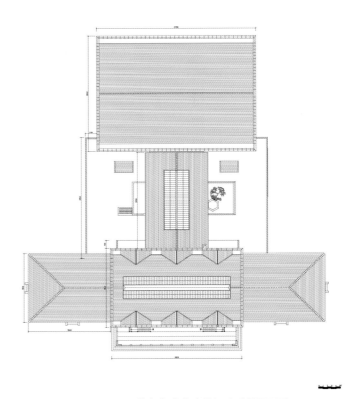

图6-31 罗斯福纪念体育馆加建后总平面图
来源：张复合等测绘

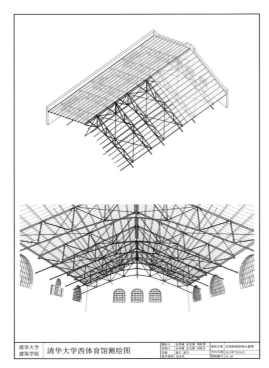

图6-32 罗斯福纪念体育馆加建后桁架结构轴测图
来源：清华大学建筑学院2015年测绘

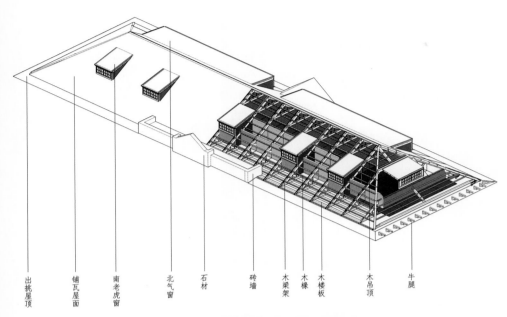

出挑屋顶　铺瓦屋面　南老虎窗　北气窗　石材　砖墙　木梁架　木椽　木楼板　木吊顶　牛腿

图6-33　电机馆屋面及气窗关系轴测分析图
来源：清华大学建筑学院2015年测绘

①
此亦非绝对规律，如沈理源所设计之新
林院住宅为平房但采用红砖。

②
罗森先生认为，除经济因素外，灰砖建
筑如清华学堂、土木馆、机械馆等集中
在二校门内侧，相对集中地构成了工学
院的主要部分，而电机工程馆因距大礼
堂较近则采用红砖。

与科学馆东立面一致；而电机馆的东立面则几乎完全仿照科学馆东立面的主入口。此外，电机馆的屋顶也如科学馆一样，一边开独立的小气窗，另一边开连续气窗（图6-33）。

上述3幢建筑均为红砖建筑，沈理源还在清华校内设计了机械工程馆、航空工程馆等以灰砖为主的建筑。在清华校园的建设历史上，红砖一般用于相对重要的建筑物，如"四大工程"和"四大建筑"均为红砖，而灰砖一般用于楼层较低矮、规模较小的那些建筑，如工字厅、古月堂等传统建筑群，以及土木工程馆和二校门旁边的警察局、门房、成志学校（图6-34）和甲、乙、丙所①。周诒春在1914年6月与墨菲会晤时，特别提到在校园建设中要体现与中国传统的传承问题，并提出使用圆明园的灰砖以降低造价。但从"四大工程"的建设结果看，仅在科学馆和大礼堂室内局部使用了灰砖作为装饰，原因是灰砖的承重效果较差。庄俊设计的土木工程馆在这方面是一个创举，而沈理源在20世纪30年代又加以充分发挥，将之应用在主要的校舍中，尤其是机械工程馆，以青砖配合装饰艺术风格的门头设计，兼顾白色、灰色和红色（门头局部）等色彩的组合，是梅贻琦时代清华校园建设成就的象征②（图6-35），而现今每年秋季，其掩映在校内东西干道（清华路）两旁的银杏树下，成为校内的一处著名景观（图6-36）。从1934年机械工程馆建成后，清华校园中愈发呈现出红砖、灰砖交相辉映的景象。

除机械馆、化学馆、电机馆、新林院外，电机馆旁边的航空馆和清华学生区的北大食堂也是沈理源的作品，皆为装饰较少的现代主义风格（图6-37）。

图6-35 机械工程馆外奠基石上铭文
来源：作者2020年拍摄

图6-34 成志学校（丁所）外景，
1927年建成
来源：作者2020年拍摄

图6-36 银杏树叶掩映下的老机械工程
馆现状，2016年
来源：清华大学宣传部苑洁老师提供

图6-37 大食堂建成后外观及内部，
沈理源设计，1934年
来源：国立清华大学一览，1935.

沈理源因其在意大利的留学经历，对建筑制图和表现图要求很高，同时对结构和施工的各种细节也特别关注，并且在各地的施工现场培养出了一批建筑人才，如欧阳骖、顾宝琦等人，后来均在新中国的建设中发挥了作用。除从事建筑实践以外，沈理源从20世纪20年代起，在天津工商学院和国立北平大学工学院兼任教授，在京津两地教书育人，"在讲解的时候，总是用剖面说明问题"。[①]沈理源在北大工学院与朱兆雪、钟森、卢绳等人为同事，重视工程教育和实践，培养出王玮钰、冯建逵等人。可惜天不假年，沈理源于新中国成立不久即去世，未得施展长材，贡献于新中国的校园和城市建设。

研究清华校园建设史的耆宿罗森先生在20世纪80年代曾就20世纪30年代清华建设问题，辗转请教杨廷宝先生并得其笔述，此为重要的史料。杨先生指出，1930年以后，由于校长更替，设计师也发生了变化，"清华园的规划慢慢地就乱了"[②]。从本章前述内容来看，化学馆位置的选择是因为1930年规划中有关近春园荒岛部分改动幅度过大而议决修改，且其选址在梅贻琦到校前即已决定，不能简单地认为其与学生宿舍区毗邻是搅乱了校园规划的意图。实际上，教学建筑向西北发展是大势所趋，此为1949年后的校园建设所证实。

此外，沈理源后来在校内设计的那些重要工程，如体育馆加建、电机馆、机械工程馆和新林院等，均是在梅贻琦"三年建筑计划"的大框架下逐一进行的，也造成了清华校园空间的新风格。此外，基泰工程司在20世纪30年代也一直在参与校园建设，新斋和平斋即为这一时期的重要作品，甚至新斋还在"工"字形平面上加建为"王"字形平面。在1946年复校后，基泰工程司也是清华校方在建设方面的主要合作对象，由当时的主持建筑师张镈设计了抗战胜利后清华校内唯一一处较大的工程即胜因院。

20世纪30年代与沈理源同时在清华校园内较为活跃的另一位建筑师是德国人C. J. 安那。其实，这位安那建筑师是当时负责协和医学院（PUMC）设计的主持建筑师C. W. 安那的弟弟。协和医学院及其附属医院是美国洛克菲勒基金会投资兴建的大项目，1915年至1917年，洛氏基金会多次派遣调查团到清华学校访问建设和医学教育情况。从当初直至现今，洛氏基金会对清华都保持好感，清华学校也努力争取洛氏基金会的捐助。20世纪20年代初，赵国材、曹云祥等校长即曾与洛氏基金会驻华最高代表顾临联系，希望其资助建设一幢生物学教学楼。顾临要求清华自筹一半建设费，但始终未得清华董事会的通过，直至罗家伦时代才彻底解决并迅速建成（详见第5章）。

协和医学院的首任建筑师何士设计了协医的整体布局和14幢主体建筑，但因第一次世界大战导致物价上扬，实际工程超出预算太多，同时部分设计内容细节不完善，加之何士后来与顾临互不相容，洛氏基金会遂于1919年年初解除了与何士的合同，另聘波士顿的建筑师柯立芝（Charles A. Coolidge，1858—1936）继续完成

①
王玮钰. 序言. 沈振森、顾放. 沈理源[M]. 北京：中国建筑工业出版社，2012.

②
罗森. 清华校园建设溯往——清华大学建校九十年纪念[J].建筑史论文集，2001，14：24-35+268.

①
Frank Ninkovich. The Rockefeller Foundation, China, and Cultural Change[J]. The Journal of American History, 1984, 70(4): 799-820.

②
安那工程师离校请设法办理领款手续[A]. 清华大学档案馆文书档案. 1933, 档卷号1-171-090.

协和医学院的剩余部分。柯立芝曾于1916年访问过清华学校。他又向顾临推荐了曾在他事务所当过绘图员的C. W.安那为驻场建筑师。后者1889年出生于德国柏林，1910年移民到美国后进入柯立芝的事务所。

C. W. 安那于1919年4月接受了绘图员的职位前往北京，一直待到1930年8月（图6-38）。他吸取了何士的教训，与顾临等人合作颇为愉快，其勤奋与细致的工作态度获得顾临等在京的洛氏基金会官员的一致认可，迅速成为协和医学院建筑服务部的主持建筑师。20世纪20年代初，C.W.安那以需要绘图员辅助自己工作为由，说服顾临和位于纽约的洛氏基金会聘请他的弟弟C.J.安那也进入建筑服务部。

洛克菲勒基金会除了投资协和医学院外，还广泛捐助中国的社会改良事业，"试图以此改进中国的社会和文化"①。顾临因长期在中国活动，深信通过协医能够"提升"中国文化，并最终服务于美国的国家利益。在顾临鼓励下，C.W.安那撰写了北京图书馆（今国图古籍馆）竞赛的招标书。1928年以后，清华由于兴建生物学馆的工程，与洛氏基金会往来更加密切，洛氏基金会便推荐安那前往清华，从事校内宿舍楼、教工住宅等工程的设计和督造。C.W.安那在协和医学院二期工程全部结束之后，于1930年离开中国，而他的弟弟C.J.安那则因清华校内工程，一直到1933年才离开中国②。

不论C.W.安那的协和医学院第二期工程（图6-39），还是他弟弟C.J.安那在清华设计的善斋、静斋（图6-40）等，均剔除了冗余的建筑装饰，而体现了现代主义简洁、明快、经济的倾向，在清华校园里形成了新的建筑风气。

图6-38　协和医学院建筑服务部主持建筑师C.W.安那(1889—1961年)像，C.J.安那为其弟。洛克菲勒档案中心仅查得C.W.安那之照片
来源：Rockefeller Archive Center

图6-39 协和医学院新建的4层病房楼，1925年，
C.W.安那设计，亦为现代主义风格的平屋顶建筑
来源：Rockefeller Archive Center

图6-40 静斋建成后外景，1933年
来源：清华大学校史馆. 清华大学图
史（1911–2011）[M]. 北京：清华大
学出版社，2019：50.

6.5 结语："罗发其端，梅总其成"

回顾20世纪20年代末开始的国立清华大学校园建设的历史，一方面是建章立制的澎湃激荡，另一方面则是因时取势的潜润发展，两方面相集相成，才奠定了今天清华的声誉和校园空间格局。国立清华大学的首任校长罗家伦在清华的建设中发挥了至关重要的作用，虽然主校时间不足两年，但他力行革新，任内兴修"四大建筑"（其三在罗家伦离职时已告竣），尤其制定出新的总体规划，影响了20世纪30年代的清华建设。梅贻琦与之个性不同，能与各方周旋，得以在其绵长的校长任内逐一实现既定方针，推动建设切实有序的发展。他们二人主导了这一时期清华的校园建设，可总结为"罗发其端，梅总其成"，其成就至今仍赫然矗立，令人追怀。

20世纪30年代的总体规划是这一时期校园建设的宣言和纲领，虽然有很多不切实际的地方，超出经济许可的部分在20世纪30年代被逐一调整修改，但其主旨——大力开发近春园以实现罗家伦宣称的"务使清华成一中国最完备之大学为目的"，则确定无疑。罗家伦本人崇尚秩序和宏丽，其主校时期的"四大建筑"是继墨菲的"四大工程"之后清华建设上的重大成绩。而罗之后的清华建设则以朴实庄重为特点，红砖、灰砖并用，国内外著名建筑师与本校工程队的设计齐举，虽看似缺少激奋人心的恢弘轴线和全盘计划，但渐次推进，局部调整，不但添建馆舍，对教职工住宅也特加注意，在长期努力之下，终于树立基始，成为延揽学术大师的先决条件。

1946年复校后，虽然以卓绝努力修复暴日侵略的破坏，进行了种种布置，但相比而言，复校后的发展主要体现在完善学科设置上，而殊少物质建设。总之，国立清华大学时期的校园建设应以1928—1937年的第一期为主，起到关键作用的人物则是罗家伦和梅贻琦二位校长，而杨廷宝、沈理源、C.J.安那等人的实践则将二位校长的理想逐渐转为现实，从而也使清华的空间形态和校园景观为之一新。

第 **7** 章

从名园到名校
——清华校园景观之形成及其特征

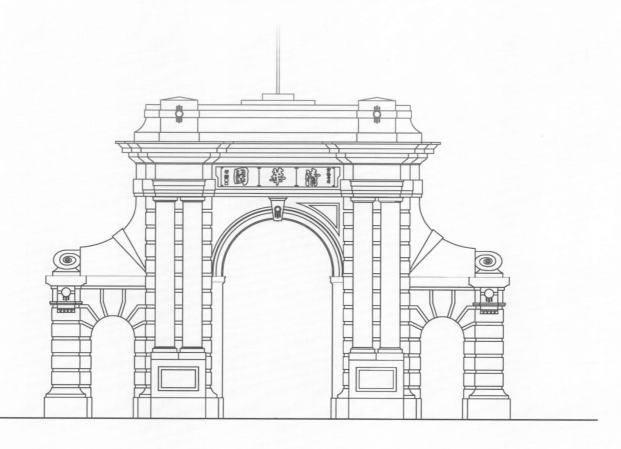

① 章克桥. 清华的读书环境——杂谈图书馆及其他[J]. 浙江省立杭州高级中学校刊, 1933—1935年号外: 990-991.

② 夏廷献. 清华学校之清华园[J]. 清华周刊, 1918（4）: 7.

③ 我们的学校清华大学——清华大学的环境[J]. 现代学校生活, 1932年创刊号.

④ 我们的学校清华大学——清华大学的环境[J]. 现代学校生活, 1932年创刊号.

⑤ 明朝皇室外戚称戚畹, 神宗即位其受封武清伯, 后复进侯.

⑥ 刘庄. 清华园故实记[J]. 益智, 1914, 2（2）: 6.

⑦ 近人夏廷献根据雍正时圆明园史料考证, 康熙年间建的畅春园仅是其遗址的一小部分, 但清代清华园"非必因前明李园之旧称, 或以对待圆明园西南之朗润园、蔚秀园而得名, 或援圆明园内之水木清华阁而得名"。详见夏廷献. 清华学校之清华园[J]. 清华周刊, 1918（4）: 1-7.

⑧ 苗日新. 熙春园·清华园考[M]. 北京: 清华大学出版社, 2010.

⑨ 清赐园不世袭, 凡贵胄故后, 由内廷收回, 但如其嗣子得宠, 则复由内务府赐出.

⑩ 附录·清华学校校史[J]. 清华周刊, 1929, 28（14）: 727-730.

⑪ 夏廷献. 清华学校之清华园[J]. 清华周刊, 1918（4）: 3.

清政府在1901年废止了两千余年的私家教育, 兴办了诸多新式学堂。这既是清末"新政"的重要举措之一, 也成为此后中国近代国家和社会变革的重要推动力。清华大学的前身清华学堂和清华学校即诞生于这一大背景下。20年间, 清华园从一座私家园林, 被改造成 "环境宜人, 设备完全, 学风良好的一个大学"①, "为京国第一名校"②。根据当时清华学生的记述, "与其说清华是一个大学, 毋宁说它是一座花园来得确切。……无怪清华的同学写信约朋友去玩, 多半说: '请来园子里逛逛罢', 而很少用'请到敝校参观'"③。清华校园的环境究竟有哪些特色? 它是如何从一座王府花园转变而来的? 为什么时人认为"清华是'园'的想法多于'大学'"④? 本章以此为题, 根据海内外发现的大量文献, 研究清华园向近代大学转型过程中其早期校景的形成过程。

国内将清华大学校园规划和建设作为专门的课题进行的研究颇多, 但是有关清华校园景观如何形成及其特征的系统研究一直付之阙如, 本章拟根据档案资料及当时的杂志报刊勾勒清华校园景观的概貌。

7.1 京郊名园: 清华园在近代之变迁

7.1.1 清华园之得名及其历史沿革

清华园之名最早见于《日下旧闻考》: "武清侯别业额曰清华园, 引西山之泉, 汇为巨浸, 缭垣约十里。叠石为山, 堤旁俱植园果, 为京国第一名园"。武清侯指明神宗母慈圣太后之父李伟⑤。李伟的赐园占地广阔, 规制宏丽, "享有名园, 为京师冠, 一时明贤题咏甚多"⑥。清华校史的早期文献中多认为清代清华园建于李伟赐园的遗址上, 但实际与李伟之清华园并无直接关系⑦。近年苗日新考订出清代清华园的详细历史, 证明清华园及其西邻的近春园皆原属熙春园, 始建于康熙四十六年（1707年）, 自始即为王府花园, 康熙帝多次驻跸于此。清华园之正式被命名则是咸丰年间之事, 而熙春园和清华园的历史被湮没近300年, 实际上是雍正皇位政治斗争的结果⑧。

清华园所在的京西郊外为清代皇家苑囿的集中之地。"道光帝赐其第四子文宗（咸丰帝奕詝）以近春园, 故俗称四爷园; 赐其第五子惇亲王（奕誴）以清华园, 故俗称小五爷园"（图7-1）。惇亲王故世后, 其长子濂贝勒袭爵为王, 清华园收回后不久又赐出⑨。至庚子义和团时期, 其在清华园"设坛行其阴谋"⑩, 事后被削爵流放, 清华园也为内府收回, 从此荒芜不治。周边居民沿袭旧称为小五爷园, "多不知其为清华园"。清华建校之初, "乘车者犹必以至小五爷园告之, 否则往往摸索而不得达。今则人人几以清华园为京西名胜之区, 而小五爷园之名, 遂湮没不彰"⑪。由此可见, 清华园之名, 正是藉因清华学校而隆盛, 再度成为闻名北京的一处名胜。

图7-1 清华园工字厅后湖测绘图，另参考图2-3清华园周边园林和村落、旗营等分布
来源：清华大学建筑学院资料室

7.1.2 从清华园到清华校址

1905年中国爆发抵制美货运动后，美国政府为了扭转在华日益恶化的国家形象，在1907年最终接受了驻美大使梁诚的提议，于1909年正月开始正式退还超索部分的庚子赔款[①]，用以由清外务部负责分批选送留学生赴美学习。

1909年7月（宣统元年五月），外务部与学部条陈《游美学生办法大纲》，奏设"游美学务处"，并"在京城外清旷地方……附设游美肄业馆一所"。当时文渊阁大学士那桐等"颇诩赞是举，派员各处觅地。初择地于小汤山温泉行宫，并拟筑火车支路以利交通。嗣查得海淀西北之清华园较为相宜"[②]。此时的清华园虽废置

①
美方同意所赔之款由2444万美元减为1365.5万美元，应退中国者为1078.5万美元，本息合计为2840万美元。此议案于1908年5月25日在国会通过，1908年12月28日罗斯福总统签字命令执行。苏云峰. 从清华学堂到清华大学：1911—1929——近代中国高等教育研究[M]. 台北：台湾"中央研究院"近代史研究所，1996.

②
夏廷献. 清华学校之清华园[J].清华周刊，1918（4）：4.

①
蔡孝敏. 清华大学史略. 国立清华大学[M]. 台北：南京出版有限公司，1981：31.

②
庄俞. 参观清华学校纪略[J]. 教育杂志，1914，6（5）：25.

③
汤用彬. 旧都文物略[M]. 北京：北京古籍出版社，2000：178.

④
夏廷献. 清华学校之清华园[J]. 清华周刊，1918（4）：7.

⑤
附录·清华学校校史[J]. 清华周刊，1929，28（14）：728.

⑥
刘庄. 清华园故实记[J]. 益智，1914，2（2）：6.

近10年，但"园中草木扶疏，溪水清澈，丘陵仍旧"[①]，以其"土山荷池，古树名花，风景之佳，而得之学校"[②]。这说明清华园的园境是所以被选为新学校的重要原因，主事者也主张将"山明水秀，景色宜人"的旧有格局延续下去。

清华最初由外务部和学部合管，两部合派周自齐为总办，后由弗吉尼亚大学毕业的颜惠庆代理总办。主事者首先"筑围墙六百五十二丈"，之后添筑讲堂、斋舍、医院、教职员住宅等各项工程，"就原有之坡地丘陵，点缀布置，蔚然大观"[③]。此后清华园西邻之近春园也被收购作为清华将来建筑的储地，成为清华校园的一部分，说明"清华学校之清华园亦非清皇室之清华园也"，而"清华学校之清华园为京国第一名园，清华园之清华学校为京国第一名校"[④]。

7.2 京国名校：清华校园建设与"清华八景"

清华园原是王府花园，园中"卉木萧疏、泉流映带，邱阜蜿蜒、场地辽阔"，风景独具特色。清华建校后，最初以"清华学堂"为名，游美学务处也从城内迁到工字厅办公。1911年4月1日新学校招收第一批学生，并呈请外务部改"清华学堂"为"清华学校"。这一名称从辛亥年一直沿用到1928年，才由国民政府议决将之改为"国立清华大学"。

校名的改变，反映了清华从附设到独立而逐渐成熟的过程。从1909年到1927年，清华的发展可分为3个主要建设阶段，使清华成为设备、环境闻名全国的著名高校。本节根据当时的校史和游记等材料，分叙此3个阶段清华风景的发展变化及当年清华学人评出的"清华八景"的特征。

7.2.1 清华园的原有风景

清华园占地450余亩（30万平方米），"地界隶属宛平县，附近无大村落……各驻防旗营"。[⑤]惇亲王去世后，嗣王深居北京城内府邸，只招农人在清华园中种地，1901年被内务府收回后更任其荒芜。但正因如此，清华园与通常建筑密集的清代园林不同，其建筑密度较小，既有利于创造清幽的环境，也为嗣后校园的营建预留了空间（图7-2）。

在清华园，山、水、花木和建筑这四个造园要素被有机地组织到了一系列风景画中。清华园位于京西湿地，以小山和细流著称，园内丘阜蜿蜒，"东南东北西南三隅及中部迤西，小山纵横，交错迂回，盘旋翠柏，终岁苍苍"[⑥]，这些自然地貌特征至今可见。大宫门"前临小河，导源于玉泉山之阳，即颐和园、昆明湖流出之小支水也"。溪水清澈，流水潺潺，"穿西垣入，流至中央"，成为延续至今的独特风景。

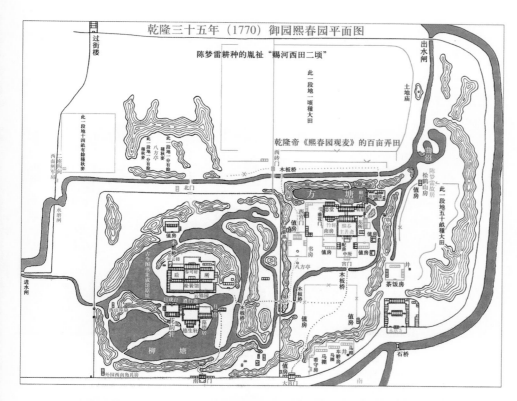

图7-2 熙春园平面图，1770 年。可见其包括今近春园和清华园。大宫门和观畴楼皆在图中标示
来源：苗日新.熙春园·清华园考[M].北京：清华大学出版社，2010：161.

① 梁实秋.清华八年.国立清华大学[M].台北：南京出版有限公司，1981：245.

② 刘庄.清华园故实记[J].益智，1914，2（2）：6.

③ 梁治华.清华的园境[J].清华周刊，1923年十二周年纪念号：31-47.

④ 根据苗日新的考证，大宫门为康熙年间所建熙春园大门，佛楼则为乾隆年间所建之观畴楼。

⑤ 夏廷献.清华学校之清华园.清华周刊，1918（4）：4.

园内花木繁盛，古树参天，尤其荷花池四时景致各异，徘徊池畔，有"风来荷气，人在木荫"[①]之致。匠人在土丘高处建造亭阁，形成登高俯瞰园景和远眺玉泉山、西山之处。园内的自然条件如土丘、水池等得到巧妙利用，并在旷大的场地里集中布置工字厅建筑群于一隅。由于因借自然环境，大宫门与二宫门并不在同一轴线，但工字厅、怡春院、古月堂建筑群院落则秩序井然，形成了"环境幽绝，风景极佳"的园林格局。工字厅背后有荷花池，"长以圆，与小沟通，三面小山环绕，东部二池相运与河通，此皆斯园原有之风景"[②]。清华园改建成学校后，荷花池一带仍是校内风景最佳的地方[③]。

园中工字厅、怡春院、古月堂三处建筑群保存较好。三处房舍基础坚固，仅窗牖不全，清华建校后修理这几处所费银两最少，"闻修葺工字厅所用砖瓦木石，多系旧物，只换廷柱一支"。此外尚留大宫门与东西门房、永恩寺大殿，以及马圈、车房、黄花院（今二校门内侧）、佛楼（原荷花池旁方亭附近）[④]、土地庙（今图书馆第三期附近）等建筑，"其房屋，则三三两两，多半颓圮"[⑤]，后皆在清华最初建校时被拆毁。1911年新建的校门（今二校门）结合旧有的大柏树和其他高大乔木形成入口广场和通道（图7-3）。

①

斐士即Emil Sigmund Fischer（1865—1945年），时为Fischer & Co.之经理，该事务所在天津和北京皆设有分公司。斐士其人生平及其与清华的关系有待深入研究，但他曾在维也纳、美国等地开业，并广泛游历了中国，著作亦丰。中外学界对其研究殊少，仅罗森关于清华校园建设一文中有所提及，谓其为"奥地利建筑师"。

②

Richard Arthur Bolt. The Tsing Hua College, Peking: With special reference to the Bureau of Educational Mission to the United States of America[J]. The Far Eastern Review, 1914(2): 364.

③

梁治华. 清华的园境[J]. 清华周刊, 1923年十二周年纪念号: 33.

④

梁治华. 清华的园境[J]. 清华周刊, 1923年十二周年纪念号: 31.

⑤

刘庄. 清华园故实记[J]. 益智, 1914, 2（2）: 7.

图7-3 清华建校早期校门一带外部环境，1914年

来源：Richard Arthur Bolt. The Tsing Hua College, Peking: With special reference to the Bureau of Educational Mission to the United States of America[J]. The Far Eastern Review, 1914(2): 366.

7.2.2 清华早期校园建设的三阶段

本节分三阶段论述清华校园景观形成的过程，即墨菲规划诞生之前（1909—1914年）的初创期、周诒春与墨菲主导发展的时期（1914—1921年）与曹云祥主持校政时期（1922—1927年）。此后清华校园景观的格局基本形成，延续至罗家伦时代和梅贻琦时代。

第一阶段是游美肄业馆选定于清华园建设后，在周自齐、唐国安、范源濂等人的主持下，1909年8月开始筑围墙，并在1910年至1911年间陆续建造了一系列建筑，"足能容纳500名学生"。建造合同交由斐士实施①，总造价合35万美金（50万两银）②。

这些建筑中最著名者为清华学堂和清华校门（今二校门），并在校门外铺砌道路，进行绿化（图7-4）。1911年建成的清华学堂为高等科的教室和寝室，是"一座红顶灰砖白面的楼"③，同时建成的还有清华的校门，"灰砖砌的，涂着洁白的油质，一片缟素的颜色反映着两扇虽设而常开的铁质黑栅栏门"④。此外，还修建了4所大门、二院（高等科学生教室）、三院（中等科学生教室）、北院（美国教师住宅）、礼堂（今同方部）以及邮政局、书馆、货店、医院、电灯厂等。"内地学校之房舍宏阔，风景秀雅，几以此校为冠"⑤。

图7-4 二校门外道路，1914年
来源：墨菲档案

①
吴景超. 清华的历史[J]. 清华周刊，1923
年十二周年纪念号：10.

②
校史[J]. 国立清华大学二十周年纪念
刊：49.

③
学校方面·序[J]. 清华周刊，1921年十
周年纪念号.

④
任之恭. 一位华裔物理学家的回忆录
[M]. 范岱年等，译. 太原：山西高校联
合出版社，1992：15-16.

根据1914年的清华校园现状图，今科学馆一带土埠纵横，而校方拟修建的图书馆和科学馆则位于二院对面，避开了这些小山丘。新建屋舍全为西洋风格，在建设时不必要地拆毁了大宫门和观畴楼等本稍加维修即可继续使用的建筑，破坏了园林的意趣，唯"原来的一点点中国式的园林点缀保存在工字厅和荷花池"一带（图7-5）。

清华园作为"以前的惇王花园，会有现在这些美丽伟大的建筑"[①]，周诒春主掌校政时期（1913—1917年）的第二阶段最为关键。1913年接任校长后，周诒春对学校的发展做出了很大贡献，"大礼堂、图书馆、体育馆、科学馆及新大楼（一院东半部）相继建成，教务方面亦多有改进"[②]，"清华从前享的盛名，以及现今学校所有的规模层层发现的美果，莫不是他那时种下的善因"[③]。周诒春在任内向外交部呈文，提议将清华学校扩大至大学程度，并邀请美国建筑师墨菲在1914年制定了校园规划。

墨菲所做的方案，以新建1500座大礼堂作为清华园（中学部）的中心，在原土丘旁引入一块"椭圆形的"草坪，在两侧新建科学馆和教学楼（拟拆除二院后修建），并扩建清华学堂东段。这一空间模式最初由杰斐逊设计于弗吉尼亚大学的"学术村"，后融合了城市美化运动的"布扎"式艺术形式，成为19世纪末、20世纪初美国校园规划的重要范型。大草坪及位于端头的大礼堂从此成为校园的主要景观，清华园的中心从工字厅东移到大草坪的轴线上。"校园里最显著的建筑是大礼堂，看上去就像杰斐逊在弗吉尼亚大学设计的建筑……围绕这一中心建筑群的第一条建筑链，包括体育馆和图书馆。我被这些足以令一个年轻的乡下孩子肃然起敬的宏伟建筑深深地打动了。"[④]（图7-6）

①
程宗泗. 北京清华学校参观记[J].新青年，1916，2（3）：1-3.

图7-5　工字厅后身及荷花池
来源：墨菲档案

图7-6　杨廷宝绘图书馆一期工程外观速写，1921年
来源：刘向东、吴友松.建筑学家杨廷宝传[M].南京：江苏科学技术出版社，1986：44.

在校园环境方面，周诒春主校后，"为使学生安心向学，更蓄意美化环境，使校园花木扶疏，碧草如茵"，在园内空地和近春园广种柳、槐，"花草树木皆修饰齐整，颇饶雅观。学生课余之暇，游戏园林备极活泼悠扬之致"①。

而不论是扩建校舍还是美化环境，周诒春的最终目标皆是努力使清华成为"一个完完全全的大学"，实现教育与学术的独立，改变清华留美预备学校的性质。这种远见卓识，也为清华学生所称赞，"周诒春对于大学的进行，的确是有预算的。我们现在走过工程处，还可以看见理想的清华大学建筑图样，便是在他任内制就的。"[①]此前列论清华校园建设，多推重墨菲的专业素养，实际上周诒春在建筑形式的确定、采取措施确保建筑工程质量等方面皆发挥了决定性的作用[②]。周诒春虽于1918年年初辞职，此后校长更迭频繁，但科学馆、大礼堂等建设则次第进行，"四大工程"至1921年方告完成。

第三阶段是曹云祥主持清华校政时期。第4章曾论述过，曹云祥是清华学校时期任校长一职时间最长者（1922—1927年）。他主持校政期间，主要通过学制改革和扩充研究机构，将周诒春提出的扩办大学计划付诸实施。学校建筑在此时期完成者为工艺馆（即今土木工程馆）、南院教职员住宅及西院教职员住宅[③]。周诒春去职后，清华学校进行了管理制度改革，校长职权大为收缩，无法再自由聘用建筑师大兴土木。但是，"在现在的学制之下，各种建筑都已够用"（图7-7）。

校园环境方面，留作大学建筑储地的近春园内仍然大片荒芜，但在曹任内"近来也渐渐开辟了。新房舍、新马路，依次落成。"由于园中暂无大规模建设，"除了可供我们围着圈子练习长跑外，我还在那里面养过鸟，喂过鸽子，也未见有人过问……1922年发生直奉之战，我花了二十五个银元，就从一个逃兵手中，买得了一匹黄骠战马，把它养在西园土洞里"[④]。其阔大空旷、荒芜不治可想而知。近春园在20世纪20年代主要用作学校农艺社团在课余畜养家禽和职员养殖花卉的场所[⑤]，而由清华培育出的菊花屡次在北京展出，引人瞩目[⑥]。

7.2.3 "清华八景"

园林建成后根据景物的特征，借助文字如景题、匾额、对联等，展现园林的意境，寓情于景，是我国传统造园中常见的一种表达形式。清华校园也借用了这种手法为校景"点题"。

1917年1月5日的《清华周刊》征集"清华八景"题咏，名称是西园放鹞、东舍听琴、柳荫读书、荷池垂钓、双十烟火、重九菊花、天宝晴雪、佛香夕晖[⑦]。八景两两一组，描绘了当时清华学校的四时景观和校园特色。其中除"东舍听琴"直接涉及校园建筑外（东舍指1916年新建的清华学堂大楼东楼），其余7处皆以校园风景命名。

西园即近春园，梁实秋在《清华的园境》中有这样的描写："到了西园，最好上叠岫的小山。在山上望西北者，便是西山，西山的落日彩云，万寿山的斑绿色，玉皇山的白塔，均一目可观。低头看圆明园的荒墟故址，凄凉满目。望北看是田亩、阡陌、沟渠，农田往来，其乐陶陶。往东看便先看见一高一低的绿树丛中，耸峙着大礼堂的圆顶。"八景中的"西园放鹞、重九菊花、天宝晴雪、佛香夕晖"均

① 吴景超. 清华的历史[J]. 清华周刊，1923年十二周年纪念号：9.

② 刘亦师. 清华校园建设若干问题辩证[M]//张复合，刘亦师. 中国近代建筑研究与保护（九）. 北京：清华大学出版社，2014.

③ 朱有瓛. 中国近代学制史料第三辑[M]. 上海：华东师范大学出版社，1992.

④ 潘大逵. 风雨九十年 潘大逵回忆录[M]. 成都：成都出版社，1992：48.

⑤ 方重. 我们在西园的工作[J]. 清华周刊，1920（187）：25-27.

⑥ 杨寿卿. 清华菊花[J]. 贡献，1928，2（7）：49-50.

⑦ 沈诰. 清华八景征咏[J]. 清华周刊，1917（94）：15-16.

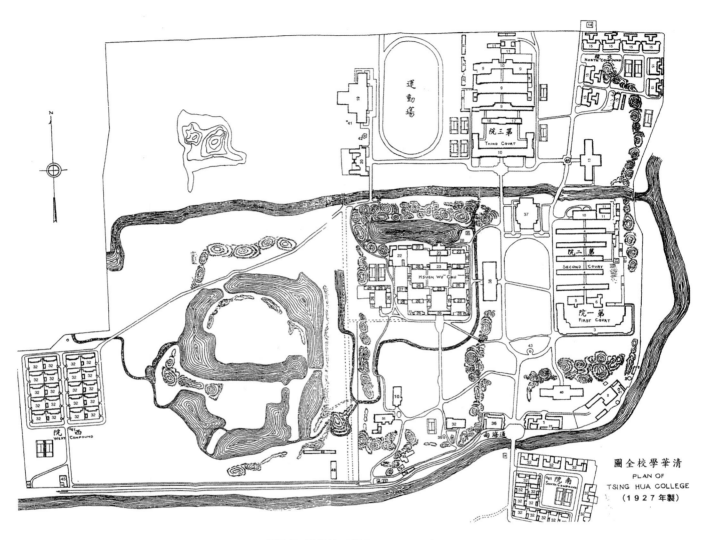

图7-7 清华校园总平面图，1927年

来源：苏云峰. 从清华学堂到清华大学：1911—1929——近代中国高等教育研究[M]. 台北：台湾"中央研究院"近代史研究所，1996.

与西园野趣相关。其中"天宝晴雪"的题签是，"西山以天宝峰为最高，每当冬雪初晴，自清华望之，晶凝若玉桂矗立"；"佛香夕晖"则为"颐和园佛香阁覆以五色琉璃瓦，每当夕阳欲下，残晖返照，自清华望之，玲珑璀璨，如金珠堆成，真奇观也"。这两处校园的景观延展到校外，颇得中国传统园林设计借景之妙，且与梁实秋所记由近春园东望清华园所见的景致交相辉映。

清华建校以后，于校内外遍植杨柳并修饰整齐，而工字厅后荷花池的景象，四时不同，各臻其妙，历来为清华园的名胜。"八景"中"柳荫读书"和"荷池垂钓"即为此二处题咏。"双十烟火"则指中国民国国庆日时清华学生的庆祝活动，包括提灯游行和燃放烟火，作彻夜欢庆的场景。

所谓八景，对校园建筑提及不多，而更重视学生的学习和娱乐生活。这一方面反映了学生们对清华清幽环境的高度认可，"清华一切伟大的建筑物都埋葬在浓荫花丛间，真值得我们羡慕、赞赏"①，清华新建的西式崇楼杰阁并非清华园的唯一主角，因此也能与老工字厅等和谐并立。另一方面，清华学校虽然分期建设，但历任主校者及其所聘用的建筑师皆能尊重中国传统园林的现状，营建出地如其名的水木清华。"智虑生于精神，精神生于安静"（胡林翼），只有幽静的环境才宜于读书②，而"美术最足助学生之愉悦观感。该校……花草树木，石山清幽，在在足引其美术观念，尤为特色"③。将前清的王府花园改建成近代大学，注重清幽环境的打造成为清华学校办学和建设的关键之处，效果极为显著，完成了从"京国第一名园"到"京国第一名校"的转变。

7.3　清华校景之特征

清华学校环境优美，"原是某个王公的花园。有荷花池，有假山，有溶溶的清流，有空旷的操场，有四季不断的花草，有崭新巍峨的校舍。环境之美，无以复加"④。可见，清华是"园"的氛围多于"大学"的氛围，沿承了中国传统园林"可行、可望、可游、可居"的特点，但又有别于传统园林的清幽，造就了生机勃勃、万物竞发的良好学术氛围。清华校景的形成是以下四方面作用的结果。

7.3.1　自然条件之因借

清华园"卉木萧疏、泉流映带，邱阜蜿蜒、场地辽阔"，为创造"可行、可望、可游、可居"的园林式校园环境提供了良好的自然条件。

清华园内土山纵横，校园建设平整了部分土丘，但在工字厅和近春园仍保留原始地貌。这些土丘为清华师生和游人提供了登高远眺的场所。如荷花池对岸土山："登山眺望，俯视荷池园中风景，于斯为最"⑤；近春园："北部有土山隆起，登高一望，清华园全部尽在眼前，树木葱茏郁郁勃勃；西望则西山蜿蜒起伏，一带是青碧，一带是沉紫，颐和园的楼阁，玉泉山的尖塔，宛然如画；北望则圆明园的遗迹，焦土摧墙，杂然乱列；南望则只是近春园的一片芦苇荆棘"。土山上原有一些古式亭阁，后又陆续加建，"四角的凉亭，周围全是堆砌的山石，供游人休憩"（图7-8），"山里生满苍松老桧，藤萝竹石和人工设置的小亭长椅，爱远眺的可以往高处攀登，爱幽僻的可以伸出追寻，各适其所"⑥。

清华外墙原本为小溪所环绕，溪流清澈且深入园内中央工字厅处，"四通八达的水，其最富丽的是三面环河一面巨厦的河池；富于野趣的有西园长着芦苇的水田；清华有横穿东西的校河，好处在河身修长而且微有曲折，两岸的树丰茂可喜"⑦，沿河景致变化丰富（图7-9）。

① 我们的学校清华大学——清华大学的环境[J]. 现代学校生活，1932年创刊号.

② 沈鑑. 国立清华大学之沿革及最近之发展[J]. 浙江省立杭州高级中学校报（号外），1933—1935年特刊：983.

③ 崔通约. 游清华学校并圆明园残址记[J]. 沧海诗钞，1936：184.

④ 陈鹤琴. 记清华学校学习生活[M]//朱有瓛. 中国近代学制史料第三辑. 上海：华东师范大学出版社，1992：575-579.

⑤ 刘庄. 清华园故实记[J]. 益智，1914，2（2）：6.

⑥⑦ 我们的学校清华大学——清华大学的环境[J]. 现代学校生活，1932年创刊号.

①
清华学校纪略[J]. 光华学报，1917，
14（10）：170.

②
汤用彬. 旧都文物略[M]. 北京：北京古
籍出版社，2000：178.

图7-8 工字厅后土丘上的中式亭子
来源：墨菲档案

图7-9 校河两岸景致
来源：墨菲档案

　　清华校内沿河等处遍植柳树，校外沿途"栽着槐柳，一颗槐间着一颗柳，长得异常高大，遮天蔽日"。全校"柳树无虑数万株，遍植园内。故空气清新，宜于卫生，极洁净……虽都市公园不过也"①。此外，熙春园时代遗留下的柏树及杨树也均保存完好，与建筑交相掩映，"自车上遥观，崇楼杰阁，树木荫翳，诚壮观也"②。

　　上述这些山、石、泉、林等自然因素的巧妙组合，糅合了"行、望、游、居"等各种功能，构成了清华校园独特的清幽环境，其营建意匠延续至今。

7.3.2 有机混合的中西景观要素

墨菲制定的校园规划遵从20世纪初美国大学校园的特征：以长向草坪的"广场空地"确定主要轴线，在其端头以形式庄重的大礼堂收束，大草坪两侧散布教学建筑。大草坪确定了纵向的视觉轴线，清华高等科各幢建筑以大礼堂为统率，布置在大草坪两旁，成为杰斐逊式校园空间（Jeffersonian campus design）在中国的最早应用之一。在梁实秋的描写中，进入清华校门后，"一条马路，两旁树着葱碧的矮松，马路岐处，一片平坦的草地，在冬天像一块骆驼绒，在夏天像一块绿茵褥，草地尽处便是庞然隆大、圆顶红砖的大礼堂……才跨进校门的人，陡然看见绿葱葱的松，浅茸茸的草，和隆然高起的红砖的建筑，不能不有身入世外桃源的感觉。再听听里面阒无声响的寂静，真足令人疑非凡境了"[①]。由于清华园场地辽阔，因此墨菲得以从容采用这种空间模式，既是清华校园的重要景观，也成为我国近代大学校园规划的典范。

根据墨菲和周诒春最初会晤（1914年6月13日—6月15日）时形成的备忘录[②]，可知墨菲一开始建议采用类似雅礼学校的大屋顶建筑样式，但周诒春以经济性为理由决定采用西式风格。墨菲继之提出要在材料（他建议周诒春采购圆明园的废弃石材作为储备）和用中国特有的灰砖等方面尽量取得与周边现有环境的协调，从"四大工程"的修建结果看，其所采用的仍是红砖。唯清华学堂、同方部等早期建筑采用的是灰砖，与工字厅遥相呼应。

以大草坪和"广场空地"为特征的典型美国大学校园景观，和工字厅为代表的中国传统园林景观，虽然毗邻而建，但彼此相安，是为饶有趣味的建筑现象。梁思成先生对建筑的"实用、坚固和美观"三要素中，把"美"解释为"经典"，将它和"维纳斯"一词相关联，更附注 "A thing of beauty is a joy forever"[③]。大礼堂的穹顶是西方文明的象征与技术水平的集大成者，而大草坪区域遵循西方（尤其是美国）大学校园的典型布局方式，与代表中国古典园林精粹的工字厅、荷花池相互辉映。除了二者均为各自文化传统中的典范之作外，它们为清华园的一处相对独立的区域，各自被丘埠、林木所围绕、荫蔽。此外，历年陆续建造的西式教学楼与旧有和新建的中式亭楼也均各得其所，相映成趣。在园林规划的大格局下，虽然各处风格迥异，不过增添了若干情趣，整体环境仍清幽整饬。

7.3.3 花草和色彩景观营造

清华校景的独特之处还体现在校园中随四时不同而变化的色彩丰富、品类繁多、错落有致的花木配置上。

清华的外墙是"石块堆成的，一片灿烂黑黄的颜色就像一张斑斓虎皮一般"。

① 梁治华. 清华的园境[J]. 清华周刊，1923年十二周年纪念号：32.

② Memorandum Report of Interviews of June 13, 14, 15, 1914, at Tsing Hua, Peking, China, between President TSUR & H. K. MURPHY[A]. 1914-06-26. Murphy Papers.

③ 林宣. 梁先生的建筑史课[M]//《梁思成先生诞辰85周年纪念文集》编辑委员会. 梁思成先生诞辰85周年纪念文集. 北京：清华大学出版社，1986.

① 张彝鼎. 清华环境[J]. 清华周刊, 1925年第11次增刊：11-17.

② 吴韫珍. 清华园花木记[J]. 清华周刊, 1930, 33（12/13）：1088.

③ 吴韫珍. 清华园花木记[J]. 清华周刊, 1930, 33（12/13）：1086.

④ 梁治华. 清华的园境[J]. 清华周刊, 1923年十二周年纪念号：38.

⑤ 蔡孝敏. 清华大学史略. 国立清华大学[M]. 台北：南京出版有限公司, 1981：39.

⑥ Memorandum Report of Interviews of June 13, 14, 15, 1914, at Tsing Hua, Peking, China, between President TSUR & H. K. MURPHY[A]. 1914-06-26. Murphy Papers.

走进校门，即可见"暗紫顶、红墙、希腊、罗马、近代混合式的大礼堂……礼堂台阶下，有一块椭圆形的草地，夏秋草绿，别有诗趣"[①]。而在近春园的荒丘上，"往东看便先看见一高一低的绿树丛中，耸峙着大礼堂的圆顶。体育馆的玻璃窗，到日落的时候霞光返照，一阵红、一阵金、一阵杏色、一阵成五彩，变化无穷。向南看，树丛中有些新建筑，亦甚雅致"。林木掩映下的校园建筑屋面和外墙，色彩缤纷，但也不失静雅。

清华校园内"所植木本植物五十二种"[②]，除柳、槐、桧外，以丁香、紫薇、紫荆、紫藤为多，"各宿舍之窗前，多植玉簪"，枣树、海棠、梨树、杏树等果树也随处可见，次第开花，五彩缤纷。树种搭配，高低参差，如"过大礼堂西边之桥，与溪并行之东西道，夹道由柳、槐、合欢三者而植之，柳最高，槐次之，合欢最矮"[③]，如此将新老建筑均掩映在绿荫丛花之中。

二院的教室未拆除前，围合着一处庭园，"两旁有逶迤的两行走廊，中间一条走路。院里满种着花草树木，有两个芍药的花圃，几株桃、杏、丁香、海棠、紫荆之类，花开的时节简直是和遍缀锦绣一般"[④]。荷花池及工字厅在春夏时，"丁香放了蓓蕾，杨柳扯了绿线""满池荷花，草茵茸茸"。校园一边是大草坪的碧草如茵、宁静单纯，一边是花木扶疏、热闹非凡，二者相得益彰，"清华学生求学于斯，莫不深知珍惜，特别奋勉"[⑤]。

7.3.4 不断加强的环境意识

清华学校是在清代清华园的基址上建立的，保留了不少王府园林的遗存，如"雕栏画栋，穷极宏丽"的工字厅先后被用作学务处和西文教师住宅。

原建于康熙年间的熙春园大宫门和乾隆年间所建的观畴楼（佛楼）在建校时被拆毁。其原因固然如时人所述，"其房屋则三三两两，多半颓圮"，不堪修葺，但清末的主事官员和建筑师缺乏古物保护意识，也难辞其咎。尤其大宫门的位置远离新建校区，应可予以妥善保留。

之后，墨菲在设计清华校园时贯彻了其典型的适应性设计理念，即他在1914年与周诒春会面时所建议的，"尊重场地原有的古物"[⑥]。大草坪的纵深由南面的土坡和背面的校河所界定。由图3-9可见，如果要以已建成的二校门为轴线南端，科学馆在西边无法布置，除非拆除工字厅。因此，最后形成的大草坪轴线，北部由大礼堂收束，南部则由墨菲方案之前已建成的校园环境限制，宽幅则由东侧已建成的清华学堂、二院和西侧待建的科学馆等建筑控制，纵向轴线没有与清华校门（今二校门）取直，也没有平整校门处的土山和移走古木，以强求轴线的效果（详见第3章）。

这种不断增强的保留古物、与现有环境协调的设计思想，影响了从墨菲、杨廷宝到关肇邺的几代清华校园建筑师。

7.4 结语

清华园原系清代惇亲王府邸，近代因缘际会成为清华学堂的校址。清华学堂改成清华学校后，又将近春园并入，陆续添建校舍，宏大规模，成功完成了从名园到名校的转变。不论游记、回忆录还是校史记述，有关清华"园"的部分普遍多于"学校"，可见相比崇楼伟阁，清华留给人们记忆更深的是其园林式的环境和景观，而这与居住其间师生的生活、游憩密不可分，这一点从"清华八景"的评选也可得到印证。所以清华学生才感慨，"清华大学的校景——不，清华园的风景是多么动人！"[①]

而不论清华园的风景还是清华学校的校景，均未见系统论述。此外，近十多年来，清华近代校园建设的史料范围一直未见拓展，相关成果比之20世纪80年代差别不大。因此，本文主要根据当时的期刊杂志如《清华周刊》等中有关清华校园景观的文章进行梳理，比照新发现的墨菲档案资料和近年出版的一批回忆录、纪念文集，整理时人对清华校园环境的记述，根据这些新材料，分三阶段缕叙清华早期校园景观的形成过程及其特征，从校园环境方面补充清华校园建设的研究。可见，拓展研究视野，发现新材料和新问题，在研究方法上创新，是深入清华校园建设研究的重要途径。

在有关早期校园的各类文章中，关于亭池山水的记述最丰，且"清幽""幽绝"等词屡次出现，可见历次校园建设都有意延续了园林"行、望、游、居"的特征，着意营建出在花木荫翳下的校园景致。近代我国的一些私家园林被改建成学校[②]，普遍糅合了中西建筑和景观元素，这些特征不独清华所有。但是因为它们都有意无意地遵从了传统造园的原则，由园林意境控制整体格局，所以易于取得协调，单幢建筑的外在形式无关宏旨。这也解释了为什么清华园中西方杰斐逊式校园的建筑群和工字厅建筑群各自制度严谨，虽相互接邻，却不觉突兀，各得其所。

① 我们的学校清华大学——清华大学的环境[J]. 现代学校生活，1932年创刊号.

② 另如朗润园和蔚秀园等改建为燕京大学，山西太谷孟家花园改建为铭贤学校。而清代北京的王府宅邸则属于私家园林的一个特殊类别。见周维权. 中国古典园林史[M]. 北京：清华大学出版社，2008：642.

第 8 章 日本侵占时期之破坏与复校时期的建设活动

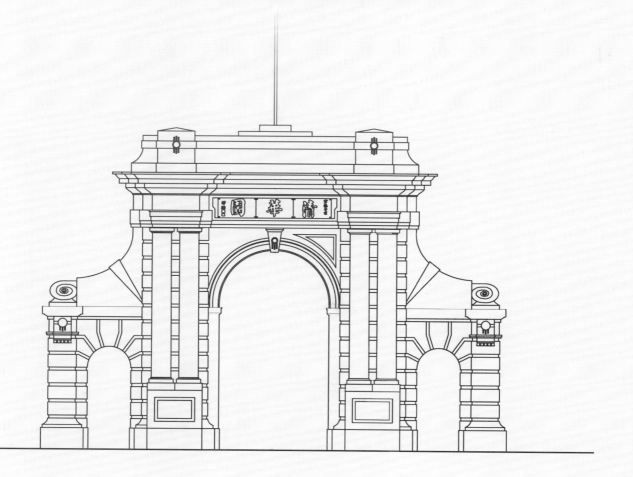

① 清华大学校史研究室. 清华大学一百年 [M]. 北京：清华大学出版社，2011：102.

②③ 梅贻琦. 复员期中之清华[M]//清华大学校史研究室. 清华大学史料选编（第四卷）. 北京：清华大学出版社，1994：27.

④⑤ 梅贻琦. 复员后之清华[M]//清华大学校史研究室. 清华大学史料选编（第四卷）. 北京：清华大学出版社，1994：31.

⑥ 关肇邺先生访谈. 2018-08-31. 清华大学建筑学院. 关先生提到1947年春他考大学时曾到清华和燕京两地查看校园环境，清华远较燕京破败，所以选择考燕京大学.

⑦ 梅贻琦. 复员后之清华[M]//清华大学校史研究室. 清华大学史料选编（第四卷）. 北京：清华大学出版社，1994：32.

8.1 日本侵占时期之破坏

1937年7月28日北平陷落，次日日军即进入清华园。是年秋日军入校搜查，窃取未及南运的图书和仪器设备装车运走①。抗战期间，日军最初驻扎清华园内，继由日陆军152兵站病院占据，"最初有伤兵4000余人，职工1300余人，全部校舍，均被占用，破坏甚剧"②。建筑的具体破坏情况可见梅贻琦的复述：

如卫生设备，完全摒弃不用，改用日式之洋灰池槽，上下水道，凌乱不堪……新图书馆全部改为外科病室手术室，就体育馆为仓库，新体育馆为大厨房，凡斯种种，不及备述③。

图书馆、体育馆破坏最甚……（图书馆新书库）尚缺一层，因钢架被拆卸残缺……体育馆之前部运动场因敌人用作食物仓库，七八年间污秽溃烂延及地板；健身设备荡然无存，锅炉遗失。新运动场敌人用作大厨房，地板全部拆毁④。

当时清华校园被5000多名伤兵、医护人员及驻军占用，拥挤不堪。原本用作教学和研究的各幢建筑被改作他途（表8-1），又因生活方式不同对卫生设备等不加维护。对建筑的破坏可想而知，更遑论校中大量图书、器材设备乃至桌椅等家具的毁损，数十年之积累，一旦扫荡而尽。"所最幸者，全校树木，竟未被敌人砍伐""骤观如旧"⑤，但身处校园中即可感到其残破毁败则远较燕京大学等严重⑥。

日军侵占期间，仅在体育馆后新建平房36间，"迤逦逼近气象台，俗呼为卅六所"⑦，用于职员宿舍。该处建筑在20世纪90年代兴建新生物学馆时被拆除。

表 8-1　清华校园建筑被占领后更改用途

原建筑名称	改作用途	备注
新图书馆	外科病室、手术室	书库被改作大手术室
北院	日军将校宿舍	
明斋	内科病室、诊疗室	
新斋	日军女看护宿舍	
新西院住宅	日军军属住宅	
旧体育馆	食物仓库	前部被改为马厩
新体育馆	大厨房	
三院	日占领军指挥部	
二院	医护人员宿舍	最东边一列平房被拆毁
校医院	被服仓库	
平斋、善斋、静斋、大食堂、化学馆	病房及医疗室	

来源：保管委员会第一至四次报告. 清华大学校史研究室. 清华大学史料选编（第四卷）[M]. 北京：清华大学出版社，1994：123-131.

日本侵略者将清华校园变为医院期间，在日本军中服役的空军地勤兵市川幸雄曾在清华校园中养伤3个月，他对当时校园的情况有所描述：

清华大学……不是临时搭起来的简陋病房，而是些很漂亮的、砖造的或钢筋混凝土结构的西洋古典式建筑。这些严整地布置在宽阔校园里的建筑物，被当成了病房。面对这宏大庄重的建筑群，我吃了一惊。然而，当我知道那就是'野战医院'时，更加吃惊了。

……学校体育馆内虽运动设备齐全，但角落里堆放着喂马的干草和稻秸，又脏又乱。据说清华大学在被改成医院之前，曾被日军辎重队占用过一段时间。

校园内也很荒凉……在那些不很高的山丘上座落着一个个庭院。园内的池塘也都荒芜杂乱，无人管理。校园里有几条小河流过。河边丝柳倒垂，树影倒映在清澈的河水中，显示出具有中国特色的风景，令人心旷神怡。

……只要天气好，我每天都要登上学校的气象台。在这里，能眺望到远处北京城内的建筑物……在气象台的屋顶，还可以看到一条单线铁路。在这里还能看到附近的燕京大学的校舍和别具一格的古塔。[①]

根据市川幸雄的回忆，当时的二院也被改造为医院，"这样的教室前后有好几排，并且连在一起"，他和一些日军伤兵就住在二院，能走出病房在大礼堂附近散步[②]。

8.2 复校后的整顿与建设

1945年日本投降后，梅贻琦组设"保管委员会"先行回校接受校产，他本人也曾在1945年11月间到校园察看，随即聘请基泰工程司负责修缮被破坏的房屋[③]。此时直至1946年夏末，日本伤兵逐渐迁出，腾出的房屋又多为国民党的陆军医院所借占。几经折冲后，清华才得以于1946年10月10日正式复校开学，开启了为时3年的国立清华大学第二时期。

日军医院撤出后，国民党军队同样对建筑不甚爱惜，"以致各暖气设备全部被毁，水管全部冻裂，地下室锅炉房积水深达七八尺。"医院终于撤出后，"各房舍电气、电话、卫生、暖气、五金设备全部无存矣！属于医院用之家具全部搬走后，清华原有之家具只存什一而已。故冯友兰先生有'北大四壁琳琅，清华四壁皆空'之称。但事实上非但四壁表面已空，即壁内管子电线亦皆被抽空或破坏矣"[④]。

复校以后，在缺款缺房而学生人数反而增加的窘境下，梅贻琦领导修复了被破坏的建筑：

大礼堂破坏较轻……一院大楼楼上仍为学校各行政部门办公处所，楼下为教室、办公室及学生的临时宿舍。二院最后一排，前为敌人拆去，其未拆去部分，全部改作课室。同方部仍存在，作小集会、大班教室之用。三院（旧中等科）房屋最老，经八九年之摧残，更形坏，修理困难，故后部各排均由校拆卸，以其砖木

①②
市川幸雄. 悲惨的战争——我的回忆[R]. 戴炳富，译. 清华大学外事办公室（内部资料），1990：23-25.

③
至1947年元月由清华工程处接办修缮工程。

④
王明之. 复校修建概述[M]//清华大学校史研究室. 清华大学史料选编（第四卷）. 北京：清华大学出版社，1994：145.

① 梅贻琦. 复员后之清华[M]//清华大学校史研究室. 清华大学史料选编（第四卷）. 北京：清华大学出版社，1994：31-32.

② 梅贻琦. 复员后之清华[M]//清华大学校史研究室. 清华大学史料选编（第四卷）. 北京：清华大学出版社，1994：31.

③ 钟炯垣. 杂忆——记在清华大学建筑系学习的四年[R]//清华大学建筑系一——四届毕业班纪念册（内部资料）. 2001.

④ 李济祖籍湖北钟祥，其父在京为官，李济自幼在北京长大。换地详情见为本校与李济之先生在胜因院区内家墓地调换事[A]. 清华大学档案室文书档案，1948，档卷号1-4/2-224/1-014.

⑤ 梅贻琦. 学校近况[M]//清华大学校史研究室. 清华大学史料选编（第四卷）. 北京：清华大学出版社，1994：69.

⑥ 解放后续建平房14座（"十四所"），后连同之前的40幢大半被拆毁。2011年对之加以重修和整治。李金晨. 一滴雨和一座院——清华大学胜因院景观重塑[J]. 博览群书，2017（01）：75-77.

⑦ 张镈. 我的建筑创作道路[M]. 北京：中国建筑工业出版社，1994：45.

⑧ 黄延复. 清华园风物志[M]. 北京：清华大学出版社，2001：234.

⑨ 王明之. 复校修建概述[M]//清华大学校史研究室. 清华大学史料选编（第四卷）. 北京：清华大学出版社，1994：146.

⑩ 施嘉炀. 关于工学院扩充设备预算给梅校长的信[M]//清华大学校史研究室. 清华大学史料选编（第四卷）. 北京：清华大学出版社，1994：554-557.

作他方修理之用。科学馆、生物馆、化学馆、土木馆、水力馆、电机馆、航空馆，各建筑外观如旧，内部设备，全部无存，一桌一椅，均须重做。①

此外，体育馆"原有地板毁坏殆尽"，健身设备早已不存，室内被毁的地板因木材价格腾涨只得以水泥地面代替②，曾用作病室和手术室的建筑也需彻底消毒。1946年入校的第一届建筑工程系学生回忆："1946年是抗战胜利后的第一年，百废待兴。清华园里一面进行新生登记，一面修复校舍。体育馆曾被日寇当作马厩，那时正在平整地面，准备铺设地板。宿舍连电灯还没接通……善斋的电灯11月3日才接通，之后还经常停电。一年级的女生宿舍是古月堂。女教师住北房，女学生住东西厢房，没有暖气……全校的暖气是11月30日才开始供应，在这以前，住在善斋或新斋的男生在滴水成冰的屋子里盖着厚棉被、穿着衣服睡觉。"③可见当时日寇对清华校园的破坏和复校之初师生学习、生活条件的艰苦。

教职工住宅合北院、照澜院、新林院、西院，"经修理改造之后，可住一百四十余家"。日军所建三十六所也被改为职工宿舍。为缓解住宅问题，在校河以南换购到原清华教授、著名考古学家李济的家族墓地5亩左右④。将其平整后，利用"拆除之三院后三排房屋移建住宅40所，已于去秋（1947年）完成，即今之胜因院"⑤（图8-1）。

胜因院同样由基泰工程司设计，其住宅类型亦分甲（17幢）、乙（23幢）两种，总共40幢住宅为第一期建设内容，第二期还拟续建18幢⑥。主持设计的张镈回忆，"清华总务处对设计费很苛。只按两个单元的面积、造价的3%给设计费"⑦，亦可窥知清华当时经济形势的窘迫。胜因院的空间格局与新林院意趣不同，除避免了正交格网道路形式外，道路和广场的层次更加清晰。同时，甲、乙两种住宅混杂布局，尤其在北部围绕空地散落布置，形成类似"田园郊区住宅"（garden suburb）的环境（图8-2、图8-3）。胜因院最初也称胜因村，得名自西南联大时期昆明郊外的胜因寺，加以抗战胜利返校，"以资双重纪念"⑧。

除胜因院新住宅外，校内值得一提的新建设是大食堂加建了两翼并扩充了厨房，使原来仅容600人的饭厅可容2000人（1947年）⑨。此后国民党政府内外交困，清华也再无力兴建其他工程。解放之前的校园状况建筑分布情况可见图8-4。

复校之后，梅贻琦仍强调工学院的发展，新设化学工程系和建筑工程系。1947年工学院院长施嘉炀曾提出建造新航空学馆、化工馆和建筑馆的规划方案⑩，拟拆除二院的剩余房屋及同方部，模仿一院的转角大楼形式，建造4幢新建筑，围出宽敞阔大的内院，几乎是1930年规划总图中明斋一带空间形式的再现（图8-5）。如此按计划拆建完成，则工学院各系馆均集中在二校门以北、大草坪以东的区域，形成完整的教学区。梅贻琦自己呈报教育部的"最近二年内需要建筑计划"中，提出修建航空工程馆、化学工程馆、建筑工程馆、气象

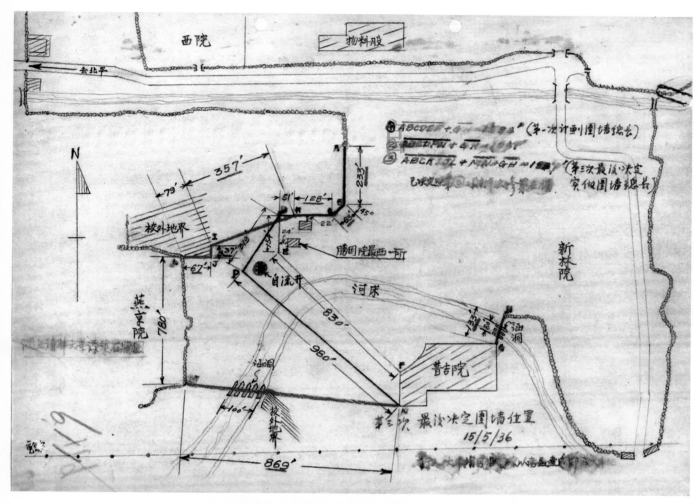

图8-1 胜因院位置及其与校园其他部分的关系
来源：为本校与李济之先生在胜因院区内家墓地调换事[A]. 清华大学档案馆文书档案，1948，档卷号1-4/2-224/1-014.

地学馆、文法学院等馆舍，同时修建学生宿舍和教职员住宅100套[①]，但未附具体图
纸，实际也已无实现之可能。

8.3 曾经的清华农学院：京郊自得园旧址建设史料拾补

中央党校南院原为清盛期时果郡王允礼赐园的自得园，后来改用作御马厂和
鹿苑，除山水格局保留之外，最初的建筑已均被拆毁。慈禧太后重修颐和园时，因
其与颐和园西楼（德和园）仅一墙之隔，又在此修建了专为戏班居留和存放服装的
"升平署"和其他一些附属建筑。"七七事变"后，日本统治下的傀儡政府伪建设
总署以此为校园建起土木工程专科学校，建起一幢主楼和并排的六座小院。日本战
败投降后，南迁的各校陆续返回北京，土木工专（简称"木工工专"）的这些校舍

①
梅贻琦. 手拟最近二年内需要建筑计划
[M]// 清华大学校史研究室. 清华大学
史料选编（第四卷）. 北京：清华大学
出版社，1994：557-558.

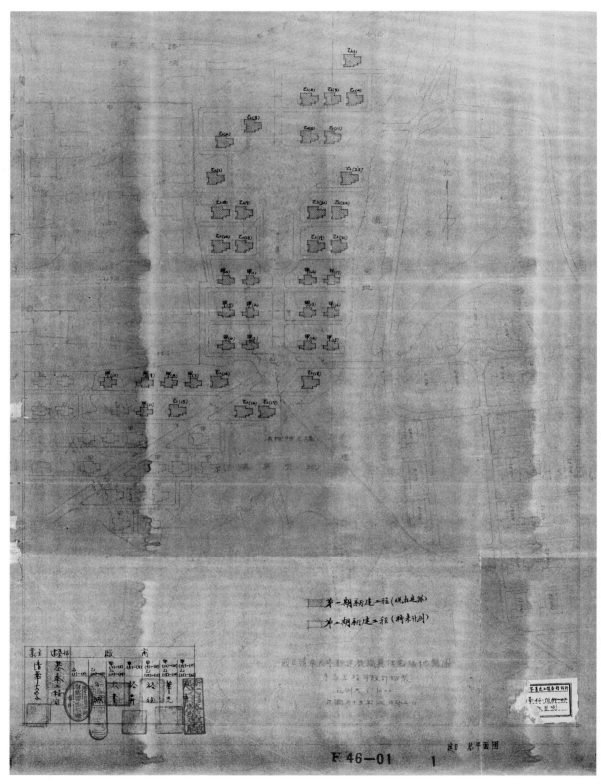

图8-2　胜因院总平面图，基泰工程司设计，1947年

来源：清华大学档案馆基建档案，档卷号J0034-01-01.

① 彭兴业，张宝章. 京西名园记盛[M]. 北京：开明出版社，2009.

② 焦雄. 北京西郊宅园记[M]. 北京：北京燕山出版社，1992：50-55. 贾珺. 北京私家园林志[M]. 北京：清华大学出版社，2009：515-516.

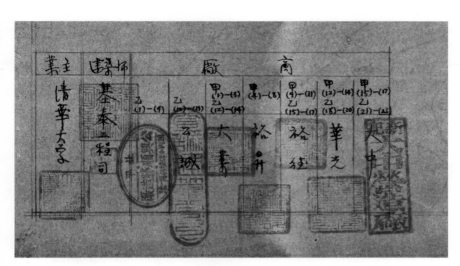

图8-3 胜因院总平面图图签
来源：清华大学档案馆基建档案，档卷号J0034-01-01.

又被移交给清华作开办农学院之用，直至1949年清华农学院被并入新组建的北京农业大学，该处校址由马列学院（中共中央直属高级党校前身，今中央党校）接用。1955年戴念慈设计的主楼建成后，作为党校南院。

本节查考相关资料和图籍，对党校南院的建设历史略作补充。

8.3.1　自得园的园林布局及其焚毁与清末升平署建筑群

有关自得园的历史研究，彭兴业、张宝章所著《京西名园记盛》[①]所记綦详，贾珺及焦雄等人的著述亦缕述大概[②]。今则其有关园林格局及主要建筑部分简述如次。

自得园为雍正帝赐予其弟允礼（时果郡王，后果亲王）的宅园，时在雍正三年（1725年）春。"筑园于西苑旁"，接近雍正常年驻跸的圆明园，"于园（圆明园）西南隅赐地一区，山环水汇，因地势之自然以为丘壑，正方定位，疤材鸠工，皆出内帑，而官监之"（允礼《御赐自得园记》）。可见雍正对果郡王的荣宠信任，亦可得知其造园条件很好。是年秋园成之后，雍正为之命名并亲笔题写"自得园"（在北京瀚海2002年秋季拍卖会上高价拍出），同时为园中的4幢主要建筑题写匾额——春和堂、静观楼、心旷神怡、逊志敏时。

园中山形水系布局得体，其中大池沼两处，小池数处，"其水从畅春园西花园外河经西苑南折而东注入园中"（焦雄）。东侧湖泊纵贯南北，其北"园内湖心有座圆岛，岛上建有楼阁，为全园风景中心"（彭兴业、张宝章）。园内纵横列布土埠石山十余条，人工假山十余座。这座自然园景观绮丽，山水俱佳，允礼自己描述"兹园之中……温良朝暮，风雨晦阴，物象时光，无不与人相惬，对之常心旷神怡。"（《御赐自得园记》）

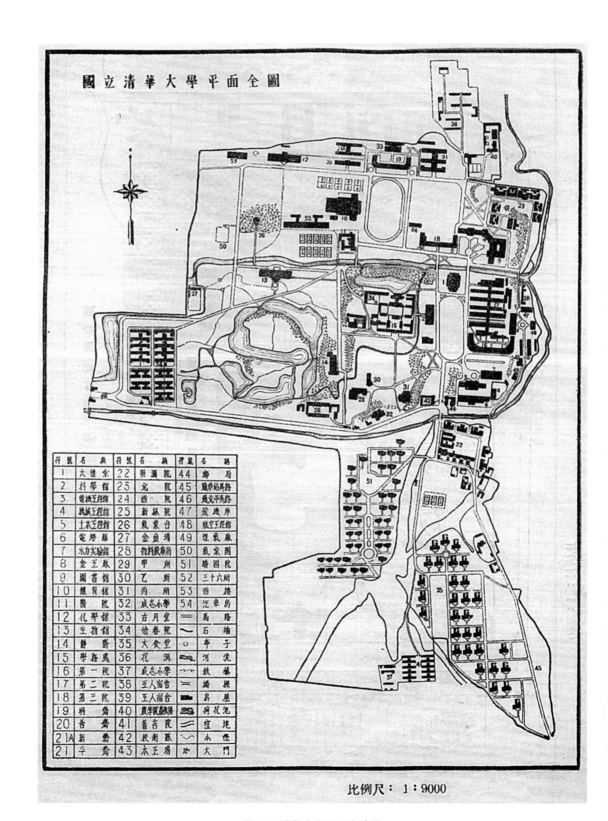

图8-4　清华大学1948年全图

来源：顾良飞. 清华大学档案精品集[M]. 北京：清华大学出版社，2011：86.

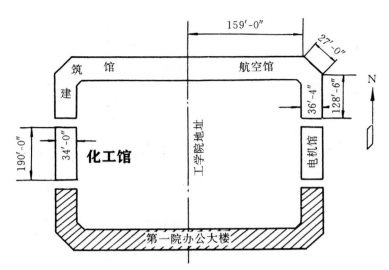

图8-5 工学院拟建新系馆（建筑、航空、化工）位置图，系拆除二院后建造
来源：清华大学校史研究室. 清华大学史料选编（第四卷）[M]. 北京：清华大学出版社，1994：556.

①
周维权. 中国古典园林史[M]. 北京：清华大学出版社，1999.

自得园内的主要建筑是春和堂，"修建在北墙内土山以南、东西小湖之间，是允礼的园居之所"，其书房逊志时敏可能在其左近；东侧湖泊以北的小岛上修筑静观楼，供园主人登临游乐，即前文所说"全园风景中心"。此外，湖心小岛上还修建了另一由雍正题写匾额的主要建筑，"渚中之构额曰心旷神怡"。

《御赐自得园记》记载园内格局景物层"别绘为图"，今已佚失。《京西名园记盛》作者曾查得1943年伪建设总署都市局营造科绘制的《土木工程学校地势图》，认为其图与样式雷绘制的《圆明园来水河道全图》《圆明园外围大墙图》（道光年间）和《自得园画样》（光绪年间）相比，"标示的山形水系还大体保持着自得园时期的原状，与样式雷所绘比较接近"。其推论的根据可能是中国传统园林中的四大造景元素——山石、水系、植物和建筑[①]，因维护不当而造成建筑和植物毁损的情况所在多有，但山水格局一经确定即较难易动，也可推断其造园的意匠。

果亲王孙辈以后由于降袭爵位，丧失继续居住在赐园的资格，自得园于嘉庆十一年（1706年）被内务府收回，自此被改作圆明园附属的"御马圈"。英法联军火烧圆明园时，与之毗邻的自得园也被焚毁，先前盛时的建筑如春和堂、静观楼、心旷神怡等成为一片废墟。

慈禧太后修建颐和园时，因自得园故址与颐和园隔街相邻，先在"自得园原春和堂四周修建了三进院落的养花园，院东是五大排花洞，是为颐和园培植和供应各类珍贵花木的地方"。此后又在养花园西墙内从南到北修建了四座院落，北边两座是升平署，是颐和园戏楼——德和园的附属用房；其他两座分别用作保卫颐和园的步军统领衙门和颐和园档案库房。

这些建筑一直沿用到20世纪50年代。

①
梅贻琦. 复员后之清华[M]//清华大学校史研究室. 清华大学史料选编（第四卷）. 北京：清华大学出版社，1994：32.

②
关于索伪土木工专校舍事1946-08-15[M]//清华大学校史研究室. 清华大学史料选编（第四卷）. 北京：清华大学出版社，1994：110.

③
梅贻琦函沈覆[M]//清华大学校史研究室. 清华大学史料选编（第四卷）. 北京：清华大学出版社，1994：116.

④
蒋经国致李惟果函1946-10-23[M]//清华大学校史研究室. 清华大学史料选编（第四卷）. 北京：清华大学出版社，1994：117.

⑤
清华大学有关成立农学院筹备结果、沿革、概况报告[A]. 北京市档案馆. 1947，档卷号J107-1-1.

⑥
梅贻琦致沈履1946-09-25[M]//清华大学校史研究室. 清华大学史料选编（第四卷）. 北京：清华大学出版社，1994：114-115.

8.3.2　伪建设总署土木工专时期的建设与清华农学院创办始末

"七七事变"后，伪建设总署署长殷同选定自得园旧址修建土木工程专科学校，培养技术人员，名园一变而为校园。伪土木工专校园内，在湖北侧、北墙土山以南，修建了一座"山"字形平面、覆以绿色琉璃瓦歇山顶的大楼，包括"能容纳上千人的小礼堂"。因其造型类似飞机，也被称为"飞机楼"。其正面造型与伪满"兴亚式"多将两翼向前突出围抱于前广场不同，除主入口两侧突出的半圆柱体外，正面较平实。但歇山顶下无斗拱直接置于墙上，比例、形象较呆滞，唯檐下的石材上所刻的中国传统彩绘云纹颇为精致。由于战争的缘故，钢筋混凝土供应中断，大楼背面的外装饰未及完成，钢筋暴露在外。此外，在该楼东部修建了6座二层小楼，连同之前清末的合院，被用作土木工专的教学用房和宿舍等附属建筑。

抗战胜利后，清华校长梅贻琦组设"保管委员会"先期回校接受校产。但日军占领清华园8年间破坏严重，将图书馆和男生宿舍改为内、外科手术室，将体育馆改做厨房和马厩等，整顿修理需要颇长时间，而复校日期已定在1946年"双十节"，校内宿舍和教室不敷使用。此外，在梅贻琦的支持和推动下，农学院于1946年秋成立，在圆明园从事农业研究和农机器材实验。农学院院址因圆明园旧址尚无建筑可用，只得上报教育部进行请示。

1946年年初，教育部核准将"敌伪建立之土木专科学校校舍（在颐和园东）"①拨给清华，作为农学院教学研究之用。至1946年3月事情又发生变化，"暂将该校舍借与中央干部学校暂用六个月"②。西郊的中央干部学校由蒋经国主持，因国民党内部矛盾重重，至1946年8月梅贻琦等人得知"北平之干部学校分校决不再办了"，梅贻琦表示"无论如何本校必须收回，否则数百学生即无法容纳矣"③，蒋经国也托人带信给梅贻琦将借用之校址"交还清华大学"④。

于是"前伪建筑总署土木工程专科学校"的一幢主楼和附属建筑交还清华，"本校先修班附设于此，使用大楼为较宜，四、五、六小楼为学生宿舍。其余一、二、三小楼，立刻动工修改，准备日后作为农学院各系实验研究之用"⑤（图8-6、图8-7）。先修班为西南联大时期的制度，延续至清华复校初期，为临时性措置。当时先修班学生共470余人⑥，后转入本部学习。因此，原日伪土木工专大楼在1947年秋前用作先修班教室，后改为农学院的办公及教学楼（农学馆）（图8-8）。

上文提到的6座小楼则为农学院下设各系的系馆。另在校区以西修葺和建设教职工住宅，而将学生宿舍布置在东侧（图8-9）。曾在清华农学院任教的余渭江教授回忆当初农学院各校舍及办学的情形："清华农学院设立在颐和园对面，由高墙围起近200亩面积，原日本占领北平期间所设土木建筑工程学校旧址。院内建有教学大楼一座，还有5座教学小楼，分别作为农学、植物生理、植物病理、昆虫四个系的教学实验楼以及试验农场办公之用。农院大门内侧遗留着一个古香古色的大院，

图8-6 农学院大楼，原日伪时代土木专科学校教学楼

来源：清华大学校史馆.清华大学图史[M].北京：清华大学出版社，2019：81.

图8-7 日伪时代土木专科学校教学楼

来源：中央党校王煦提供

图8-8 日伪时代土木专科学校教学楼今貌

来源：作者2018年拍摄

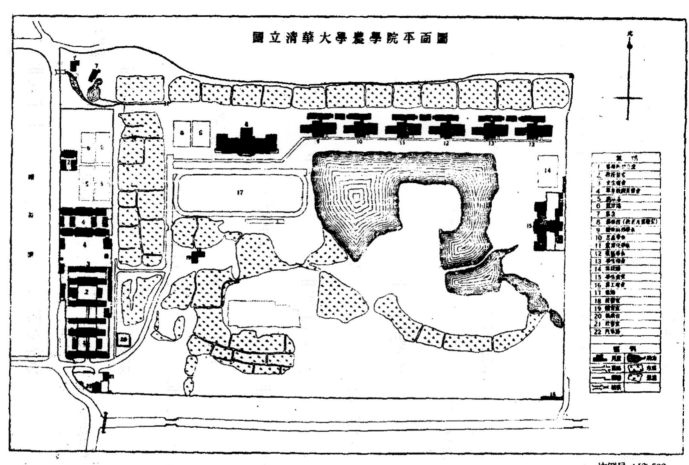

图8-9 农学院总平面图，1947年
来源：国立清华大学一览[A]. 1947.

①
余渭江. 回忆清华农学院[M] //清华校友
总会. 校友文稿资料选编（第一辑）. 北
京：清华大学出版社，1991：42-43.

传说是颐和园外的建筑，是慈禧太后修建戏台演京剧时，名演员如杨小楼等及戏班子人员住宿用的几套四合院，正好改作院长办公室及教员工作室和教师宿舍之用。当时青年的教师不多，只有十余人，就在这个大厅里办公……因为农学院的办学方向不同，想建立一个小而精的协和式农学院，把院内200多亩土地改建成试验农场，再加上清华园内的奶牛场作为实验基地。这样，既有师资队伍，又有各类实验室及试验场作为师生实践基地，的确具备了办好高等农学院校的基础。"①

1949年9月，华北人民政府高教委员会决定将清华大学农学院和北京大学农学院及华北大学农学院合并，独立建校，同年10月完成迁并工作，即后来的北京农业大学。清华农学院旧址由从碧云寺迁来的马列学院接用。1954年由北京市规划局测绘的北京市地形图上，可以看到"马列学院"的标示（图8-10）。1955年戴念慈设计的中共中央直属高级党校主楼附属设施在颐和园路以北建成后，该处校址成为干

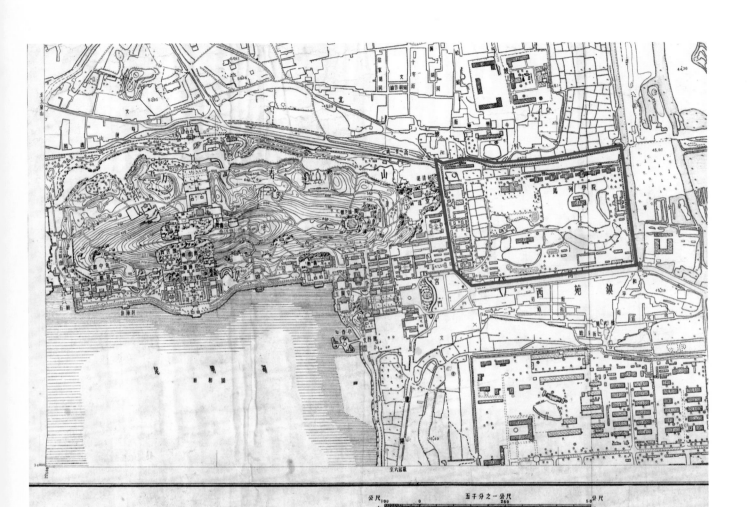

图8-10　1954年的马列学院
来源：1954年北京地图[A]. 北京市规划局.

部职工宿舍。原步军统领衙门院落经修缮成为当时马列学院副院长陈伯达的居所。"党校的著名教授艾思奇、何家槐、范若愚等则住在北墙内的二层小楼里"[1]。

　　由此可见，1947年至1948年间由清华管理的校产，从圆明园又扩张到颐和园以东的地带，就面积而论是历史上的顶峰。解放后，不但圆明园不再隶属于清华大学，农学院和其他科系也被剥离，清华经过短暂的徘徊之后确定跨过原京绥铁道向东发展，开启了新的篇章。

①
彭兴业，张宝章. 京西名园记盛[M]. 北京：开明出版社，2009.

清华古月堂
87.5.

第 9 章 结论

①
刘亦师. 墨菲档案之清华早期建设史料汇论[J]. 建筑史，2014（02）：164-187.

②
刘亦师. 墨菲研究补阙：以雅礼、铭贤二校为例[J]. 建筑学报，2017（07）：67-74.

本章总结了近代的清华校园规划和建设中的若干问题。首先，清华因其"庚子赔款"学校的特殊地位与相对充足的建设经费，得以延揽当时比较著名的建筑师从事规划和建筑设计，如墨菲、杨廷宝、沈理源等。同时，在清华校园的建设活动中也锻炼了一些建筑师，如庄俊。但整体而言，建筑师起的作用是将业主，即清华校长的治校政策与教育理念"转译"为有艺术性且技术上可行的建筑形式和空间序列。因此，本章第一节讨论的就是历任校长与建筑师之间密切配合、相互成就的关系。

此外，在前述各章的基础上，本章9.2节将阐述在历次规划中未得实施的部分及其对此后规划的影响。最后总结近代形成的清华校园空间的若干特征，并根据实物测绘，比较研究校园建筑其建筑样式、结构形式及装饰细部等特点。

9.1 近代历任清华校长与主持建筑师的关系

清华建校之初虽然延聘了不少美国教师，但校内的早期建筑并无一定章法，看不出与同时代美国的校园建设模式有有什么必然的关联，仅在设备内容上力图扩充，见缝插针地在原来地形的较平坦处兴建校舍。直至周诒春筹划建立"完全大学"，并在1914年聘用美国建筑师墨菲（茂旦洋行）对包括清华园和近春园在内的整个校园进行规划，校园格局才焕然一新。

美国建筑师在华的活动与美国对华经济、文化政策的迁变密切相关。20世纪初，特别是1905年全国性的抵制美货运动后，由于美国政府的对华政策开始注意笼络中国知识分子，美籍建筑师在中国的活动也随之骤然频繁。其中很多建筑师参与了美国资助兴建的卫生和文教设施，如何士设计的北京协和医学院、弗洛斯（William Fellows）设计的教会学校齐鲁大学等，但声望最著者当属纽约建筑师墨菲。墨菲对民国以来的近代建筑发展发挥了重要作用，尤以近代校园的规划和建筑设计闻名，他所在的茂旦洋行也是对我国近代影响最大的设计机构之一。

实际上，茂旦洋行只存在了12年（1908—1920）时间，1920年就因两位合伙建筑师在事业拓展上出现分歧而解散。虽然如此，茂旦洋行时期闻名遐迩的中国校园设计，如雅礼学校、清华学校、福建协和大学等，均是墨菲和丹纳密切沟通和合作的结果。墨菲写给丹纳的信函曾详细描述了中国项目的进展以及他对方案的修改设想和人事安排等，涉及设计构思的发展变化和事务所工作的方方面面，至今仍是研究这些校园规划和建筑的重要史料①。

墨菲于1914年夏初第一次到中国，主要目的是查看位于长沙的雅礼学校施工现场②。他计划完成该工作后，前往北京实地考察故宫等中国传统建筑，再横穿西伯利亚前往欧洲，乘船返回纽约。因其设计深获雅礼会众人的好评，经雅礼会领袖介绍，墨菲在6月中旬到清华学校与同是耶鲁校友的周诒春会商正在紧张筹划中的清华大学校园设计。

以墨菲在清华学校的项目为例，根据墨菲和周诒春最初会晤形成的备忘录[①]，时任清华校长的周诒春在会见墨菲之前，早已形成了清华未来校园建设的全局计划，特别要求对新建建筑在外观和内部空间组织上采用西式，以此减少造价和便于使用。这体现了周诒春作为一名长于行政的管理者所具的实用态度。周诒春是清华校园建筑风格的决定者，墨菲按照他的设想将其具体化，形成了我们今天看到的"四大工程"。周诒春作为清华校长和这宗大项目的业主，对控制整个工程的走向与细节有其自信，也得到墨菲的全力支持。他与墨菲形成了"主倡宾从"的关系，即与建筑师通力合作，控制主要的、决定性的方面如造价和风格，而在技术细节上则完全信任墨菲及其所派的驻场建筑师。

究其本质，墨菲在他主持的诸多项目里是一个精力充沛、灵活机变的实施者，但绝非政策方针的决定者。他在各个项目中的风格变化（如清华学校的"四大工程"与同时进行的雅礼学校及同在北京的燕京大学校舍），和同时代的其他外籍建筑师一样，也是因应业主要求而做的调适。在这里，清华校长周诒春的文化自信、自觉及历史感乃是决定项目成败利钝的关键因素。

墨菲在清华项目之后，同样藉由雅礼会的推荐，接受了多所美国基督教会大学校园规划设计的委托，后又设计了北京、汉口等地共6处花旗银行大楼，将业务范围扩展到了整个东亚[②]。以此为契机，他又在1928年国民党定鼎南京之后主持设计了南京灵谷寺阵亡将士纪念塔和祭奠堂。从此，墨菲蜚声中美，成为中国近代建筑史上最著名的外国建筑师之一。

墨菲选聘派往清华施工现场的雷恩擅长住房设计和机械设备安装，在清华服务期间还受洛克菲勒基金会在华最高官员顾临的委托，为协和医学院进行过一些设计。墨菲在1915年至1921年间曾多次来清华视察工程进展情况（图3-14）。这一时期，清华工程处除雷恩外，还聘用了曾接受清华庚子赔款到美国学习建筑工程后毕业归国的庄俊。庄俊的主要工作是辅助雷恩，根据纽约寄来的设计图绘制施工图监督施工的进程与质量。这些工地上的锻炼，尤其是当时尚不多见的先进材料与结构形式的应用（图9-1），对庄俊日后成长为独当一面的建筑师起到了重要作用。而且，不仅是庄俊，根据杨廷宝的回忆，当时尚在清华学校就读的杨廷宝也经常到工程处翻阅图纸，并在工地观看施工进展，因此获得了不少建筑学的知识，确定以建筑为毕生职志。可惜的是，20世纪20年代以后清华校方未再大举建造，且于1923年年初解散了工程处，除南院住宅和规模较大的土木馆（工艺馆）外，庄俊未得机会在清华留下更多作品。

罗家伦成为国立清华大学首任校长后，强力推进"改辖废董"，扩大招生规模（详见第5章）。罗曾游历欧美，具有国际眼光，同时崇尚西方理性主义。在他任内制定的校园规划方案（1930年），其显著特征是以荒岛（主体建筑为博物馆）为统率，沿湖环列"特殊学术建筑"，以南端的新校门为起点，北讫生物学馆和化学

①

Tsing Hua College. Memorandum Report of Interviews of June 13, 14, 15, 1914, at Tsing Hua, Peking, China, between President TSUR & H. K. MURPHY[J]. 1914-06-26. Murphy Papers.

②

Jeffery Cody. Building in China: Henry Murphy's "Adaptive Architecture", 1914—1935[M]. Hong Kong: The Chinese University Press, 2001: 109.

①
罗家伦. 国立清华大学地盘总图说明[J].
国立清华大学一览, 1930.

②
转引自罗森. 清华大学校园建筑规划
沿革（1911—1981）[J]. 新建筑, 1984
（04）: 2-14.

③
罗久芳, 罗久蓉. 罗家伦先生文存补
遗[M]. "中央研究院"近代史研究所,
2009.

图9-1　罗斯福纪念体育馆前馆钢桁架施工过程中之照片，原刊标明此建筑为中华工程师学会"正会员
庄俊君建筑"，实则为庄俊监造
来源：北京清华学校体育馆铁屋梁图[J]. 中华工程师学会会报, 1920, 7（6）: 2.

馆。这条新轴线较墨菲时代的大草坪轴线更加雄阔舒展，象征着新时代清华勇迈向
前的精神气度（图9-2、图9-3）。如罗家伦自述，这是他自己"长期之劳思博访，
益以工程师技术上之辅助"①的成果，其过程甚至比周诒春之参与指导墨菲1915年
的规划犹有过之。确实，没有当时校长的授意和支持，将中国古典园林样式的荒岛
和湖面彻底改造成这种"布扎"风格的规整几何形态而获得清华校方核准，几乎不
可想象。同时也应看到，当时的规划内容颇为粗率，荒岛周边建筑（"特殊学术建
筑"）具体分配给哪些科系尚无定论。

负责这一总体规划设计的是基泰工程司的杨廷宝。杨廷宝毕生从事实践工作，
对工程设计和实施的过程罕少著录。20世纪80年代罗森先生因研究校史，通过齐康
先生转问杨廷宝先生1930年规划的情况，杨先生提到：

清华的规划常常是因主持人而异，不同时期，不同主张，结果建乱了，那是很
糟糕的。……至于说那个时期是否是我主持规划与设计的，可以这样说。规划不止
做了一次，而是做了多次。有人说荒岛保留做风景区，我看主要是因人而异。②

这说明，第一，当时的规划和设计工作可能还有其他人参与进来，如同为清华
校友的朱彬即多次往来京津之间与罗家伦讨论清华校园的建设方案③，但杨廷宝主
持设计当无疑义。第二，1930年的总体规划经过反复调整，最终于罗家伦去职前不
久才定下来。从荒岛一带的建筑形式看，与已建成的明斋一样采取了45度角的建筑

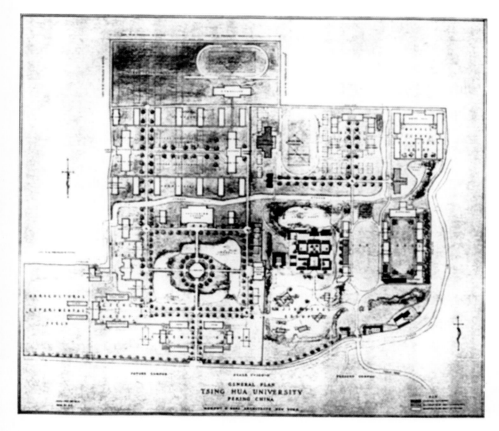

图9-2　墨菲设计的1914年版清华规划
总平面图
来源：墨菲档案

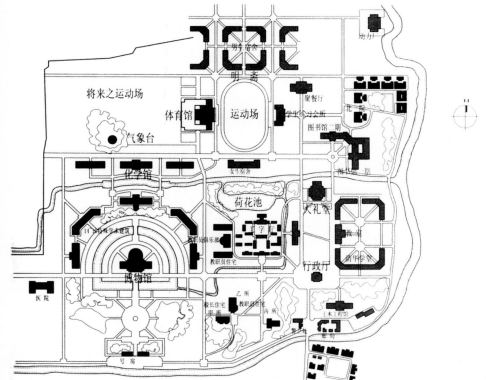

图9-3　1930年版清华规划总平面图
来源：姚雅欣，董兵. 识庐——清华园最
后的近代住宅与名人故居[M]. 北京：中国
建筑工业出版社，2009：75.

①
转引自罗森. 清华大学校园建筑规划
沿革（1911—1981）[J]. 新建筑，
1984（04）：2-14.

平面，联系在建的图书馆二期和规划中的男生宿舍区平面形态，前后一贯，显见建筑师控制全局的功力。第三，杨先生似赞成荒岛改造成规整的格局，可能是以当时的条件而言，教学区宜集中在这一区域，不让其延展到北边的学生区。同时，这种布局也有利建成集中、宏伟的全校中心轴线和广场景观，这正是当年"布扎"式设计的窍门所在。

除总体规划外，杨廷宝同时也设计了罗家伦时代著名的"四大建筑"，而罗家伦在其中均发挥了主导作用。本编第5章对图书馆二期的建设过程已做了详细描述，可得出罗家伦对图书馆的空间布局和空间大小（阅览室等）有明确的指示，杨廷宝则在如何与墨菲的一期工程衔接、技术方案的制定及装饰细部的推敲上拥有充分自由。和墨菲得到周诒春委托设计的"四大工程"一样，"四大建筑"也是业主（罗家伦校长）和建筑师（杨廷宝）间相互信任、相集相当而成就的杰作。

罗家伦对清华建设的另一大贡献，是建起清华校内较完善的评图和审计制度。他仓促去职之后，校园建设仍奋力向前。但时移事去，"因主持人而异"，1930年的规划也随之发生了调整。最典型的例子，是天津华信工程司的沈理源受聘设计化学馆，并将之北移至与明斋相齐。这在杨廷宝先生看来完全打乱了此前的规划意图，"清华园的规划慢慢地就乱了"（杨廷宝语）[①]。殊不知，当时清华建设的当务之急已变为更务实的"三年建筑计划"，且建设内容与时俱增，其重心此后逐渐移向工学院的诸多建筑（本编第6章）。本来经费不甚充裕的清华校方难以负担过于急进、而具体内容尚不明确的荒岛改造，而将注意力放在经济可行的扩充校舍上。正因为荒岛改造计划不能实施，化学馆才被北移到靠近当时清华边墙的今址。

虽然化学馆新址与当时的宿舍区接近，造成部分流线交叉和管理的不便，但从长远来看，随着校园面积扩张，功能区的布局也会发生变化。化学馆北移，使得整个近春园轴线也向北延伸，为将来的西北教学区（今化学系、理学院和医学院）预设了骨架。化学馆也成为该区的第一幢校舍，直至新中国成立后才在其周边新建教学楼。

沈理源在梅贻琦到校继任校长之前就开始设计和监造化学馆，之后又与梅贻琦合作设计了工学院的诸幢建筑，如电机馆、机械工程馆、航空馆等。其建筑风格偏简约务实，相比杨廷宝设计的"四大建筑"，装饰细节少了很多，但门头和门厅颇有可观。而且，沈理源设计的建筑数量较多，兼用红砖和青砖，延续并发扬了清华校园建筑的色彩传统。20世纪90年代清华校园的东西干道（清华路）改栽银杏树后，每年秋深时分，机械工程馆正面的青灰墙面与二校门的白色和银杏树叶的黄色相映成趣，已成为清华园内闻名遐迩的一处景观。

除沈理源外，梅贻琦同时还继续聘用基泰工程司及德国工程师安那设计学生宿舍。直至抗战胜利复校，仍聘用基泰工程司规划、设计胜因院住宅区，当时的主持建筑师是杨廷宝的学生张镈，他后来在新中国的北京城市建设中发挥了至关重要的作用。

清华校园建设的主持建筑师从墨菲、雷恩到庄俊，再到杨廷宝、沈理源、安那，最后到张镈，中外数任建筑师参与其事，大礼堂、图书馆等作品举世瞩目，这是中国近代建筑史上能够独立成篇而不容忽视的章节。这些建筑师在清华校园内的成就，实则离不开与他们密切配合、相互信任的清华校长们的支持。从周诒春到罗家伦和梅贻琦，依靠与技术专家的合作，力图将其教育理想和治校方针转变为物质空间。可惜这两次规划中实际建成的部分所占比重颇小，如其完全实施，则清华园又将是另一番景象。

9.2　历次规划中的未建成项目

西方建筑学界历来有将未建成的"纸上建筑"与建成的实物等量齐观、联并在一起研究的传统①。清华校园在近代的几次重要规划——周诒春时代由墨菲所做的1914年规划、罗家伦时代由杨廷宝所做的1930年规划和梅贻琦在此基础上进行的修订，都既有建成的宏大工程，也有更多未能实施的部分。将这些"未建成"的项目（unbuilt projects）进行纵向比较，能发现饶有趣味的现象。

1914年规划和1930年规划虽各有侧重，但其共同之处，是都以当时"荒芜不治"的近春园和荒岛为建设重点，以大量、集中的建设刷新气象，营造一流的大学氛围。墨菲的规划中，荒岛驳岸形状虽未大动，但其上八角形的图书馆则四出通道，跨湖与四边的建筑相接。这一设计手法几乎就是墨菲后来用于金陵女子大学的实施方案和燕京大学的最初几轮方案的原型，遵照的是"布扎"设计强调轴线、秩序与流线通达等原则。

在靠近南部拟新建的"中国式"大门以内，遵从美国"学院式"教育理念布置了6幢教学楼，分别为建筑学院、教育学院、文学院、法学院、新闻学院和音乐学院，每三幢组成一个三合院，东、西侧分别再布置一幢教学楼（商学院和中国文学院）。这种布局手法像极了燕京大学正门内贝公楼一带的校舍布局。可以说，墨菲的这一部分规划在清华虽未能实施，但其设计思想延伸到墨菲后来的很多重要项目中，起到了开创先导的作用。

墨菲的规划中，"大学部"的建筑密度甚大，科系齐全，教学区挤在近春园一带。其主轴南至新南门，穿过荒岛和图书馆直抵全校最大的建筑——大学部大礼堂（详见第3章）。大礼堂以北有一条东西向道路将教学区与学生住宿区隔开，同样密密麻麻列布了宿舍和相对的两座大食堂。更北的区域为学生体育活动区，拟建一座比罗斯福纪念体育馆更大的体育馆。墨菲遵照当时美国流行的校园设计模式，空间轴线仅限于教学区，学生区则自由灵活一些。墨菲从接受周诒春的委托起，只用了短短4个半月时间（从1914年6月13日初次与周诒春会商，到当年10月底提交规划方

①
Robert Harbison. The Built, the Unbuilt and the Unbuildable: In Pursuit of Architectural Meaning[M]. Cambridge: MIT Press, 1991.

①
Murphy to Dana[A]. 1914-6-22.
Murphy Papers. Yale University, 详
本书第二编墨菲档案之书信部分.

案），即完成总体规划和"四大工程"的设计草图。考虑到墨菲离开北京后横穿西伯利亚并在欧洲游历，之后才返回纽约，说明校园规划的大格局在墨菲回纽约的船上已确定①。设计时间既短促，自然存在不足之处。其中典型的问题，是将"四大工程"中的3项按东西向布置，而未建成的大学部（近春园）宿舍楼亦几乎全部是东西向布局，与中国习惯的布局方式相去甚远。

将墨菲的规划方案比较于罗家伦时代的规划，杨廷宝的新方案显然经过反复、深入的推敲，在空间序列上较为合理，更能体现校园轴线的宏伟壮丽。其主要建设的场域同样是近春园和荒岛，主轴亦发自新建的南门而北讫化学馆，贯穿整个教学区，以北区域也未加措意。但校门以内留出较大的广场，布置以几何形的绿化和铺装，空间尺度更加合理，也更利于人流集散和观看景物。除这条主轴以外，依从罗斯福体育馆和西操场的格局，又形成了一条统率住宿区的南北轴线，其北端为新建的明斋，与操场相对的则是拟建的女生宿舍，后者又与化学馆（后北移至今址）等教学楼平齐。可以说，杨廷宝的规划更好地体现了"布扎"设计的基本原则，即主次轴线交织、关联但明辨其主从秩序，较之墨菲的设计，艺术水准犹有过之。同时，通过转角等处理与旧有建筑环境取得协调，并将主要建筑都尽量布置为南北向。

不同于墨菲将主要精力放在设计"中学部"（清华园）的"四大工程"上，近春园是为了配合周诒春教育发展计划的要求而仅做空间关系的布置；杨廷宝在近春园的设计充分考虑了建筑建成后的形态，力争与清华学堂、明斋和图书馆二期那种45°转角的建筑相一致，在荒岛周边和男生宿舍区均采取了同样的平面形式。如前所述，这些内容仅生物学馆一幢建筑和校河以北土山上的气象台得以实施。

在近春园之外，两轮规划不约而同地聚焦在清华学堂（一院）以北的二院，都力图将之与同方部等"缺乏艺术价值"（墨菲语）的早期建筑一并拆毁（图9-2、图9-3），并仿效弗吉尼亚大学的先例，建成较完整的合院式教学楼群。如按此方案建成，将在大草坪以东又形成一片尺度与之相当，但较封闭、内向的公共区域。墨菲按此方案将原清华学堂向东扩建，形成与原建筑镜像对称的东侧大楼。但由于二院的7排平房尚堪用于实验室和宿舍，拆除新建的计划一直被延宕下去。

至20世纪30年代，梅贻琦似有计划拆毁二院和同方部，因而委托沈理源在二院以东设计了电机工程馆，其西立面入口正与科学馆东入口跨二院和大草坪相对，也暗含着将二院拆去后重新利用这一场地的企图（图9-4）。电机馆的西立面和屋顶开气窗的形式均仿效自科学馆，在空间格局和建筑细部上均有对应。此后，在抗战胜利复校后，梅贻琦又推动制定了新的工学院建设规划（包括建筑工程系和航空系），也是拆毁二院和同方部，就其原址形成围合的内院，基本形态类似1930年的规划图（图8-5）。但这一规划也未能实现，二院平房仍被继续使用。

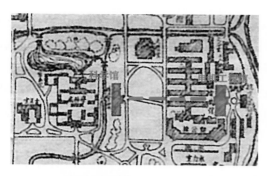

图9-4　科学馆和电机工程馆的对位关系（底图为1935年清华校园地图）
来源：顾良飞.清华大学档案精品集[M].北京：清华大学出版社，2011.

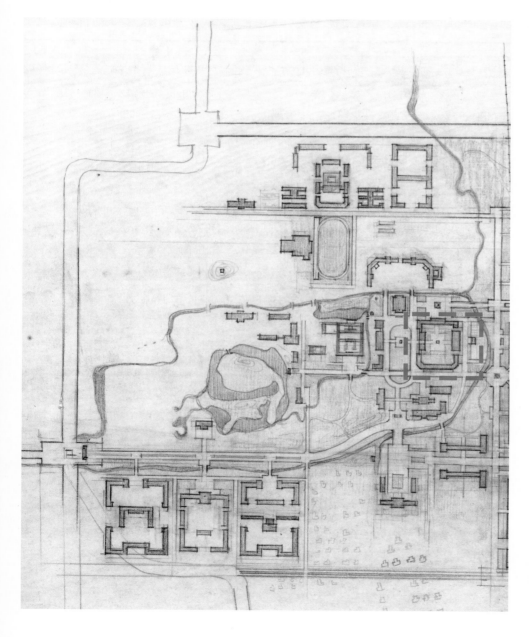

图9-5　1954年总体规划的过程方案之一，红色虚线框为清华学堂教学区
来源：清华大学档案馆基建档案

新中国成立后，1953年至1954年在蒋南翔校长的主持下重新制定总体规划方案，虽然主要精力转向铁道以东，但也对"老校园"尤其是二院部分提出了多轮方案，其要旨仍是拆除平房和同方部，围合出新教学区（图9-5）。1955年周维权先生设计的新水利馆建成后，与清华学堂（一院）的平面形制遥相呼应，在改造清华学堂教学区方面推进了一大步，但二院仍暂被留用。

1959年，在新形势下，清华大学建筑系师生（主要是1959年毕业的建九班同学）重新制定校园规划，专门绘制了清华学堂教学区的改造方案（图9-6）。与此前围合出大内院不同的是，新方案拟在同方部所在处建新小礼堂，将内院一分为二，小礼堂正门（西立面）与科学馆正门跨大草坪相对。这一版新规划是在"教育大跃进"的背景下讨论形成的，还包括了很多非常大胆的远景设想，如将新林院、胜因院等"资产阶级住宅"的拆除，统一建设"公社大楼"、开凿和疏浚校内河湖水系以使用游艇运送师生到各处上课等。这些内容和图9-5清华学堂教学区的改造一样，均被搁置或放弃，但同样映射了一个时代的精神面貌和规划诉求，即以新的空间形态反映当时的教育方针与治校策略。

9.3 近代清华校园的空间特征

9.3.1 历时与贯通

大学校园的规划与建设是一个持续和不断完善的过程。虽然大学经常面临扩建和改建，但人们却始终希望一所大学的人文传统能被提炼出来并延续下去。因此，针对我国校园规划和建设的历史研究有其特殊意义：通过不断发掘新史料，考察校园空间形成与发展的脉络并分析其特色，整理关键人物的历史贡献等，形成对校园规划传统及空间环境的全面认识，从而指导当下的规划和建设。同时，研究视野的扩展如梳理我国高等教育的发展历程，也能将之与校园空间建设建立联系，从而加深对校园文化和大学精神的认识。

清华近代校园空间的形成是一系列长期、连贯的历史事件造成的结果。清华校园自1909年开始，除日本侵略者占领的8年时间外，整个近代始终在扩充和建设，唯规模大小不一。这一过程时间跨度大，涵盖内容多，加之清华本身在中国近代教育史上的特殊地位——清华是因美国退还超索的庚子赔款而创建，它先由外交部门管辖，后经辗转才归隶教育部，但始终与美国有密切的关联，其中情形颇为复杂，因此，要提炼清华校园的空间形态和建筑艺术特征，必须在较长时段下采用宽广的全视野进行研究，力图探查国家制度、人物和事件的互动过程，考究其与具体建设项目间的关联。

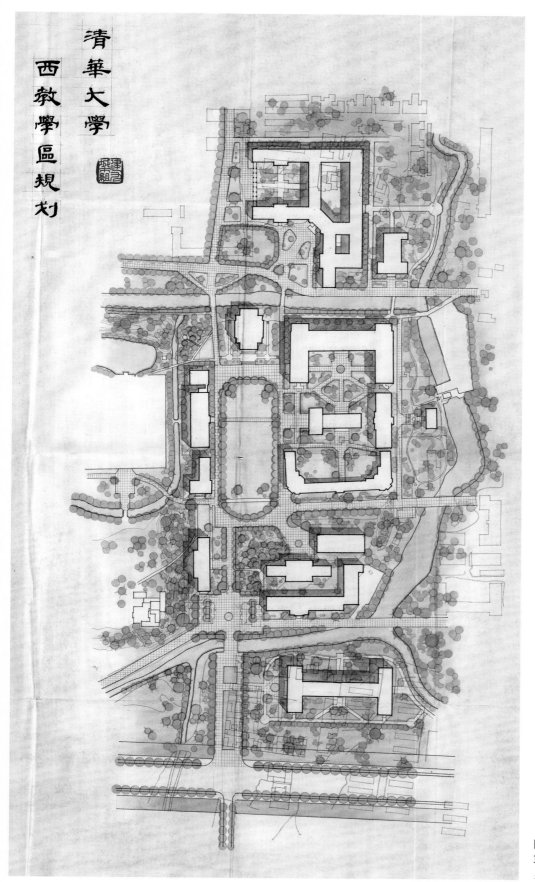

清華大學
西教學區規劃

图9-6 1960年总体规划关于大草坪与清华学堂部分的详细设计
来源：清华大学档案馆基建档案

①
墨菲的清华校园设计说明书（1915年）.
耶鲁大学墨菲档案.

本书分阶段对清华校园建设开展研究，讨论校长与建筑师的合作关系及重要项目（总体规划和具体建筑）的建造过程，比较研究其差异及深刻的历史、政治、社会原因，但同时也关注校园空间如何前后相继，逐步发展成为今天我们熟悉的形态。如果说清华的历任校长高屋建瓴地制定了校园建设的原则、方针，在实施过程中建筑师个人的设计思想、立场、手法就显得尤为重要。正是主持其事的几任建筑师尊重既有环境和空间格局，才使清华的空间特色随着时间的推移越来越明确地显现出来。

9.3.2　传承与创新

清华校园空间的一大特色，是几任建筑师尊重前人的创作成果，力图使新建筑与旧环境相协调，同时能别出心裁，提炼已有建筑语汇，以令人耳目一新的方式重造旧传统。

最早的一个例子，是墨菲虽然对斐士建造的清华学堂（一院）旧大楼并无好感，认为其风格样式杂糅而不地道①，但为了围合成新教学区，他按照原样添建了东半部（1915年），形成今天清华学堂的样子（图9-7）。而更典型的例子，是杨廷宝在设计图书馆二期（1929年）时，在丝毫不影响墨菲一期工程的前提下，以

图9-7　清华学堂东翼与旧楼的相接处，1916年。可见墨菲完全采用与原建筑相同的材料和
建筑语汇力求统一
来源：作者2020年拍摄

之为一翼而提取清华学堂45°转角入口为中轴，镜像对称布置新建部分。这是我国近代建筑史上尊重既有形制、创造新空间感受的优秀案例。这种45°角原本只出现在清华学堂上，但经杨廷宝踔厉奋发，又反复用之于明斋和规划总图的各重要建筑中，"化腐朽为神奇"，成为清华校园空间的重要特色之一。

清华校园建设中这种取法前人而加以发挥的例子不在少数。如墨菲设计的科学馆入口后来被沈理源参考、借用；墨菲设计的大礼堂、体育馆主立面均以三联拱为装饰主题，20世纪50年代初经周维权先生提炼，成为他设计的第二教室楼和新水利馆的立面造型来源（图9-8、图9-9）。而单独来看，大礼堂入口的半圆形拱券经变形和处理频繁出现在后来关肇邺先生的各项校园建筑设计上。正是通过前后几代建筑师对某些建筑语汇的不断"重复"和"排比"，这些建筑形象构成了清华校园的重要标志，成为我们感知清华空间特征的关键环节。

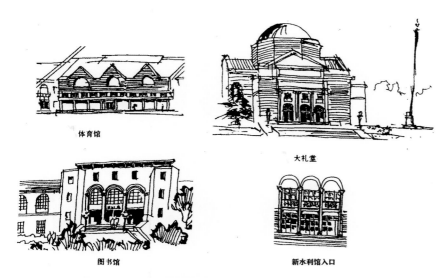

图9-8 体育馆、大礼堂、图书馆二期与20世纪50年代新水利馆入口设计的关联
来源：周逸湖，宋泽方.高等学校建筑·规划与环境设计[M].北京：中国建筑工业出版社，1994：159.

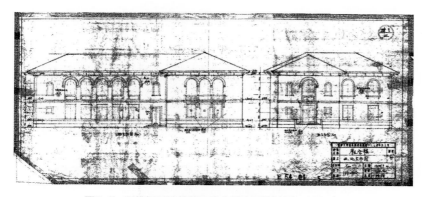

图9-9 周维权设计的第二教室楼立面设计图，1954年
来源：清华大学档案馆基建档案

　　而在旧工程"更新扩容"方面，清华在近代校园建设中的例子不在少数。除前述清华学堂、图书馆二期之外，庄俊设计的老土木馆也在20世纪30年代补建两翼，使之与原来仅在中间突出的二层相齐（图9-10）。同样，20世纪30年代建成的老水利馆只有二层，但20世纪50年代初增设第三层，且利用其粗大的混凝土柱（当时一层高敞的空间用于水力实验，结构要求较高），巧妙设计了混凝土门式钢架为新加建的屋顶结构（图9-11）。

　　除此以外，在建筑材料和色彩上也有很强的延续性，形成了近代清华校园的独特风格。工字厅和古月堂建筑群是清华校内遗留的古物，均为灰砖所建的平房。清华校内最早的一批建筑，如同方部、清华学堂、二院、北院等，均采用灰砖，应有造价较低、便于获得等因素的考虑。墨菲介入清华建设之后，不惜重金从美国运来

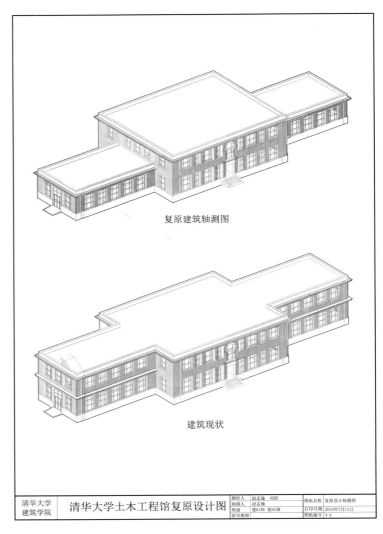

复原建筑轴测图

建筑现状

清华大学 建筑学院	清华大学土木工程馆复原设计图	测绘人	赵孟瑶　刘阳	图纸名称	复原设计轴测图
		制图人	赵孟瑶	打印日期	2019年7月11日
		班级	建61班　建62班	图纸编号	4-4
		指导教师			

图9-10　老土木馆实测图，红色部分为20世纪30年代加建
来源：清华大学建筑学院2019年测绘

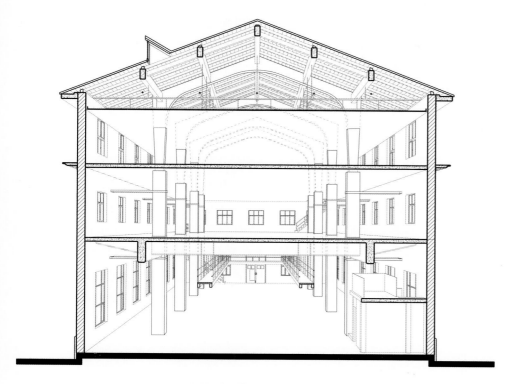

图9-11 老水利馆剖透视分析图，显示其结构形式
来源：清华大学建筑学院2018年测绘

红砖、大理石和其他"先进"材料，"四大工程"均以红砖为主要材料。此后凡经济相形见绌时便又采用灰砖，如土木馆、南院和西院住宅等。直至沈理源参与设计，才以灰砖设计了规格较高的机械工程馆。20世纪30年代红砖和灰砖并用，使这两种材料连同白色大理石和灰色水泥（气象台）一起，构成了清华校园色彩的基调。

9.3.3 多样与协调

清华校园的建筑样式，除工字厅等传统建筑群外，是以西洋风格为主导的。但细查则可发现，不同时代出现了不同的风格，区别明显且时代感颇强。例如，斐士承建的早期建筑，规模最大者是清华学堂。墨菲评价其为各种西方建筑元素的大综合，但外观以孟莎顶为特征。墨菲设计的"四大工程"取法"布扎"式折衷主义思想，其中最庄重、耗资最多的大礼堂是罗马复兴式建筑，其穹顶是西方文化和技术水平的象征。其他三处建筑的立面均较简洁，尤其科学馆几乎剔除了额外装饰。但图书馆一期的室内装饰则辉煌壮丽，是近代清华校园内，甚或是近代中国建筑的室内装修中最精致、最具西方古典意味者（详见9.4节）。

杨廷宝与墨菲虽非同代人，但他们在美国所受的建筑训练均属"布扎"教育，因此在建筑设计上颇多神似之处。但不同的是，20世纪20年代西方兴起装饰艺术运动风格，在生物学馆主立面设计中也融入了这些时兴的建筑元素。而沈理源的化学馆、机械工程馆则将装饰艺术运动风格继续发挥，使其外观更切近现代主义样式，成为清华校园的独特景观。而同时代由现代主义发源地——德国来华的建筑师安那所设计的善斋和静斋，则是比较地道的现代主义风格。

这些建筑样式虽各不相同，但在具体设计上却对设计母题、装饰重点以及建筑材料、色彩等斟酌选择，与既有建筑空间环境相映成趣、相得益彰，完全不觉得相互冲突，而是多彩纷呈、和谐统一。

同时，中国传统建筑与占清华主导的西方建筑群也不冲突。考诸工字厅、荷塘与大草坪区的建筑，尤其大礼堂之去"水木清华"台榭亭阁不过数步，但仍能相安无事，各成系统、各行其是。这是因为，它们各自都是中、西方文化中的经典之作，即使并置在一起，在树荫掩映和草地的烘托之下，也能很好地创造静谧的文化氛围和中国近代特殊的空间感受。

9.3.4 奢华与得体

从墨菲设计"四大工程"开始，由于经费相对充裕且主事者目光远大，一切以向美国国内最好大学看齐为标准，因此，建筑主材料如红砖、混凝土、花岗石柱子、大理石饰材及至书架、电气设备和全套体育器材，均从美国和世界各地海运至天津，花销极大。这种在建筑材料和设备上的巨大投入，加之建筑师的精细设计，最终造就了建筑辉煌华丽、宏伟坚固的形象，其持久与耐用也已为时间所证明。本书第3章、第5章分别论述"四大工程"和"四大建筑"的设计和建造过程，从中可见一斑。

罗家伦就任校长时曾指出，"清华现在的弱点是房子太华丽，设备太稀少"，因而尽力撙节日常开销如煤电等费用，而大力购买仪器设备和中西图书，以创造条件推动科学研究的进步和清华的学术独立。另一方面，他对老清华校园十分熟悉，深赞墨菲设计的图书馆一期工程坚固和设备先进，虽然"站在这华丽的礼堂里，觉得有点不安；但是我到美丽的图书馆里，并不觉得不安"。这也说明了建筑的"奢华"是个相对概念，对图书馆、科学馆等从事教学、科研的建筑物务必力求其坚固可靠，装饰和用材也力求高级，在当时国产材料无法满足要求时不惜从外国进口，但对功能性要求很强的一般性建筑和辅助性房屋，则采用等而次之的材料如青砖，不必讲究排场，撙节的经费则用于扩充仪器设备。这是罗家伦时代开创的质朴、实用的风气，一反之前外交部主校时代的铺张浪费，成为清华文化传统的重要组成部分。

除此以外，清华校园内那些造价不菲的校舍建筑还有另一共同之处，即它们的门厅似并不追求宏大崇高，其面积、尺度适当，十分符合校舍建筑的性格。从墨菲的图书馆一期工程、科学馆甚至大礼堂，到庄俊的土木馆，再到杨廷宝设计的图书馆二期工程、生物学馆，以及沈理源设计的化学馆、电机工程馆和机械工程馆，无不如此。

这种传统是因为"布扎"训练中对建筑物的"性格"特别注重，即要求建筑的外观和室内流线、空间序列感受要符合建筑的主要功能，在使用者中引起"共情"。因此，从墨菲、庄俊到杨廷宝和沈理源，无不将此作为原则贯彻在其设计中，也使清华近代建筑的空间感受具有共同的特性，并延续而下，成为清华近代校园建筑空间的另一优秀传统。

9.4 测绘图中的清华校园建筑结构形式、设备装置及装饰细部

2013年以来，我们对清华校内20多幢建筑进行了全面测绘，取得了不少第一手资料。在测绘过程中，我们能够比较深入地探查它们的结构形式，获得相对全面的建造方面的认识，而不限于外立面的比例、尺度、材料等直观可见的内容，在诸多建筑细部上也能深刻感到前辈建筑师设计的用心。

大礼堂是我们测绘的第一幢建筑，其穹顶结构形式已见诸第3章第5节的描述。洋灰在当时是比较稀有的建筑材料，钢筋混凝土结构在而20世纪10年代的北京尚很少见。除了大礼堂穹顶外，我们在2014年测绘图书馆一期时，发现图书馆的十字坡屋面及屋面下的屋檩均为预制混凝土，其下为钢桁架，承接屋顶部分重量的是红砖墙体（图9-12、图9-13）。虽然屋面以下的空间可供上人和存放桌椅等物，但因是

图9-12 图书馆一期工程混凝土屋架与钢桁架混合结构
来源：作者2014年拍摄

①
张锳绪. 建筑新法[M]. 北京: 商务印书馆, 1910: 23.

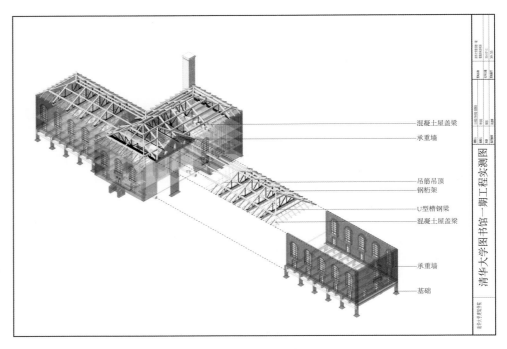

混凝土屋盖梁
承重墙

吊筋吊顶
钢桁架
U型槽钢梁
混凝土屋盖梁

承重墙

基础

清华大学图书馆一期工程实测图

图9-13　图书馆一期工程屋顶结构形式分析图
来源：作者2014年拍摄

隐蔽工程并无装饰，一如当年建成时的状况。我们考虑到，这是因为图书馆库房存放大量书籍，为免失火受损才采取这种造价相对高的结构形式。

除大礼堂、图书馆一期工程和气象台是钢筋混凝土结构、罗斯福纪念体育馆采用钢桁架（图9-1）之外，我们测绘的其他建筑均为木屋架结构。西方建筑的结构形式与传统木结构区别最大者，是三角屋架的引入。因此，我们在测绘中历来将屋顶部分视为重点，不但精细测量各种构件，也会仔细分析其结构形式和力学原理。1910年张锳绪在北京出版的《建筑新法》是我国近代最早的建筑类教科书，其《木工》一章专门用一节介绍木屋架（"桁架"）的各种形式，并给出各种屋架适用的房间尺寸，"经历实验，确有把握，应用时藉作参考，已足敷用"①（图9-14）。我们在清华校内所见的屋架形式，几乎没有只用木屋架单独承重的，而是常与升起的砖墙或混凝土、钢桁架等形式组成屋面结构体系，并且常根据下部承重结构的布局发生变化，其数量早已超过《建筑新法》所列的种类。同时屋顶常加入了西式房屋喜欢使用的气窗以利排气（图9-15），其构造各不相同，也造成了木屋架结构的更多变化形式。例如，生物学馆的屋架并非纯粹的"四柱桁架"，因屋面下空间较高，以砖柱替代木柱承重（图9-16）。

安装了大量从美国运来的先进设备，也是近代清华校园建筑颇负盛名的重要原因。罗斯福纪念体育馆的前馆和游泳馆均开天窗、前馆的400米悬空室内跑道，以及直饮自来水喷泉等，都是清华学生常常引以自豪的资本。而图书馆书库的三层书

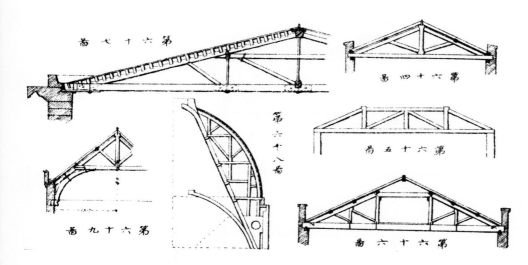

图9-14　各种木屋架示例。图六十四至图六十九分别为单柱桁架、双柱桁架、四柱桁架、兼用铁活桁架、高顶桁架、增高屋顶之桁架
来源：张锳绪. 建筑新法. 北京：商务印书馆，1910.

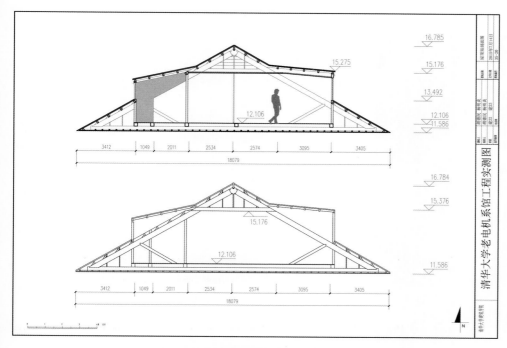

图9-15　老电机馆气窗节点大样图
来源：清华大学及建筑学院2015年测绘

架由全系铸铁制成，也从美国运来再安装的，楼板为可透光的毛玻璃，经曹禺、杨绛等人揄扬，早已远近闻名。但人们不大知道的是，在书库中还安装了一台专门传运书籍的老式奥梯斯电梯（图9-17、图9-18）。

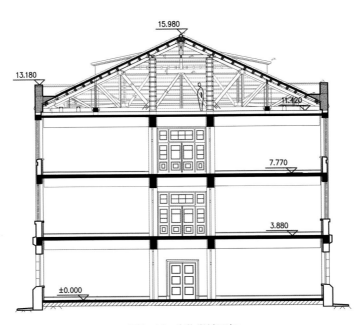

图9-16　生物学馆屋架

来源：清华大学及建筑学院2018年测绘

图9-17　图书馆一期工程书库内专用电梯

来源：作者2014年拍摄

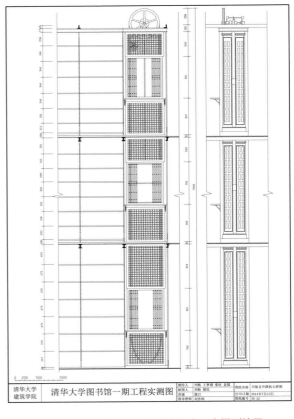

图9-18　图书馆一期工程书库内专用电梯测绘图

来源：清华大学建筑学院2014年测绘

这些近代建筑的细部繁简不一，但装饰的重点常常集中在门头、门厅、楼梯及其墙裙等处。以墨菲设计的清华图书馆（建成于1918年）为例，其分上下两层，下层为教职员办公室，上层为阅览室，可同时容纳2400余人。其背后为三层书库，每层装置书架数十排。"建筑之壮丽，洵为全国之巨擘。"[1]墨菲1918年到清华学校视察图书馆工程时，对其外部比例及由红砖形成的肌理格外满意（图3-25）。图书馆的内部装饰材料采用意大利进口的浅灰色大理石，造价不菲，但取得了意想中的效果（图9-19）。墨菲赞叹说，"总体而言，这是我们所知建筑中最能打动人的室内装饰，对我们的事务所来说是一个巨大的成功。"[2]这其中应该包含了入口门厅处的大理石楼梯和栏杆（图9-20、图9-21），以及二层大厅墙面的整面大理石装饰（图9-22），其拼合纹样颇似20世纪20年代密斯的巴塞罗那馆的效果。

①
学校方面. 清华周刊, 1921年本校十周年纪念号: 41.

②
墨菲致理查德·丹纳信（1918年6月2日），从北京返回汉口途中。详见刘亦师. 墨菲档案之清华早期建设史料汇论 [J]. 建筑史, 2014（02）: 164-186.

图9-19 图书馆一期工程室内，1918年
来源：墨菲档案

图9-20 图书馆一期工程二层书库入口
来源：作者2018年拍摄

图9-21 图书馆一期工程楼梯及二层大厅入口
来源：作者2018年拍摄

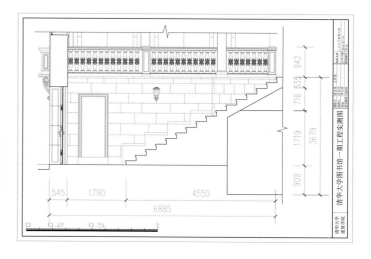

图9-22 图书馆一层（主入口）及二层大厅剖面图
来源：清华大学建筑学院2018年测绘

213

图书馆一期工程内部的扶手均位于二层，环绕在步上二层大厅的大楼梯两侧。其形态与一般在西方建筑中所见的栏杆并无二致，但在这样一个图书馆大厅中，与高敞的空间和华丽的拱券相配合，用大理石精心打磨而成的栏杆烘托出了庄严持重和富丽堂皇的空间氛围。而且，栏杆是整个大厅空间中尺度最细小、数量最多，因而最为贴近人的建筑构件，对"软化"空间尺度感受发挥了关键性的作用。

图书馆一期这一历史建筑由于建材和施工质量一流，而且历年来维护得当，是清华园里一处纯正的西方古典样式建筑，其室内装饰尤其可观。我在给刚入学的本科一年级同学讲解室内空间概念时，总要带他们去参观一次，这种典雅、精致的公共空间在国外也并不常见。

2018年暑假小学期，我们组织了对清华老生物学馆的测绘。老生物学馆是我国第一代建筑师杨廷宝先生设计、于1931年建成的教学楼，是罗家伦时代的"四大建筑"之一。生物学馆内装饰的重点是主楼梯及其配件，如扶手、栏杆和墙裙，这次测绘过程中有两点值得注意。一是室内两部楼梯的栏杆上，用铸铁做成了竖向的水波图案，每组三条。同时，在楼梯相对的墙面上还用与扶手等高的石材做墙裙，取得装饰上的呼应（图9-23、图9-24）。三条水波纹的图案后来被提取出来，用在建筑外部窗洞的防盗网上（图9-25）。

其次是屋顶女儿墙的装饰。杨廷宝原装饰艺术风格的正立面（北立面）顶部装饰经过地震、风化等原因已脱落毁损，2014年学校基建处重修该工程时，参比原设

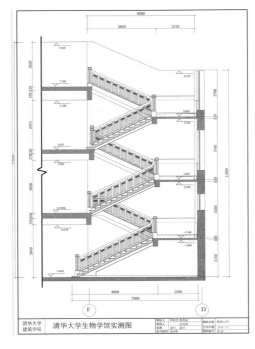

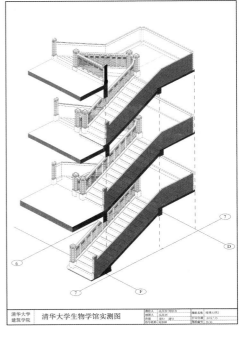

图9-23 生物学馆楼梯大样
来源：清华大学建筑学院2018年测绘

图9-24 生物学馆楼梯模型
来源：清华大学建筑学院2018年测绘

图9-25 生物学馆一层窗户外观
来源：作者2018年拍摄

计图（图9-26），采用有机玻璃钢为材料仿制原设计的装饰图案（但在正面女像雕塑上有所简化），经济实用。这些在立面上的垂直线条装饰面实际上也起到女儿墙的作用，维护着顶层平台空间（图9-27、图9-28）。可见，细致的历史研究工作是建筑保护和修缮等实际工程的基础，为技术方案的制定和具体措施的选取提供了更为理性的依据。

总之，通过历年来的测绘工作，我们发现了不少新现象，掌握了当时设计中的一些规律，但要对这些内容进行系统、深入的分析，还需扩大研究范围。我们把这8年以来测绘所得的主要成果集中刊印在本书第三编里，希望海内外的同道共同把近代建筑史的研究工作向前推进。同时，我们也希望更多类似的校园规划和建筑史研究陆续面世，从而逐渐完善我们对中国近代建筑发展的认识。

图9-26 生物学馆立面设计渲染图，1929年
来源：张复合教授提供

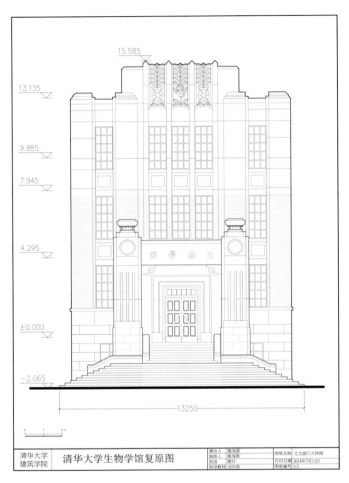

图9-27　生物学馆主入口实测图，2018年
来源：清华大学建筑学院2018年测绘

图9-28　新仿建的装饰艺术运动风格纹饰所用的玻璃钢装饰背面，生物学馆顶层平台
来源：作者2018年拍摄

第 **10** 章

尾声：旧时代之结束与新时代之开启
——20 世纪 60 年代清华校园规划及建设概论

①
清华园面积450亩，1914年并入近春园后校园扩大至930多亩。梁治华. 清华的园境[J]. 清华周刊，1923年十二周年纪念号.

②
陈旭，等. 清华大学志（2）[M]. 北京：清华大学出版社，2018：4.

③
刘世弘，包铁竹，倪晓军. 清华大学校园发展回顾及启示[J]. 清华大学教育研究，2005（S1）：98-102.

④
蒋南翔. 三阶段、两点论[M]//中国高等教育学会、清华大学编. 蒋南翔文集（下）. 北京：清华大学出版社，1998：812-813.

⑤
清华大学基建委员会. 总体规划任务书[A]. 清华大学档案馆文书档案. 1954.

清华自1910年开始校园建设至解放前夕，随着校园面积陆续扩张，已经历多次全校范围的规划，形成了独特的空间和文化特征。建校时由于没有职业建筑师的参与，顺随地形相继兴建了校内最早的建筑物如清华学堂、三院（中等科）等，缺少明确的轴线。1914年至1915年间，在清华校长周诒春扩充"留美肄业学校"为"中央大学"的宏图大略和已收并近春园背景下，美国建筑师亨利·墨菲根据周诒春的指示，制定出清华校园的整体规划。墨菲的新规划将清华校园分成两部分：位于校园东部的清华园将完善为中学部，以新建1500座大礼堂为中心，另建图书馆、科学馆和体育馆，即著名的"四大工程"。这一校园规划采用的是当时美国流行的"杰斐逊式"校园规划模式，创造出以大礼堂为统率的第一条轴线，他设计的大礼堂等西方样式建筑（按周诒春的要求）成为清华的标志性建筑。

20世纪20年代开始，清华的校园面积渐次向西和向南扩张，修建了新林院（新南院）和普吉院（新新南院），清华的校园规模扩大到1600余①。1928年北伐成功后，清华成为教育部直管的国立大学，设立文、理、法学院②。在当时的校长罗家伦的主持下，由杨廷宝制定1930年的规划，并加建图书馆（二期），并设计了生物学馆、气象台及明斋等学生宿舍，意在有步骤地向西开发近春园一带。罗家伦去职后，继任校长梅贻琦一方面添补之前规划中拟建的校舍如化学馆等，另一方面在二校门附近新建工学院建筑群，后者以灰砖建造，延续了清华早期红、灰砖并存的风格。

这一时期的建设在清华园和近春园两地并举。经过此轮规划和建设，清华校园至20世纪30年代已基本形成教学区居中，教职员住宿区和学生宿舍区分置南、北的新格局③，三部分分区明确、联系密切，这些原则为20世纪50年代以后的规划遵循不替。自此一直到解放前，清华的界址再无大的扩张。相对解放后向东拓展的新校区（"白区"），清华大学在解放前就形成了包含清华园和近春园、以大礼堂和大草坪为核心的老校区，也称"红区"（实则红、灰砖并置）。

新中国成立后曾长期主持清华校政的蒋南翔总结清华的发展历程，提出了著名的"三阶段、两点论"：新中国成立前的第一阶段以学习美国为主，之后是从新中国成立到1958年以前学习苏联为主的第二阶段，第三阶段是1958年中央提出"教育与生产劳动相结合"新教育方针后的发展；对既有经验的评价，"做过的好的要有勇气坚持，不合适的也要有勇气来否定"④。清华大学在新中国成立后的建设规模较前扩大数倍，在这样一个能代表新中国教育成就的大学里进行规划和建设也自然被赋予了更多的含义。在国家层面，清华规划的制定者清楚地认识到其意义，"一方面代表新中国，一方面代表新时代"⑤。但是，在总体规划和具体建筑设计上，仍能看到与前一阶段，尤其是近代的紧密关联。只有全面了解清华校园在新中国成立前的发展历程，才能深入理解20世纪50年代的新建设。

10.1　过渡时期的清华校园规划与建设（1949—1952年）

1948年12月15日，人民解放军进驻海淀，清华园解放①。从1948年年底清华园获得新中国成立到1951年年底，是清华在中央发出全面学苏号召之前的一段探索时期；此后到1952年年底蒋南翔到校任职之前，则处于全面学苏的初期，成为全国最早进行院系调整的试点学校之一，添建了校舍。短短数年间，清华经历了两次规划。二者的共同特点，除了都是过渡时期的产物外，还均在民国时期建设的基础上，一边见缝插针地在老校区的空地上添建新校舍，一边集中向校园西北方向发展。由于招生数量激增、宿舍和教室需求孔急，而建材和施工力量不敷使用，这一时期的建筑质量和设计水平尚不及解放前的校舍。

清华在新中国成立后至1952年年底以前校务工作由校务委员会主持。由于纵贯南北的京绥铁路紧邻清华园东界，西侧则为圆明园所阻隔，新中国成立后至1952年前仅向东南略加扩充，而规划部门迟至1955年才划拨原京绥铁道以东的一小块土地给清华。因此，新中国成立初清华的发展方向一时无法确定，只能暂时向校内尚空旷的西北一带添建校舍，在这里修建了众多宿舍和西大饭厅（图10-1、图10-2）。这一时期仍有一些建筑如第一教室楼、西大饭厅颇为人称道，成为几代清华人的校园回忆②。这是新中国成立后清华的第一次规划，但为时甚短，相关资料所存无多。

1951年年底，政府决定全国高等院校进行院系调整，首先于1952年年初调整合并北大、燕京、清华三校，为此成立了直属教育部管理的"三校调整计划小组"。在此机构之下，以三校原有的基建力量为基础联合组成了"三校调整建设计划委员会"（下称"三校建委会"），由梁思成任主任，负责校内的新建设③。高教部当时的指示是"因陋就简、造临时性房屋"，并要求在1952年秋季开学前完成近70000平方米的建设任务④。三校建委会的工作方式是总体规划（"总图"）和具体建筑设计同时进行。

由于当时正值"三反""五反"运动期间，私营的设计和施工机构都已歇业，因此建筑系、土木系、电机系、卫生工程系等共500余名师生被动员参与建设。在极端缺乏经验的情况下⑤，经过此次锻炼，培养产生了一批清华校园规划和建设的中坚力量。迟至1954年，清华仍在自行施工修建校舍⑥，并组成了一个强有力的技术部门，负责校内基建工作并在此后代表校方参与专业施工单位承建的校舍工程⑦。

在校园中提供学生和教职员宿舍实现共同生活，是我国近代大学的传统之一，学生宿舍区和教职工住宅区历来是校园空间的重要组成部分。1949年以后，宿舍和住宅成为社会主义国家提供的福利之一，集体生活也包含着意识形态的意味。为了加强共产主义思想教育，清华的历次规划都在宿舍和居民区特意安排了集体生活的内容。如三校建委会时代修建的一公寓、二公寓，房间内部取消厨房和炉灶，而以连廊与食堂相接（图10-3）。

①
清华大学校史研究室. 清华大学一百年 [M]. 北京：清华大学出版社，2011：171.

②
楼庆西访谈. 2018-07-11. 清华建筑学院. 食堂的同一设计图纸在北大三角地也建成一座，1998年修建百年讲堂时拆除. 邓小南访谈. 2018-06-27. 北大.

③
方惠坚，张思敬. 清华大学志（上）[M]. 北京：清华大学出版社，2001：679.

④
此为第一期任务，于1952年10月完成；第二期任务30000平方米于是年年底基本完成。其中，清华的总建筑面积共为44538平方米. 北大清华燕京三校调整计划委员会工作总结 [A]. 清华大学档案馆文书档案，1953：1-2.

⑤
"每一个人在过去都没有做过基本建设工作"，北大清华燕京三校调整计划委员会工作总结 [A]. 清华大学档案馆文书档案，1953：2.

⑥
清华大学关于基建工程适宜于自行施工修建之请示报告 [A]. 北京市档案馆. 1954，档卷号4-8-296.

⑦
如1960年主楼主体工程修建到9层时，就是由技术处发现水泥标号不足等问题并提出了可行的解决方案. 关于中央主楼的混凝土强度问题 [A]. 1963-01-23. 清华大学档案馆基建档案. 档卷号2-2-168.

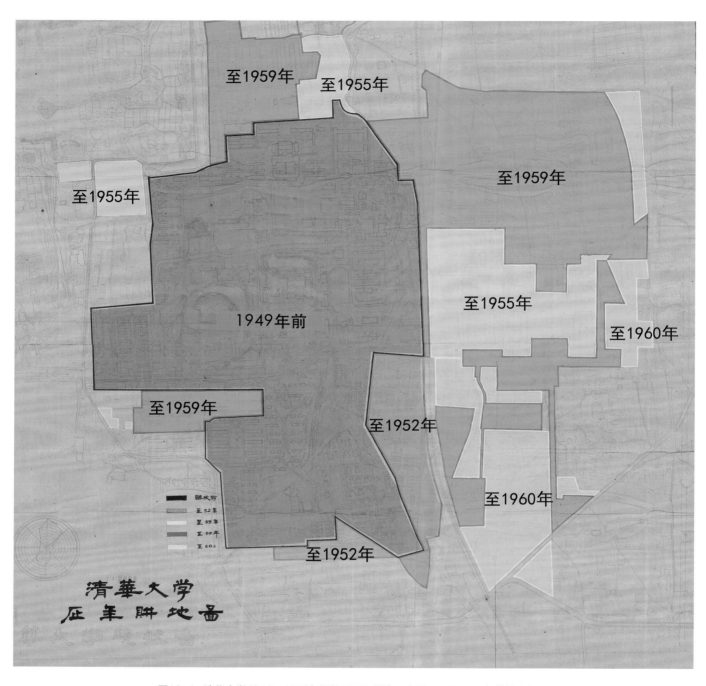

图10-1 清华大学1948—1960年间校园面积扩张示意图，可见1952年前扩张极小

来源：清华大学建筑学院资料室. 原图1960年重绘.

图10-2　西大饭厅施工吊装现场，1951年。西大饭厅的木屋架跨度一度号称"亚洲最大"。清华大学和北京大学按同一设计图各自建造一座

来源：刘亦师. 清华大学建筑设计研究院之创建背景及早期发展研究[J]. 住区，2018（05）：143-150.

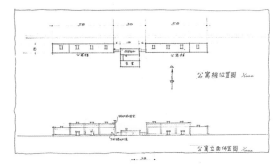

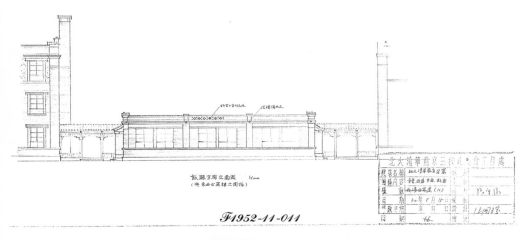

图10-3　清华大学一、二公寓与食堂总平面及部分立面图，卢绳、汪国瑜设计，1952年
来源：清华大学校档案馆基建档案

①
陈旭等. 清华大学志（2）[M]. 北京: 清华大学出版社, 2018: 447.

②
根据该铁路线沿线到达城市的不同, 也被称为京张铁路或京包铁路, 但当年档案中称"京绥铁路"或"京绥线"居多。

③
蒋南翔. 在清华大学教职员工及学生代表欢迎会上的讲话[M]//中国高等教育学会, 清华大学. 蒋南翔文集（上）[M]. 北京: 清华大学出版社, 1998: 433.

④
"迁线所需投资在我部下达你校的1958年基本建设投资控制外, 专案解决"。高等教育部致清华大学. 原则同意你校校区内京包线路迁移问题[A]. 1957-10-15. 清华大学档案馆文书档案。

⑤
陈旭, 等. 清华大学志（2）[M]. 北京: 清华大学出版社, 2018: 448.

⑥
吴良镛. 良镛求索[M]. 北京: 清华大学出版社, 2016: 82.

⑦
此方案制定过程中派来清华大学的苏联专家萨多维奇（1952年7月到校）曾参与工作. 清华大学校史研究室. 清华大学一百年[M]. 北京: 清华大学出版社, 2011: 213.

⑧
清华大学基建委员会. 总体规划任务书[A]. 清华大学档案馆文书档案. 1954.

10.2　蒋南翔主校时期的校园规划与建设（1953—1966年）

清华校园的历次总体规划"都是在校长直接领导下制定和实施的"[①]。1952年秋清华由校务委员会改为校长负责制后, 新清华的第一任校长蒋南翔在此后的校园建设中发挥了至关重要的作用。蒋南翔不但参与擘画校园的总体规划, 还积极促成了当时紧靠清华园东墙的京绥铁路[②]的迁移, 为清华之后的发展奠定了基础。

蒋南翔于1952年12月31日从中共团中央调任清华大学校长, 主持"全校兴革大计"14年之久。蒋南翔在就职演讲上指出, "当前迫切的任务就是要深入教育改革, 破除英美资产阶级的旧教育传统, 逐步地把清华改造为社会主义的新型工业大学"[③]。在清华大学的院系调整已基本完成、准备全面学习苏联教育模式的时代背景下, 蒋南翔主持了全校从学制、教学方式到教学计划、课程设置等内容的巨大变革, 建立起了各种规章制度。

由于根据高教部核准清华招生的人数计算, 清华现有面积不敷使用, 因此北京市建筑事务管理局于1954年将京绥铁路以东的一片农地划归清华建设新校区, 以解决"近年学生人数增加极快, 基本建设任务须相应扩大"的问题。"向东发展"从此成为清华的战略方向。

由于经费问题, 向东迁移铁道线和清华园车站的工程延至1958年动工[④]、1960年告竣[⑤]。同时, 旧清华园站房随铁道线被东移, 清除了清华新校区与城市之间的阻隔, 从而以将来建设的中央主楼为起点形成直通长安街的南北向轴线[⑥], 确定了正在建设中的西北郊的另一条城市轴线。

10.2.1　全面学习苏联时期的1954年总体规划

新中国成立初清华校园的总用地面积约110公顷, 1954年时清华共7个系、46个专业, 学生总数5207人。根据高教部指示, 1954年"建管局批准自旧区铁路以东发展, 新拨发展用地176公顷（东西1000米、南北1700米）, 作为进行扩充校舍用地进行规划"。在此情形下, 基建委员会制定了该机构建立后首个校园总体规划方案[⑦]。

完成于1954年11月的《总体规划任务书》[⑧], 首先提出本次规划的9条原则, 其中最重要的是"必须体现出人民首都的多科性工业大学", 其校园建设"一方面代表着中华人民共和国, 一方面代表着新时代", 将清华的物质空间环境与国家形象的塑造直接联系起来。因此, 校园必须"表现出雄伟、壮丽、简朴而庄严", 具体的规划和建筑设计"要显示出统一性、完整性"。此外, 从城市规划角度特别提出清华的发展"必须起着与城市紧联的作用", 同时与周边各学院在布置和处理手法上调和一致, "以科学院为中心, 紧密地相连, 与北大构成文教区主要部分之一"。

这一规划也反映出当时全面学习苏联教育模式的显著影响。在校园布局上，因出现在新、旧两个校区分别布置教学区的问题，规划中按照苏联教育模式，在新区拟建的各系系馆"主要包括实验室、该系三、四、五年级教室、研究生教室、系行政及教员工作办公室"，而"为一二年级服务的公共教研组留在路西"[①]，"大一、大二教室（面积）由教研科提出计划"。新、旧校区因此各自承担了不同的教学任务，据此形成了相对集中的区域，便于开展教学。

此外，1954年《总体规划任务书》的一份名为《20～25年总体规划建筑及用地面积计算方法》的附件，参考苏联的设计定额和高教部颁发的面积定额[②]，以师生人数为依据，按照课时数量、课程类型（一般课程、实验课、画图课、毕业设计等）、各建筑类型的人均面积等，详细计算出校园建设的类型和总面积数。以实验室面积为例，计算方式有两种，即"按每周实验20次之每次人数占用面积"或按实验机具及操作规程所需的最低面积计算。另如学生宿舍按大一、大二学生四人间、每间净面积20平方米，大三、大四学生2人间、14平方米／间，大五、大六学生单人间、人均建筑面积9平方米计算。这些指标都是根据苏联经验修订的，体现了苏联规划中分类量化的影响。

在具体的建筑设计中也体现了苏联的影响。以1956年开始的主楼设计为例，其柱网当时采用4米×7.5米的尺寸，适应了学苏期间教学用房的要求，即每间教室面积30平方米，三间可合成布置手扶椅的大班教室（90人），也可作为一个小班的绘图教室（30人），而两间合在一起则正好是一个小班的习题课教室[③]。

《总体规划任务书》确定后，基建委员会下设的建筑规划组开始规划设计。规划工作的开展正当蒋南翔向高教部和铁道路要求迁移铁路之时，尚不知何时能实现，但是铁道以东的新校区建设的总原则是使新旧区成为整体。因此，如何联系新旧校区、并围绕拟建的主楼在新校区布置校舍，就成为之后具体规划工作中的首要问题。

从1954年10月到1955年5月，总共形成了上百种方案，并根据优选方案制作了模型（图10-4）。这一轮规划中最重要、并且会直接影响到将来校园规划和发展的成果，其一研究了新旧校区的各种联系方式，"一方面和旧区很好的联系，一方面要越过小溪及铁道的矛盾"，最终采取了一条顺溪流走向略微弯曲贯通东西的大道，直接与城市道路相衔接，此即今日清华的东西主路（"清华路"）（图10-5）。

其二是确定了主楼的选址及其类似俄文字母"ж"的平面形式，此后由关肇邺先生主持设计的主楼就是在此基础上深化和不断修改而成的。根据任务书提出的要修建一座主楼作为"全校的中心"，且遵照"与城市相紧连"的原则，方案组分别讨论了主楼正门向南和向东布置的多种可能性。后者虽与拟建的城市道路和其他学校联系更为便捷，但轴线难以取直、前广场狭促，也不符合中国传统。最终采用了南北向轴线，将主楼布置在适中的位置，并使轴线如莫斯科大学主楼那样远逾校园

① "土木、水利、建筑、动力系的热力发电专业以及为一二年级服务的公共教研组留在路西；机械、电机、无线电及动力系的汽车拖拉机专业迁到路东，另建新楼。"详见方惠坚，张思敬. 清华大学志[M]. 北京：清华大学出版社，2001：680. 另见许懋彦，董笑笑. 清华大学20世纪50年代的校园东扩规划[C]. 海峡两岸大学的校园学术研讨会论文集，2018.

② 杜尔圻. 高等学校建筑系的布局和单体设计[J]. 建筑学报，1956（05）：1-27.

③ 高亦兰. 30年后的回顾[J]. 建筑师，1995（12）：17-20. 关肇邺访谈. 2018-08-31. 清华大学.

图10-4 总体规划方案模型，1955年

来源：罗森先生提供

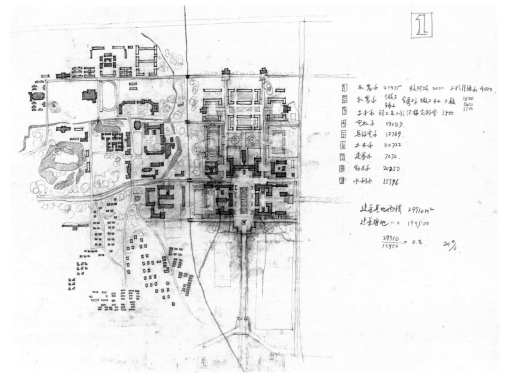

图10-5 类似最终主楼选址及东西主路的方案，1955年

来源：清华大学档案馆基建档案

之外，成为引导新城区发展的一条主要道路。这条轴线两侧的教学楼为各系系馆，虽平面形式各不相同，但排列齐整，建筑样式统一，体现出任务书所要求的社会主义大学庄严、宏伟的气魄。

综上所述，1954年规划确定了通过二校门和主楼前面、连接新旧校区的一条东西干路，此外定出两条与城市相连的南北轴线：原京绥铁道线将被改建为校内南北干道，以及待建的中央主楼前宽宏绵长的主轴线。之后，随着校园建设的进行，又在东西干路以北的教学区和学生区各规划了一条横贯两个校区的道路，形成"两纵三横"的格局，"新区面貌开始形成"[①]，在空间结构上几能并肩于成熟的老校区，尺度则宏阔得多。

1954年年底，清华向高教部提议迁移铁道线，申明"必须自1955年起向东发展"[②]。但由于铁路动迁牵涉太广，在决议之前，铁道以东的新校区于1955年、1956年两年间只陆续修建了一批1～2层"质量不够好"[③]的实验室，如焊接馆、锻压铸造车间和一些锅炉房等，而这一时期的重要建设则仍集中在老校区，如1954年学生宿舍1～4号楼与第二教室楼相继落成，1956年大礼堂东侧的新水利馆竣工。这些都是由借调至基建委员会的建筑系教师（周维权等人）主持设计的项目，细部丰富、质量很高，也延续了清华老校园红砖建筑的传统。

10.2.3 新教育方针的提出与1960年版清华总体规划

经过1952年至1956年全面学苏，以1957年毛泽东发表著名的《论十大关系》为标志，中国开始主动探索自己的道路和方向，尤其对待他国经验"不能一切照抄，机械搬运"[④]。中国的高等教育也随之出现新的变化，对之前的苏联模式进行了调整。毛泽东在1958年1月31日的《工作方法六十条》中提出高校大力开办工厂和作坊的指示[⑤]，之后精炼为"教育必须为无产阶级政治服务，必须同生产劳动相结合"的新的教育方针。全国高校开始在校园内建起各种实习工厂，清华更率先提出将学校建设为"教学、科学研究和生产的三联基地"。

与此同时，农村的人民公社化运动于1958年年初骤然兴起，在村庄里推行家庭劳动社会化，出现了幼儿园、缝纫所、敬老院等设施，"使得几千年来屈伏在锅灶旁边的妇女得到了彻底的解放"[⑥]。此外还以"组织军事化，行动战斗化，生活集体化"为号召组织农村的生产和生活，旨在培养农民的集体主义观念和共产主义思想。在"大跃进"运动的热潮下，这些农村取得的经验被迅速引入城市，也直接影响到高校的空间形态和建设内容，各大学"将逐渐过渡为以先进科学、文化为中心的人民公社"[⑦]。

在新的历史任务下，1959年年底，清华校党委开始筹划符合中央教育方针和"大跃进"形势的新规划（图10-6）。当时清华已发展为11个系，有学生12058

① 建校规划组. 清华大学校本部总体规划说明书[A]. 清华大学建筑学院资料室. 1960, 档卷号6005-Z-13.

② 函询清华大学东界的京绥铁路迁移问题[A]. 1955-1-5. 清华大学档案馆文书档案.

③ 建校规划组. 清华大学校本部总体规划说明书[A]. 清华大学建筑学院资料室藏. 1960, 档卷号6005-Z-13.

④ 中共中央毛泽东主席著作编辑委员会. 毛泽东选集(5)[M]. 北京：人民出版社, 1977: 285.

⑤ 中共中央文献研究室. 毛泽东文集(第6卷)[M]. 北京：人民出版社, 1999.

⑥ 关于人民公社若干问题的决议[M]//国家农业委员会办公厅. 农业集体化重要文件汇编(下). 北京：中共中央党校出版社, 1981: 110.

⑦ 基建委员会建校规划组. 清华大学校本部总体规划说明书[A]. 清华大学建筑学院资料室. 1960, 档卷号6005-Z-13.

①
清华大学委员报北京市委. 清华大学总体规划（草稿）[A]. 1959-10-19. 清华大学校档案馆文书档案.

②
清华校委后来提交教育部和北京市委的报告未再提及圆明园事. 清华大学委员会致教育部党组、北京市委[A]. 1960-1-6. 清华大学校档案馆文书档案.

③
M.A.Prokofiev, M.G. Chilikin and S.I.Tulpanov. Higher Education in USSR, 1961[M]. UNESCO, 1961: 23.

人，"8年远景规划中初步拟定学生人数约25000人"，校园建设规模将扩大一倍。在校委会提交北京市委的总体规划提纲上，曾提出要划拨圆明园的一部分"作为研究所及特殊实验室建设区"[①]，同时用作校园绿化的苗圃。此议虽未被采纳[②]，但在南口地区"建立原子能反应堆、喷气技术、流体力学等与国防建设密切相关的试验基地"，以及在八达岭等地建立休养区供养病和干部轮流进修等要求，确在后来陆续实施。此后，清华的发展不再仅限于"校本部"（东、西校区），而在北京及其周边地区建起试验基地和疗养所，这种做法实际沿袭了苏联大学在校外建疗养院等机构、补助教工福利的做法[③]。

新规划从1960年2月正式启动，由基建委员会下的建校规划组负责具体工作，建筑系规划教研室吴良镛、谢照唐等教师带领1960年毕业班的同学以之为毕业设计课题，于1960年6月完成了规划文本和各种图纸。新规划开篇申明这是解放后清华校园的第4次规划，提出6条规划原则：1）综合规划教学、科研、生产和生活的用地；2）按教学、宿舍、教职工住宅和后勤分为4个功能区，"其中首先满足尖端科学技术在教学上发展的需要"；3）便于组织集体化生活；4）力求校内园林化、河网化和市政工程及路网完善化；5）建筑布局要朴实、宏伟、美观；6）远景规划与近期修建相结合，建设相对集中。这些原则中，有些延续了之前的规划思想，如分区、分期规划和建筑艺术要求等，但也出现了利用规划和建设促进集体化生活、培养共产主义思想等内容（图10-7、图10-8）。

图10-6 《清华大学校本部总体规划说明书》封面，1960年6月
来源：清华大学建筑学院资料室

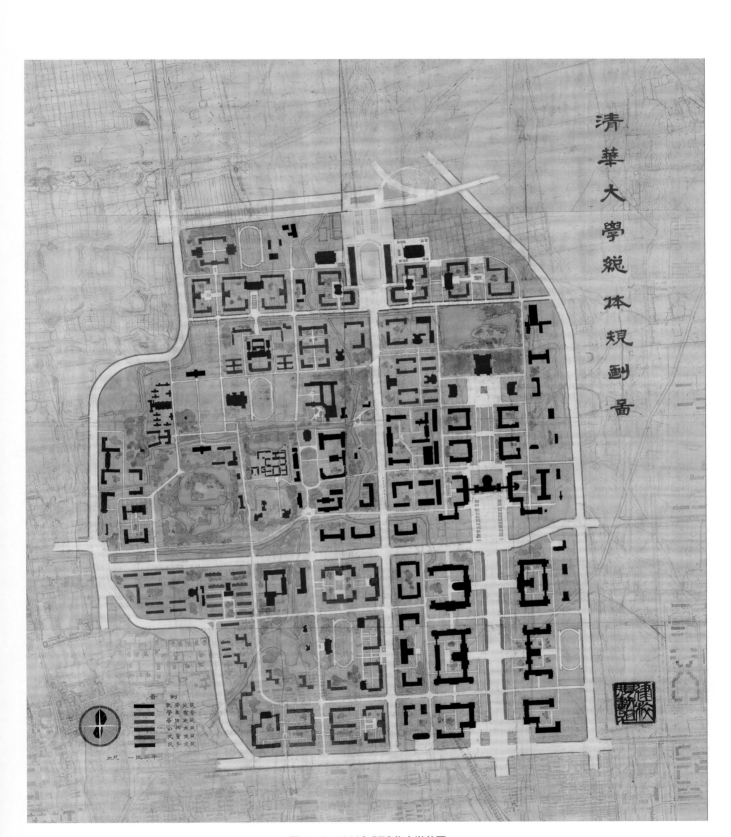

图10-7　1960年版清华大学总图
来源：清华大学建筑学院资料室

图10-8 1960年版清华大学总规模型
来源：清华大学建筑学院资料室

与之前历次规划不同，新规划"结合毕业设计"，动员了建筑、土木、水利、电机、无线电5个系的师生，不但开展了细致深入的调研（图10-9），而且利用本校专业设置齐全的优势，"共同组成10个专业、工种的规划大兵团"，除建筑和道路的布局外，还首次完成了竖向、给排水、绿化、热化及气化规划，电网规划、弱电（包括广播站、电话局等）等专项规划均在文本中辟专章加以论述，并附具图纸。这些工作是蒋南翔所提倡的"大兵团作战"的一个典型案例，也是此后20世纪80年代更新一轮规划的重要基础资料。

各专业规划中较有特点的是绿化规划。该部分将清华校园的教学区和居住区作为全市绿地体系的有机组成部分，同时为响应当时中央"人民公社化"和"大地园林化"等号召，提出"绿化要结合教学和公社生产"进行规划，并且"种植要大片形成，要能反映出共产主义的雄伟气魄和集体主义的精神面貌"。此外，河湖系统规划也颇体现当时"敢想敢干"的浪漫精神：规划拟在已改建为露天游泳场的西湖基础上，再挖掘南湖和东湖。同时，除加深加宽现有河道外，新开两条河道，既加强与西校区河道的联系，也成为主楼前的主要景观之一，"向东经主楼前广场，到我校东界折向北通东湖"，解决东校区水面缺乏以及排降雨水的需要。这样，"校内游艇可以从河道通向东湖、西湖及南湖"，从而用校内河道解决部分师生通勤问题[①]（图10-10）。开掘南湖和东湖及新开河道的设想虽未实现，但可见本次规划的

①
罗森访谈. 2018-06-29. 清华大学高层住宅. 谢照唐访谈. 2018-08-12. 清华大学西南住宅. 据谢照唐解释，利用河道通勤是一系列规划方案中的一个，并未实施。

范围和深度已较之前历次大为提高。

　　1960年规划中着墨最多的是建筑空间布局。在分区上，遵照将学校建成三联基地的总原则，提出以系馆为中心，"采取各系成团规划的原则，把教学、科学研究和生产的建筑集中在一起，各系形成较完整的三联基地"。在此基础上，将研究内容、需用房屋类似的一些系组织成"协作区"，同时在中央主楼即将竣工的背景下，对全校各系在空间布局上进行调整："工物、工化、无线电协作区布置在主楼东部一带，数力、动力、自控、机械协作区布置在主楼南干道两侧，而建筑、土木、水利协作区结合新建筑及现有建筑考虑设在主楼、土建基地和现有水利馆一带"，"充分发挥我校多科性工业大学的优越性"。

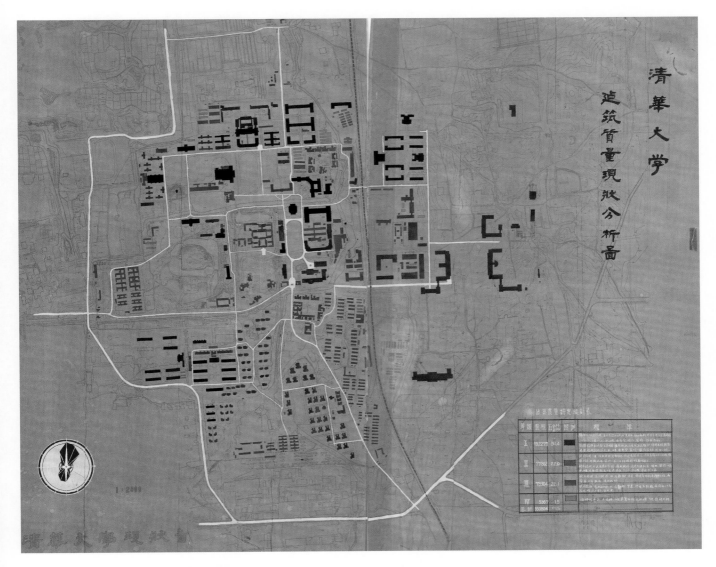

图10-9　全校建筑质量现状调查及分类，图中可见9003大楼及东西配楼已落成，而中央主楼尚未建成，1960年
来源：清华大学建筑学院资料室

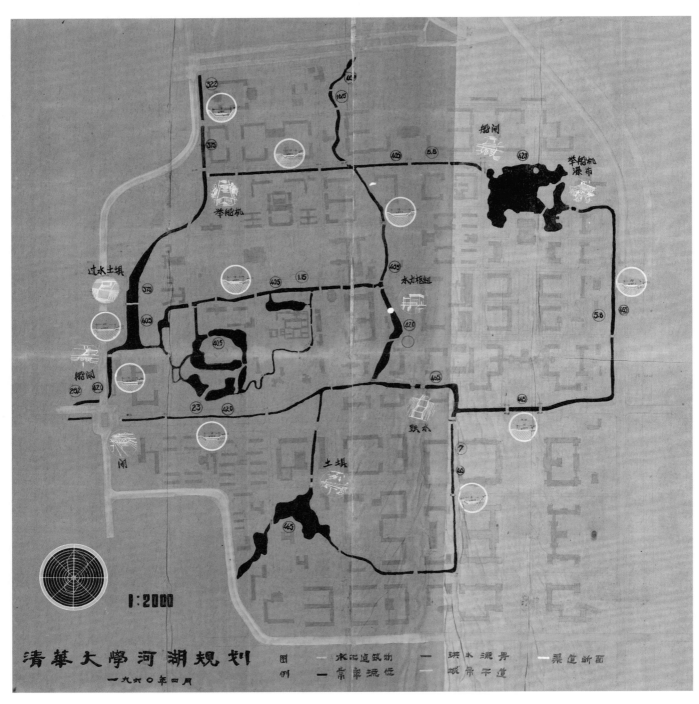

图10-10　河湖水系规划
来源：清华大学建筑学院资料室

教学区的建筑布局即对轴线空间序列的处理是本规划的重要内容。为了体现"共产主义大学雄伟气魄"的特征，在拟挖掘的东湖南面布置5000座的大礼堂和两座展览馆。这些建筑位于主楼轴线的北端，又处于教学区与学生宿舍区的交界，形成校园新的公共活动中心，"便于组织和领导学生的集体活动、政治活动、宣传教育活动等"（图10-11）。总长800米的主楼轴线贯穿整个教学区，而东、西校区由主楼前后的3条道路连接起来，形成一个整体。在建筑设计上，"教学区的建筑特点是体量大、间距大"，主楼前布置了能容纳2000人集会的大广场，道路红线距离宽达150米，确实体现了蒋南翔所要求的"宏伟气派"[①]。但因空间过于宽阔、用地不经济，主楼南面道路在20世纪80年代后的规划中改为100米、最后缩减为65米[②]。但此轮规划确定了在主楼前围绕"T"形广场组织空间布局的重要原则，至今仍清晰可感。

①
"宏伟气派"是蒋南翔对主楼设计的要求。关肇邺访谈. 2018-8-30. 清华大学建筑学院.

②
宋泽方、周逸湖. 大学校园规划与建筑设计[M]. 北京：中国建筑工业出版社，2006：53.

图10-11　主楼广场及教学区透视图，可见东湖及其南岸的公共建筑布置，1960年
来源：清华大学建筑学院资料室

①
刘亦师. 清华大学主楼营造史考述
（1954—1966）[J]. 建筑史，
2020（02）. 刘亦师. 清华大学建筑
设计研究院发展历程访谈辑录[J]. 世
界建筑，2018（12）：119-125+128.
刘亦师. 清华大学建筑设计研究院之
创建背景及早期发展研究[J]. 住区，
2018（05）：143-150.

②
1964年长安街规划第二组第一次会
议记录[A]. 清华大学建筑学院资料室.
1964，档卷号64k032-z017：8.

③
文教区的概念是学习苏联提出的且在
各地风行，但在1955年之后因与国情
不符而很少再提。

④
罗森. 清华大学校园建筑规划沿革
(1911—1981)[J]. 新建筑，1984（04）：
2-14.

在学生宿舍和职工居住区的规划中，凸显了集体生活的重要性，"按校和系的组织为单位来安排"。清华教职工及其家眷人口总数根据调查已达17000人。在当时要求成立城市人民公社的大背景下，响应中央"生活集体化、家庭劳动社会化"的号召，需扩建现有幼儿园、小学，儿童全部住园和和住校。因此，建设规模"每人的居住定额以9.0平方米计，假期回家的儿童以每人4.0平方米计"，将居住区作为清华大学公社的组成部分进行规划，"改造过去资产阶级小别墅、小花园，建设共产主义公社大楼、大花园"。

1960年规划制定时，两处重点工程——中央主楼（图10-12）和精密仪器系大楼（"9003工程"）的主体框架均已修建，至"文革"前夕竣工投入使用，展现了清华校园在新时代的面貌①。虽然主楼前的各幢建筑一直到20世纪80年代年代后才陆续修建，但20世纪六七十年代的主要建设大多集中在东校区，印证了1960年规划中"首先保证东区教学区的形成"这一原则。在校本部以外的昌平"200号工程"（今清华大学核研院）是这一时期的另一重大工程，也体现出总规 "首先满足尖端科学技术在教学上发展需要"的原则。

受苏联斯大林时期规划的影响，清华在历次规划中都要求以气魄宏大、格局规整来传达意识形态的含义，通过艺术处理上的节奏感和严整性，体现高校和国家的其他部门一样，建设是整个城市规划的有机组成部分，"显示社会主义有计划按比例的发展"②。20世纪50年代初的莫斯科大学新校区及其所在的莫斯科西南区的规划为清华及正在开发的北京西北郊"文教区"③规划提供了范本（图10-13）。莫斯科大学主楼是容纳了教学和师生住宿功能的高层建筑，它不但与莫斯科旧城和其他几幢高层建筑遥相呼应，也确定出莫大新校区和整个西南区住宅街坊的主轴线。类似的，1954年总体规划任务书中也明确清华的主楼不但将成为全校的中心，更被赋予塑造城市景观和天际线的功能。这一思想在1960年规划时又被再次强化，并围绕"南起五道口、北至东湖"的长达800米的主轴线布置教学区，道路和广场均尺度宏阔，体现"体量大、间距大"的特点，实际是为取得视觉和心理上的震慑。1955年和1959年"反浪费""反复古主义"运动曾冲刷整个建筑界，而1960年规划仍采用这样的高指标，体现出塑造国家形象的政治需要。这些超出实际、华而不实的部分，在当时的经济条件下难以实现，在后来的规划中也被取消或调整。

1960年版规划是清华到当时为止最全面、最系统的一次规划，虽然包含着一些超出实际的目标和内容，但整个工作是建立在深入详实的调研和对既有资料审慎、客观分析的基础上的。1960年的总体规划制定后，校园建设依据"8年远景规划"按部就班进行。虽然这一规划在特殊年代中辍，但改革开放后的1979年制定的新一轮总体规划及之后的历版规划的指导思想，正是在1960年版规划的基础上调整、发展而来的④。

图10-12 最终选定的14层方案效果图

来源：清华大学土木建筑系.建筑画的构图与技法[M].北京：工业出版社，1962.

图10-13 莫斯科西南区中心部分建筑设计，1953年。莫大主楼位于轴线端头

来源：北京市都市计划委员会编.莫斯科的规划设计问题[M].北京：华北财经委员会印，1954.

①
除坚持采用较高建筑标准外，还曾要求设计人员在主楼中设置500座国际会议和交流用的大阶梯教室，对主楼面积的分配等也多次指示。详刘亦师. 清华大学主楼营建史考述(1954—1966)[J]. 建筑史，2020（02）.

②
"铁路估计15~20年之内拆除，规划时要充分估计分期建造的实施计划和距铁路的距离。"清华大学基建委员会. 总体规划任务书[A]. 清华大学档案馆文书档案，1954.

③
1963年第八次书记工作会议[A]. 清华大学档案馆文书档案，1963.

④
刘亦师. 墨菲档案之清华早期建设史料汇论[J]. 建筑史，2014（02）：164-186.

综而论之，1954年和1960年两次规划均是在蒋南翔主校时期完成的。蒋南翔不但特别重视校园规划工作，组建了专门从事规划和建筑设计的基建委员会，而且在重要工程上多次提出具有前瞻性的指示和要求[①]。在他主校时期，清华明确了跨越铁道向东发展的战略，并大大提早完成了原本预期达15~20年的京绥铁路及其站房迁移工程[②]，为清华新旧校区的整合和发展创造了条件。蒋南翔特别重视总图的作用，屡次说不能"东搞一点，西搞一点，没有规划"[③]，而他主持的两次规划不但基本确定了学校的发展范围和功能分区，也塑造出不同既往的新清华形象。其魄力、远见和历史成就，如争取储地、扩充机构、主持兴革以及重造清华的空间形象等，比诸20世纪10年代周诒春任命墨菲设计"四大工程"、将清华园和近春园统一规划、试图将清华建设为"中央大学"等举措[④]颇为相似。但蒋南翔主持下的多次规划，持续时间之长、建设量之大、范围之广，则远迈前人。

上述这些原则和方法也是当时中国高校规划中曾普遍采取的方法，而清华真正开始东校区的规划和主楼建设为时较晚（1954年），正是充分汲取了前期各校的经验才完成的。但清华事业规划的定位是与国家工业化高、精、尖部门密切相关的多科性工业大学，因此决定了其空间规划如用地指标、配套种类和建筑质量等必须与之相配套，竟致一条重要的铁道线为之迁移。以清华主楼及其前的广场和轴线为例，其用地远较同时期周边建成年代较早的那些新专科性工业大学更加气度恢弘，不仅因为"清华是培养市镇建设者的地方，大家对清华的环境是要另眼看待的"，更重要的是清华作为新中国教育成就的集中代表，需要借此显示社会主义大学的"气魄"并折射出国家形象。这种高指标和强烈的政治意指，也使得清华被公认为社会主义时代校园规划思想的典范、中国校园建设成就的集大成者。

1949年以后的清华校园建设并非本书的主要内容。上述部分仅牵1949年至20世纪60年代清华校园规划与建设之大端，这一时期的校园建设与共和国初期的思想改造、"三反""五反"、院系调整、全面学习苏联及之后社会主义道路探索的尝试等政治、社会、思想运动结合在一起，推动着波澜壮阔、震慑人心的社会主义国家建构和高等教育发展滚滚向前，也使清华大学的校园景观发生了巨大变化。但不难看出，即使在这一时期，清华校园的建设中也或隐伏着与近代校园空间形态和建筑特征的诸多近似之处，如建筑材料（采用红砖为主要材料的第二教室楼和新水利馆等）、立面形式（第二教室楼的三联拱等）、入口方式（中央主楼采取抬升入口层等）等。这说明，要深入分析新中国成立后的清华校园建设，必须回到近代清华校园形成的历史过程加以研究。这从另一个角度再次表明，跨越1949年的鸿沟、拉通近代和现代的建筑史研究是有必要且有条件开展的，这一工作也将推动中国近现代建筑史研究工作的深入。